西迁史话

XIQIANSHIHUA

丁德科 / 吕培涛　编著

中国出版集团

研究出版社

图书在版编目 (CIP) 数据

西迁史话 / 丁德科 , 吕培涛编著 . –– 北京 : 研究
出版社 , 2022.2

ISBN 978-7-5199-1119-5

Ⅰ . ①西… Ⅱ . ①丁… ②吕… Ⅲ . ①科学研究事业
—史料—中国 Ⅳ . ① G322.9

中国版本图书馆 CIP 数据核字 (2021) 第 266654 号

出 品 人：赵卜慧

责任编辑：安玉霞

西迁史话
XIQIAN SHIHUA

编　　著	丁德科　吕培涛	
特约编审	雷家栋	
特约编辑	王　晶　王慧子	
特约校对	成姣洁　李鹏辉	
出版发行	研究出版社	
地　　址	北京市朝阳区安定门外安华里 504 号 A 座（100011）	
电　　话	010-64217619　64217612（发行中心）	
网　　址	www.yanjiuchubanshe.com	
经　　销	新华书店	
印　　刷	北京中科印刷有限公司	
版　　次	2022 年 2 月第 1 版　2022 年 2 月第 1 次印刷	
开　　本	787 毫米 × 1092 毫米　1/16	
印　　张	24	
字　　数	380 千字	
书　　号	ISBN 978-7-5199-1119-5	
定　　价	89.00 元	

序/Preface

西迁与西迁精神

——民族复兴的卓越华章与伟大精神

西迁，是新中国"建设战略后方"的重大决策。艰辛而卓越的西迁，实现了建设战略后方的历史使命，成为实现中华民族复兴的重要历史华章。西迁进程，淬炼熔铸了伟大革命精神——西迁精神，成为中国共产党精神谱系的重要组成部分。在建设科技强国和社会主义现代化强国的新征程中，西迁精神的时代价值弥足珍贵。

一、西迁精神产生的历史背景[①]

为建设战略后方，在"三五""四五"两个五年计划时期，由上海和东部一带向西部迁建、包建、就地新建科技企事业单位，形成以国防科技经济为主体、产学研结合、科技创新与科学普及共同推进的生产力发展格局，奠定西部工业化发展基础，厚植科技创新和科学普及的科学文化土壤。这一进程，被称作"西迁"[②]。西迁的意义在于：利用沿海工业支持内地工业发展，

[①] 参见钟兴瑜、刘敏：《西部产业结构优化升级的生产力基础》，收录于丁德科等著《翔式道路——西部军地产学研路径》，西北工业大学出版社2021年版。

[②] "西迁"曾发生在抗日战争初期。面对日本帝国主义的侵略，国民党政府被迫应急，1937年7月下旬从上海和东南沿海组织工厂内迁，这次被迫应急的生产力内迁，是我国机器生产力一次从东到西的大西迁。

建设战略后方，形成西部工业化生产力发展格局。

（一）利用沿海工业支持内地工业发展

新中国成立后，三年完成恢复国民经济，1953年实施发展国民经济第一个"五年计划"。"一五"计划鲜明地提出建设社会主义工业国的伟大任务，开启中国社会生产力发展的历史性转折。党中央针对当时中国生产力布局不合理、不平衡，正确处理国民经济和国防经济、国家建设和国防建设的关系，提出"新的工业大部分应当摆在内地，……利用沿海工业的老底子来发展和支持内地工业的战略思想"，着力建设战略后方。为此目标，"一五"期间机器生产的现代工业基本建设投资，中、西部占47.8%，东部沿海占41.8%。限额以上的694个工业建设项目，内地472个，占68%。其中的156项重点项目，陕西占24项，居各省之首；甘肃占16项。西部项目基本是建设电、电工器材、炼油、橡胶、氮肥、石油机械、石油、煤、铜、铅、锌、石棉、炭墨、木材等生产基地。"一五"期间，除尚未实行民主改革的西藏外，西部各省区工业总产值都增长1倍以上，平均增长1.7倍。工业基础极弱的青海、贵州增长2.7倍，均高于东部。1952年，陕、甘、宁、青、新、川、云、贵8省区工业总产值是30.4亿元，占全国8.9%；到1957年增长为84.9亿元，占全国11.5%。其中四川省工业总产值43.2亿元，占全国6.1%。东、西部生产力差距初步缩小。

"二五"计划（1958—1962年）期间，西部省区都有了钢铁厂和机械厂，尤其是民族地区的工业从无到有、由小到大，发展最为明显。新疆天山南北建立起钢铁、机械、纺织、皮毛、石油近百个有一定规模的新式工厂。宁夏在1949年前几乎谈不上新式工业，这时也建立起煤、水泥、农机具、纺织、瓷器、火柴、纸、机床、仪表等80多种产品的工业企业。1950年西藏和平解放，1959年民主改革后才有了水电站、农具厂、面粉厂、皮革厂、筑路机械修理厂、汽车修配厂等几十个新式工厂。西安、成都、兰州、昆明、贵阳和重庆，都变成工业重镇。在交通建设上，"一五""二五"期间，西宁至玉树、甘肃河口至青海西宁、甘肃中堡至郎木寺、云南杨林至会济、西藏羊八井至日喀则、日喀则至江孜等，尤其是攀登崇山峻岭的康藏、青藏公路等逐步修筑。"一五"前天兰路、成渝路通车，"一五"后通车的有宝成路、包兰路。1959 年建成重庆白沙沱长江大桥。这些公路、铁路、桥梁，把西南、西北各省区，把西部与中部、东部连接起来，促进地区间的联系与交流，也把机器生产力带给了西部地区，建设战略后方取得阶段性成功。

（二）建设战略后方的"三线建设"

1964 年 6 月，中共中央做出《关于加强战备，加快建设战略后方的决定》，"争取时间，大力进行三线建设"成为国民经济的指导思想，全国按国防的战略地位划分一、二、三线进行建设。"三五""四五"期间，西南的云、贵、川和西北的陕、甘、宁是"三线"的重点地带，是"三五""四五"投资建设的重点。"三五"投资，攀钢、重钢、酒钢 38 亿元，成昆五线 42 亿元，后方建设 30 亿元，煤、电、交通配套 20 亿元，合计 130 亿元。四川尤为突出，占国家"三五"计划总投资的 1/10。

"三线建设"的建设方式有三种：迁建、包建、就地新建。（1）迁建。将东部及沿海一线工矿企业和科研机构、高等院校的技术设备、科研技术教学人员搬迁到"三线"安家落户。凡属国防尖端性、重要军工的企业及其重要的协作配套工厂、基础工业的骨干厂、生产短线产品和"三线"缺门的重要工厂、全国独一无二的重要工厂和关键设备，以及为国防尖端服务的科研机构和高等院校的少数机密专业，都要分期分批、全迁或分迁到"三线"。1964 年内搬迁的有 29 个项目、9724 人。到 1965 年上半年已完成搬迁项目 51 个。到 1965 年底迁建项目是 127 个。（2）包建。由东部有关部门和企业，在"三线"从包设计、包设备、包安装调试，到包生产出产品，建设兄弟单位。攀钢由鞍钢包建，从 1964 年下半年动工到 1974 年下半年第一期工程交付使用，一个全国最大的东部钢铁企业在西部包建了一个配套齐全、年产 160 万 ~ 170 万吨生铁、150 万吨钢锭、110 万吨钢材、实行钒钛磁铁矿综合开发的新钢铁

基地和低合金基地。（3）就地新建。国家在"三线"选址新建的是新兴的国防核工业、航天航空工业，也新建了一批资源开发工程。首区位于甘肃金塔与内蒙古额济纳旗的戈壁之中，落区位于甘肃伸向新疆最南部的沙漠中的酒泉卫星发射中心，是中国第一个和规模最大的导弹卫星发射基地。位于四川西昌市附近的西昌卫星发射中心，是另一重要卫星发射基地。位于陕西临潼和蒲城的陕西天文台，始建于1966年，是重要的人造卫星观测站和授时中心。航空工业，西安、汉中、成都、安顺的飞机制造，在国内颇有名气。资源开发方面，除煤、天然气、稀有金属等，水力是西部得天独厚的重点工程。1964年开工建设全国最大的刘家峡水电站，1974年底投入运行。黄河中上游还兴建了盐锅峡、青铜峡、八盘峡等水电站。西南有乌江渡、龚咀等大型水电站。

铁路方面，西部修建了成昆线、襄渝线、贵昆线、阳安线以及南疆和青藏铁路。公路方面，全面整修了横亘世界屋脊、全长1940公里的青藏公路，新建横贯天山的独库公路和西南的滇藏公路等。

（三）形成以国防科技经济为主体、产学研结合的生产力发展格局

"三线"建设时期，国家在西部投资1300多亿元，建成全民工交企业2万多个，形成以国防军事为主体的"两弹"（原子弹、导弹）、"两基"（攀枝花、酒泉两个钢铁基地）、"一线"（成昆线）、"一片"（以重庆为中心的常规武器配套厂）和"两个体系"（科研体系、中高等教育体系），从能源、原材料到机械、化工、仪表的加工和交通运输，从科技发展到人才培养，系统协调的产学研体制机制厚植科技创新与科学普及的科学文化土壤，加上"八百里秦川"和"天府之国"的农业基地，形成了一个自成体系的战略大后方。新的以国防科技经济为主体、产学研结合的生产力格局在西部奠定。

新中国建设战略后方的卓越成就，奠定了建设社会主义工业国乃至建设社会主义现代化强国的基础，发生重大而切实的现实意义，具有重大而深远

的历史意义。新中国建设战略后方的作为与成就，是共产党人伟大思想、伟大斗争、伟大精神的历史见证。

二、西迁精神的主要内容

2005 年 12 月 6 日，西安交通大学党委常委会批准"西迁精神"，概括确定其主要内涵为"胸怀大局，无私奉献，弘扬传统，艰苦创业"。西安交通大学党委这一决策，深受广大师生深切拥护和自觉践行。众多"西迁"科技单位乃至社会各界广泛认同"西迁精神"，作为中国科学家精神、科技工作者的科学精神的具体表达载体，在广大科学家、科技工作者以至全社会广为称颂和传承弘扬，使之更具典型性、代表性和广泛性，更具教育意义，载入中国共产党精神谱系。艰辛而卓越的西迁历史淬炼熔铸伟大的西迁精神，西迁精神的核心是爱国主义，精髓是听党指挥跟党走，与党和国家、与民族和人民同呼吸、共命运,是科技自立自强促进创新发展的鲜明特征的革命精神。其主要包含以下四方面：

（一）胸怀大局的爱国主义精神

1955 年，1400 多名交通大学教工从上海义无反顾登上"向科学进军"的西行列车，投身祖国大西北建设，在相对落后的西部地区奠定科学技术发展和高素质人才培养的基础，全面加快了国家工业建设。之后，大批高校、科研院所迁到西安，"以上火线的精神，走上祖国建设的阵地，实事求是地做最大努力，坚持到底"。中国兵器工业集团第二〇二研究所迁建咸阳后，老一辈科研人员从实际出发不等不靠，坚持装备设计理论、应用基础理论和应用基础技术的研究，完成了国家交付的重点项目研制任务，引领我国某行业技术研究从仿制苏联产品逐步走向了自行设计、自行研制阶段。西北工业大学前身是华东航空学院，老一辈华东航空学院人响应国家需要，从南京迁到西安，创建了西安航空学院，与同时迁校的交大坐落在西安城南的一西一东，遥相呼应。西安航空学院和由咸阳迁来的西北工学院合并，组建西北工业大学，成为国家战略科技名校。西安热工研究院有限公司在国家关于科研院所、

国企体制改革中，根据党和国家需要，多次归属变更，始终围绕节能环保、水处理和废水零排放、新能源等重点领域，积极开展科研、技术服务和产业化推广应用，发展为我国电力行业国家级发电技术研发机构和科技型企业。

（二）无私奉献的无我大我精神

航天四院为了祖国航天固体动力事业的创立发展，多次搬迁，先后转战北京、四川、内蒙古等地，足迹遍布祖国大江南北，被称为"搬家院"。西迁西安后，最早只能住在王顺山脚下的一座寺庙里。寺庙门上书写的对联"身在大庙胸怀全局，脚踏青山放眼世界"，表达了当年创业者们的"大我"情怀和"无我"气魄。西安近代化学研究所是新中国建立最早，也是目前规模最大的以火炸药基础及应用研究为主的综合性科研机构，由东北迁到西安，在几次分合调整中，始终秉持"把一切献给党"的兵工传统，为我国原子弹研制成功和火炸药及毁伤事业发展做出了不可磨灭的贡献。西安建筑工程学院是由多校院系西迁调整成立的，时任中共中央总书记的邓小平同志给首届毕业生题词"记住毛主席的话：没有正确的政治观点，就等于没有灵魂"。中国重型机械研究院股份公司经历北京筹建、沈阳成立奠基、西安创业发展的历程，形成了中国重型院艰苦奋斗、忘我拼搏、精心科研、无私奉献的精神内涵，研究成果填补了我国重型装备设计制造上的空白。陕西科技大学是北京轻工业学院搬迁至咸阳，学校教职工们自己设计、自己施工建设实验室，自己动手安装实验设备，一锹一锹地挖出来第一幢教学楼的地基，富蕴内涵的校园和意气风发的学生使创业者的奉献无限。

（三）弘扬传统的创造、创新精神

西安电子科技大学以科技创新历史为人称颂。西安电子科技大学起始于20世纪30年代初中央军委在瑞金创办的红军第一所无线电学校——中央革命军事委员会无线电学校，为革命培养无线通信技术人员的"红校"传统永续传承，建校90年来培养了24位两院院士、120多位解放军将军、31万多的电子信息领域的高级人才；推出了诸多系列性、标志性成果，硕果累累。

西安光机所建立之初，以龚祖同先生为代表的老一辈科学家，肩负党和国家重任，以"边筹建、边科研、边培干"方式，开启并圆满完成研究所艰苦创业历程，为国家的"两弹一星"试验做出了突出贡献。西安理工大学在迁校合并后，形成了以自动化与信息、机械与精密仪器、水利水电三大学院为主体，经历45年坎坷，成长为以工为主，工、理、管、文、法多学科协调发展的高水平理工大学。而在纺织工程专业方面，从近代的北京工业大学、京师大学工科，到现代的陕西工业大学、西北纺织工学院，最后发展为今天的西安工程大学，学校在纺织材料、加工工艺、生态纺织及清洁化生产等领域涌现出大批标志性科研成果。原华东建筑工程总局材料试验所一所整体西迁，并入西安工程管理局材料试验所，季光泽、蒋季丰等一批科研技术人员服从国家安排，扎根西部，把一生的精力奉献给了祖国西部建设事业。西北工程管理局材料试验所几经更名和迁址，逐渐从简单的材料试验发展为以建筑科学研究、新材料新技术研发为主的陕西省建筑科学研究院。汉川数控机床股份公司的前身是原汉川机床厂，"三线"建设时期由北京第二机床厂迁至陕西汉中，已建设成为中国机床行业极具影响力和竞争力的知名企业、国家精密数控机床的重要生产基地。

（四）艰苦创业的乐观奋斗精神

西安航天动力研究所西迁落址秦岭深处的凤县，一待就是二十多年，山大沟深的自然条件水灾多发，在抗击三次暴雨洪水、泥石流重灾中，干部群众做出了巨大的牺牲，有的同志献出了宝贵的生命。中国空间技术研究院西安分院（504所）经历了从无到有、从小到大、从弱到强的发展历程，参与了自东方红一号卫星开始的我国历次航天重大活动，在我国载人航天、探月工程、北斗导航等领域为航天事业、国防建设做出了重大贡献，付出了艰辛与牺牲。长春邮电器材厂由东北内迁西安，与邮电科学研究院和西安邮电专业技术人员组建了电信科学技术第十研究所的前身——邮电部电信总局五二七厂，他们勇担重任、刻苦攻关，科学决策、战略转型，引领特殊通信从固定电话到移动电话、到互联网、再到大数据的创新。北方动力公司也经历了从上海到陕西的西迁历史，工厂迁往宝鸡虢镇后，在西北军区军械三厂的原址建厂。全体职工面对艰苦的条件，本着先生产、后生活的原则，住在茅草屋、吃饭在露天，克服重重困难，修建宿舍，修理厂房，装配机器，于1951年4月13日全面开工生产。秦川机床工具集团股份公司的秦川机床本部、汉江机床、汉江工具、关中工具均为中央加强"三线"建设时西迁而来，克服技术后方薄弱、设备短缺、人员不足等因素的严重影响，老产品持续生产和新产品研发，实现了"当年搬迁、当年建设、当年投产"，一时传为佳话。

三、大力传承西迁精神

西迁历史凝铸西迁精神，西迁精神鼓舞激励西部创新大军。在建设科技强国和社会主义现代化强国的新时代，我们要倍加珍视西迁精神，大力传承西迁精神，彰显伟大革命精神的时代价值。

（一）胸怀大局、热爱祖国

西迁，谱写了爱国主义的壮丽历史篇章。历史上曾发生过"西迁"，肇始于洋务运动的中国新式工业和机器生产力，集中于东部沿海特别是上海。1937年7月至1940年，抗日战争迫使国民党政府大规模内迁企业和大中专院校，西部成为抗击日本侵略的大后方。新中国成立后，保证国家安全成为头等大事。党和国家从有利于"备战"和有利于未来战争出发，提出新的工业大部分应当摆在内地、利用沿海工业发展支持内地工业的战略思想，重视在西部建设战略大后方。"三线建设"时期，又将东部及沿海的工矿企业和科研机构、大中专院校及其技术设备、科学技术人员西迁"三线"落户新生，西部建成2万多家国有企业和一批科研院所、大中专学校，形成以国防军事工业为主体的战略大后方，以及先进的产学研体系和先进的生产力格局。如今，我们具有坚强的国防实力、创新型国家的科技竞争力、显著提高的国民综合素质，与西迁奠定的工业和生产力格局分不开。西迁人听党话、跟党走，与党和国家、与民族和人民同呼吸、共命运，走科教报国、科教强国之路，创造了人间奇迹。在西部航天航空基地的企业，有这样一句宣传语："是什么力量挺直了民族脊梁，是什么力量凝铸了大国之魂？是古老东方竖起了虽千年不用、但不可一日无备的倚天长剑！"这是西迁科技工作者爱国主义精神的铿锵心声、科教强国的信念的抒发，民族复兴卓越创造的形象写照！在建设世界科技强国和社会主义现代化强国的征程中，广大科技工作者要大力传承西迁精神，心系"国之大者"，以崇高的历史使命感和强烈的现实责任感，为国防科技事业、先进制造业、民族工业发展，为区域经济社会发展，做出新的更大的贡献。

（二）无私奉献、无我大我

西迁的大转移、大新建、大挑战，是工业，更是科技教育，最重要的是科技工作者工作地、工作单位及家庭生活的重大变化。从上海和东部城市到西部，优越的生活环境没有了，适应的气候状况改变了，科研教学要从头开始，科技工作者面临诸多问题困难。面对挑战，广大科技工作者不顾个人利益，以国家和人民利益至上，积极投身西部，服从组织安排，再难再苦再累都不怕，为建设祖国战略大后方发挥科技作为、贡献科技力量、建功立业做出卓越成就。西迁"三线"建设，仅1964年后半年搬迁的就有29个项目、9724人，至1965年上半年搬迁项目51个，到1965年底迁建项目127个。如此"多、快、好、省"的建设质量、效果，堪称历史性的奇迹。包建，同样需要崇高的大我、忘我情怀和无私奉献精神。由东部有关部门和企业、科研院所高校等，从包设计、包设备、包装调试，到包技术、包技术人员、生产出产品和后续指导，包全链条全节点全过程。就地新建，也需要东部产学研单位的全方位全过程的支持。西部形成国防科技工业的产学研体系，尤其是以"两弹"（原子弹、导弹）、"两基"（两大钢铁基地）、"一线"（成昆线）、"一片"（配套企业）、"一批"（大专院校和科研机构）等为标志的国防科技和先进制造业的产学研体系，是共

和国"向科学进军"的标志性成就,是共和国之"国之利器"所在,是国家与人民最高利益之所在!在建设科技强国和社会主义现代化强国征程上,广大科技工作者要传承西迁人无私奉献的大我忘我精神,舍小我为大我,功成不必在我,为国家和人民利益奉献自己的一切,把有限的个人力量贡献于国家,全心全意地奉献在民族复兴的伟大事业中,以科技创新与科学普及的骄人业绩建功科技自立自强新时代。

（三）弘扬传统、创造创新

西迁形成的以国防科技工业为核心、军工企业为主体、科研院所和大专院校为基础的产学研体系,教育、科研实力突显。"三线"末,西部大中型企业技术装备不仅先进于东部,人均占有量也高于东部技术基础好的上海、江浙企业 20% 以上乃至 100%。企业中科技人员占职工人数的 12%,是东部企业所不能比的。高校数量及教师学历、职称和教学科研水平,如西部的西安、成都等跃居省会城市前列。在东部,由于一些企业和科研院所、高校西迁,后来另建,因此在产学研优势上一度出现西部优强于东部的现象。即使到现在,西部仍然是国防科技工业和先进制造业的重要基地,西安和成都、重庆等省会城市的一些高校在我国高水平大学中依然处在领先地位,西部产学研特色、优势使之发展成为创新高地乃至科学中心的基础与趋势更为明显。西迁,成就了西部成为科技热土地,成就了西部成为创新发展高地,使西部成为坚强国防安全保障区域。这是广大科技工作者弘扬创造创新的中华人文精神的卓越体现。著名学者、教育家张岂之在《中华人文精神》（人民出版社、陕西人民出版社 2011 年 5 月出版）将中华人文精神概括为:人文化成——文明之初的创造精神、刚柔相济——穷本探源的辩证精神、究天人之际——天人关系的艰苦探索精神、厚德载物——人格养成的道德人文精神、和而不同——博采众家之长的文化会通精神、经世致用——以天下为己任的责任精神等。中华人文精神,不仅体现了博大精深的中华文化精髓,更重要的是鲜明地体现了创造、创新的中华科学文化精髓,体现了中华民族生生不息思想文化的科学精神。西迁人弘扬中华人文精神，弘扬中华科学文化，弘扬中华民族伟大科学精神，在新中国建设特别是国防科技建设、创造先进生产力发展中，谱写了以科技创新促进社会变革、文明进步的时代华章。今天，在建设科技强国和社会主义现代化强国的征程上，广大科技工作者面临更为复杂的国家安全形势，需要弘扬中华人文精神尤其是中华民族伟大科学精神，强调系统思维和方法，既应重视发展问题又应重视安全问题，既应重视外部安全又应重视内部安全，既应重视国土安全又应重视国民安全，既应重视传统安全又应重视非传统安全，既应重视自身安全又应重视共同安全。要坚持贯彻国家总体安全观，树立"大安全"理念，保持强烈的忧患意识，做好充分的思想准备和工作准备，传承西迁精神弘扬传统的创造创新精神，在科技创新这个国际战略博弈的主要战场，围绕科技制高点做勇于搏击竞争的"弄潮儿"，在新时代创新发展中推出更为卓越的科技创造创新！

（四）艰苦创业、乐观奋斗

西迁，使昔日闭塞、落后的西部建成了一批装备精良、人才荟萃、科研机构配套的技术密集、有一定经济实力的大中型工业城市和一批以军工、机电为主的小工业群，更有大专院校的完整体系提供高素质的创新大军。于是，西部生产力发展到一个新阶段，已不是往日一般意义上的机器生产力；由于日新月异的科技创新和科学普及，广泛而有力地促进全社会科学文化水平持续提高，西部社会和文化发展也呈现出前所未有的生机与活力，激发具有悠久历史的帝都故土焕发出新的时代风采。这凝聚着西迁人艰苦创业的汗水，反映着西迁人乐观奋斗、积极向上的精神风貌，更可见新中国中华民族复兴的蓬勃辉煌伟业。从上海和东部城市到正在垦荒拓土、开发建设的西部，那是一代满怀报国热情和青春期冀的西部开发的先行者，这些正战斗在生产科技教育等多条战线的科技工作者，心中只有党和国家、只有民族复兴、大我无我地呐喊着到祖国最需要的地方去，无论苦累艰辛，

以"哪里有爱，哪里有事业，哪里就是家"的赤诚、豪迈和乐观，一心要把青春奉献在最值得奉献的地方。每每想起当年西迁人的壮举，就令人感喟不已、钦佩有加，使人充满挑战激情、备增勇气、更有奋斗力量。西安交通大学师生谈到西迁前辈时高度赞许其艰苦创业的乐观奋斗精神，也体现出西迁精神传承人奋斗不息的情怀！"在那个物质匮乏、百废待兴的时代，为了西部教育事业，他们抛家舍业，主动放弃上海优渥的生活，登上西行列车。在党和国家支援大西北建设的召唤下，他们表现出来的是对事业、理想的热爱。""60 年前，老一辈交大人为了国家、为了西部建设，毅然决然地离开江南，来到大西北，书写了中国教育史上的一个奇迹！60 年后，我们奔跑在他们走过的道路上，跨越时空，用自己的灵魂和身体来感受他们当时的热血青春和满腔的激情，以此表达我们对他们和这段历史的尊重，这也是我们能够想到的最好的慰藉他们的方式！"在建设科技强国和社会主义现代强国的新征程上，我们广大科技工作者要大力传承西迁人艰苦创业的乐观奋斗精神，以新的使命担当，更有底气、有信心地抓住新一轮科技革命和产业变革的机遇，在深入实施科教兴国战略、人才强国战略、创新驱动发展战略中付诸切实的行动，贡献创造创新的成就，为实现科技自立自强而不懈努力。

2021 年 5 月

目录／Contents

第一章　西安交通大学

西迁历史概况（1955—1959 年）/ 002

西迁后的发展历程 / 006

科技成果综合现状 / 009

"西迁精神"的传承与弘扬 / 010

对科技工作者的激励政策和机制 / 019

第二章　西北工业大学

西迁历史概况（1955—1957 年）/ 022

西迁后的发展历程 / 025

科技成果综合现状 / 027

"西迁精神"的传承与弘扬 / 030

对科技工作者的激励政策和机制 / 035

第三章　西安电子科技大学

西迁历史概况（1958 年）/ 038

迁校后的发展历程 / 045

科学研究 / 049

"西迁精神"的传承与发扬 / 057

第四章　西安理工大学

西迁历史概况（1937—1972 年）/ 060

西迁后的发展历程 / 064

科技成果综合现状 / 068

"西迁精神"的传承与弘扬 / 070

对科技工作者的激励政策和机制 / 090

第五章 西安建筑科技大学

西迁历史概况（1955—1957年）/ 094

西迁后发展历程 / 095

科技成果综合现状 / 096

"西迁精神"的传承与弘扬 / 097

对科技工作者的激励政策和机制 / 107

第六章 陕西科技大学

西迁历史概况（1970—1978年）/ 112

西迁后的发展历程 / 116

第七章 西安工程大学

西迁历史概况（1937—1978年）/ 124

西迁后的办学实践与发展历程 / 128

科技成果综合现状 / 132

"西迁精神"的弘扬与传承 / 133

对科技工作者的激励政策和机制 / 139

第八章 西北机电工程研究所（中国兵器工业集团第二〇二研究所）

追忆峥嵘历程，坚守"西迁"初心 / 142

聚焦主责主业，履行强军首责 / 146

看齐"西迁"典型，做好精神传承 / 148

体系化推进科技创新，提升核心竞争力 / 155

第九章 中国兵器工业集团第二〇四研究所

中国兵器工业集团第二〇四研究所概况 / 160

西迁历史概况（1956——1957年）/ 162

"西迁精神"的传承与弘扬 / 168

第 十 章　中国科学院西安光学精密机械研究所

西迁历史概况（1962 年）/ 193

西迁后的发展历程 / 195

科技成果综合现状 / 197

"西迁精神"的传承与发扬 / 204

对科技工作者的激励政策和机制 / 205

第十一章　中国航天科技集团有限公司第四研究院

第四研究院概况 / 210

创业历程 / 211

企业文化 / 227

人才济济 / 228

第十二章　中国航天科技集团有限公司第六研究院第十一研究所

西迁历史概况（1964—1996 年）/ 230

西迁后的发展历程 / 234

科技成果综合现状 / 236

"西迁精神"的传承与弘扬 / 240

科技工作者的激励政策和机制 / 246

第十三章　中国空间技术研究院西安分院

西迁历史概况（1965—1968 年）/ 250

西迁后的发展历程 / 251

科技成果综合现状 / 262

"西迁精神"的传承与弘扬 / 263

对科技工作者的激励政策和机制 / 270

第十四章　西安热工研究院有限公司

西迁历史概况（1964—2020 年）/ 274

西安热工院科研经营情况 / 278

科技成果综合现状 / 279

典型事迹和故事 / 279

第十五章 电信科学技术第十研究所有限公司

　　第十研究所概况 / 292

　　发展的阶段及取得的荣誉 / 293

第十六章 中国重型机械研究院股份公司

　　西迁历史概况（1961 年）/ 296

　　西迁后的发展及成就 / 297

第十七章 汉川数控机床股份公司

　　汉川数控机床股份公司概况 / 304

　　西迁历史概况（1966—2010 年）/ 306

　　发展与现状 / 312

第十八章 秦川机床工具集团有限公司

　　西迁历史概况（20 世纪 60 年代中后期）/ 316

　　西迁后的发展历程 / 317

　　科技成果综合现状 / 320

　　"西迁精神"的传承与发扬 / 322

第十九章 陕西北方动力有限责任公司

　　西迁历史概况（1950 年）/ 328

　　西迁后的发展历程 / 329

　　科技成果综合现状 / 337

　　"西迁精神"的传承与弘扬 / 340

　　对科技工作者的激励政策和机制 / 348

第二十章 陕西省建筑科学研究院有限公司

　　西迁历史概况（1954—20 世纪 80 年代末）/ 352

　　西迁后的发展历程 / 354

　　"西迁精神"的传承与弘扬 / 357

第一章

西安交通大学

西迁历史概况（1955—1959 年）

　　交通大学内迁西安，是新中国成立初期党中央"根据西北工业基地建设的要求和国防形势的要求"做出的具有深远意义的战略决策。1954 年至 1955 年初，党中央根据我国东南沿海紧张的周边形势，提出了合理布局与建设内地高等学校的决策。周恩来总理亲自领导了交通大学西迁工作，中央部委，西安、上海两地及社会各界给予了全力支持。

　　1955 年至 1959 年，是交通大学迁校、建设新校园筚路蓝缕的光辉岁月。交通大学党组织和全校师生员工把国家民族的要求与学校命运、个人发展紧紧地结合在一起，坚决执行交通大学迁往西安的决定，以实际行动向祖国人民交出一份满意的答卷。一代代交大人用爱国、奋斗谱写了西迁之歌。

　　1955 年 4 月，交通大学接到高教部电话通知后，立即按照中央有关"交大全部西迁"的精神，开始了动员与组织工作。1955 年 4 月中旬，彭康校长派总务长任梦林、基建科科长王则茂先到高教部接受任务，后前往西安踏勘并选择校址。

　　1955 年 5 月中旬，彭康校长率朱物华、程孝刚、周志宏、钟兆琳、朱

西安交通大学校门（1960—1966 年）

1959 年西安交通大学中心楼全景

麟五等著名教授、系主任来西安，共同选定校址。1955 年 5 月下旬，学校通过了《交通大学校务委员会关于迁校问题的决定》。

西迁的方针是边建边搬，以保证顺利开学。在陕西省、西安市政府的全力支持及当地人民的热情帮助下，1955 年 10 月，交通大学西安新校园建设破土动工。1956 年 6 月中旬，学校中心大楼、学生食堂主体工程告竣，17 幢员工宿舍和 14 幢学生宿舍基本完工，实习工厂、操场和福利用房开工兴建，机制专业、动力专业、电制专业、电力专业等几栋教学大楼及图书馆大楼的设计接近完成。1956 年 8 月，在校园建设初具规模后，西迁工作迅速启动，一千多名交通大学师生登上专列，自此开启交通大学的西迁历程。1956 年 9 月，交通大学借西安人民大厦举行了规模盛大的开学典礼。

1958 年暑期，交通大学以服从国家利益为宗旨，最终实现了主体西迁的大目标。其中，动力机械系全部迁到西安，机械制造系和电机工程系大部分迁到西安，设备、图书、档案也都安全地迁到西安，造船和起重运输机械系留在上海。

1959 年 3 月 22 日，中共中央做出关于在高等学校中确定一批重点学校的决定。交大西安部分和上海部分以"西安交通大学"和"上海交通大学"名义同时进入全国 16 所重点学校的行列。1959 年 7 月，国务院批复教育部，决定将交通大学西安、上海两部分分别定名为"西安交通大学"与"上海交通大学"，文件指出："目前西安交通大学在师资及高年级学生方面，应予上海交通大学以适当的支

1955 年 5 月交通大学校领导彭康、朱物华、钟兆琳等一行在西安为新校园选址

1956年9月在西安举行首次开学典礼

1957年8月，交大在草棚大礼堂举行开学典礼

1956年09月02日乘车证正面

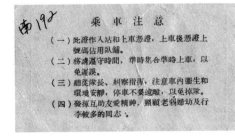

1956年09月02日乘车证背面

援。"自此，交通大学主体扎根西安，为建设大西北发挥了义不容辞的先锋作用。

在交通大学西迁过程中，一大批教师、学者发挥带头作用。据统计，1956年交通大学在册的767名教师中，迁到西安的有537人，占教师总数的70%，包括教授24人、副教授25人、讲师141人。在老师的率先垂范下，学生们也愉快地迁往西安。据统计，1954级、1955级学生迁来西安的共计2291人，占两个年级总人数的81%，1956年入学新生2133人全部在西安报到就读。交大西迁人将个人理想、前途和国家的命运紧密相连，默默耕耘在三秦大地。

交通大学设备、图书、档案也都安全地迁到西安。全迁或部分迁至西安的实验室有25个，同时，迁校过程中还新增实验室20多个，实验室面积较在上海时扩大3倍以上。

以彭康校长为代表，交通大学的主要领导力量转移到了西安。1955年1月学校首届党员大会选举出的党委委员14人中，有10人迁往西安工作。迁校时学校党委常委共有7位，即彭康、苏庄、杨文、祖振铨、吴镇东、林星、邓旭初，其中前6位迁往西安工作。邓旭初副书记同样为迁校工作付出艰辛努力，后因工作需要留在上海，曾任上海交大党委书记。

1987年，交通大学西迁老同志合影

迁校西安后朱公谨教授在临时教室上课

1959年蒋大宗老师在上课

1980年，孟庆集教授和他的老师陆振国教授讨论有关涡轮机的学术问题

1959年，绝缘教研组姚熹同志在进行科研

黄席椿教授

杨舍和副教授在与轴承厂研究师一起研
究自动线设计

西迁后的发展历程

1956年党中央和国务院决定交通大学内迁西安，1959年定名为西安交通大学（以下简称为西安交大），并被列为全国16所重点大学之一。西安交大是"七五""八五"首批重点建设项目学校，是首批进入国家"211"和"985"工程建设并被国家确定为以建设世界知名高水平大学为目标的学校。2000年4月，国务院决定，将西安医科大学、陕西财经学院与西安交大合并，组成新的西安交通大学。2017年9月，西安交大入选国家一流大学A类建设高校名单，8个学科入选一流学科建设名单。今日的西安交大是一所具有理工特色，

周惠久教授

涵盖理、工、医、经、管、文、法、哲、教、艺等10个学科门类的综合性研究型大学，设有26个学院（部、中心）、9个本科书院和20所附属教学医院。主持7个项目获得2017年度国家科学技术奖，获奖数在全国高校中位居第二。"十三五"以来，获国家级教学成果奖78项，建成国家级精品课程35门、国家级精品资源共享课23门、国家级

视频公开课 11 门、国家级精品在线开放课程 31 门，拥有 12 个国家级教学基地、9 个国家级教学团队，获"全国百篇优秀博士论文奖"27 篇、提名奖 46 篇。

扎根西部 64 年来，在发展中西安交大取得了一系列成就。

交通大学西迁创造了中国高等教育历史上最伟大的"迁徙"纪录，1400余名教职工和近 3000 名学生成了当时的"逆行者"，改变了中国西部高等教育发展格局，引领和带动了整个西部地区教育科技事业的蓬勃发展。64 年来，西安交大为西部为国家培养了 28 万人才，其中超过 46% 留在西部建功立业，创造了 3 万余项科研成果，改变了西部的落后面貌，推动了技术创新和经济社会发展。

迁校的头 10 年，学校"自力更生"，输送毕业生 1 万余人，超新中国成立前毕业生总数的一倍。一大批面向工业实际的重大科研成果竞相涌现。周惠久院士创立的"多次冲击抗力理论"，在高等教育部举办的直属高校科研成果展览会上，被评入 5 项重大科研成果，与其他 4 项被誉为"五朵金花"。

迁校的第三个 10 年，学校"跨步跃进"。西安交大被列为全国 10 所重点建设的大学之一。"八五"期间建成国家重点学科 11 个、国家重点实验室 5 个，在全国产生巨大的影响力。学校深化教育教学改革，进一步调整学科布局，工程技术教育大步发展，管理学科领军全国，应用理科迅速成长，"理、

1959 年，机械系与西安机械厂工程师开协作会议，周惠久、顾崇衔等教授出席

焊接专业师生自制成功超国际水平的 jd-6 优质焊条

"工、管"结合的传统优势再现校园。

迁校的第四个 10 年，学校"竿头日进"。西安交大成为全国第一批率先开展"211"和"985"工程建设的高校，并跻身 2+7（C9）所全国重点建设大学，步入世界一流大学的行列，是我国西部地区唯一入选的高校。1996 年，西安交大在全国首获教学优秀学校称号，彰显其百年如一的人才培养质量。

迁校的第五个 10 年，学校"兼收并蓄"。西安交大与西安医科大学、陕西财经学院合并后，成为具有理工特色的综合性研究型大学。能源动力、机械、电气等重点学科在国内领先，管理科学与工程、热能与动力工程等学科长期保持全国第一，获国家自然科学奖、国家发明奖、国家科技进步奖逾 100 项。

迁校的第六个 10 年以来，学校"开拓创新"。西安交大着力打造改革试点探索与评估协同创新中心、丝绸之路经济带研究协同创新中心、中国西部质量科学与技术研究院等一批高端智库和研究平台。

近年来，学校在与党和国家同向同行中迸发创新能量，在"一带一路"中主动承担起高校责任，领衔成立了"丝绸之路大学联盟"，已吸引 38 个国家地区 154 所大学加盟。全力建设中国西部科技创新港，构建"校区、园区、社区"三位一体的创新体、技术与服务的结合体、科技与产业的融合体。2015 年"落子西咸"，2016 年开工建设，2017 年主体封顶，2018 年内涵集聚，2019 年全面入驻，在基础、工程、医学、人文社科四大学科板块领域建立了 8 大平台、26 个研究院和 100 多个科研基地，以及 6 个大科学装置、114 个省部级科研基地、36 个人文社科智库、30 个博士后科研流动站，还有 7 个大型仪器设备公共平台落户创新港。5000 余名研究生进驻创新港，在这里，围绕"新基建"布局的智慧校园、数字学镇建设正在如火如荼展开。

1959 年，动力系师生试制我国第一台双缸式自由活塞燃气发生器

科技成果综合现状

从 1956 年迁校至今，西安交大深深根植于西北大地上，始终如一地践行科技创新，瞄准国家重大需求，搏击科技尖端前沿，深化产学研合作，服务国家战略发展，加强自主创新，创造了一个又一个共和国第一，填补了一项又一项国内外空白，提出了许多重要的思想和理论，推动了科学技术的进步，也为西部乃至国家的经济社会发展提供了强有力的人才和技术支撑。迁校 64 年来，创造了丰富的科技成果，并及时落地转化，带来了巨大的经济效益，获得丰硕的专利发明成果。

科研平台

西安交通大学凝练学科方向，积极组织策划和申请，在科研平台建设上取得良好成绩。截至目前，西安交大有国家一级重点学科 8 个、国家重点实验室 5 个、国家工程（技术）研究中心 7 个、国家工程实验室 3 个、国家国际科技合作基地 5 个、2011 协同创新中心 1 个、省部级重点科研基地 129 个，建有国家西部能源研究院、中国西部质量科学与技术研究院。

国家级科技奖项

2016 年，西安交大作为第一完成单位获得国家科技奖 4 项、教育部高等学校科技一等奖 4 项。

2017 年，作为第一完成单位获得国家科学技术奖 7 项，其中包括国家科技进步奖创新团队一等奖 1 项。

2018 年，作为第一完成单位获得国家科学技术二等奖 5 项，其中包括国家自然科学奖二等奖 1 项、国家技术发明奖二等奖 2 项、国家科技进步奖二等奖 2 项。与相关单位合作获得国家奖 3 项，其中特等奖 1 项、国家科技进步二等奖 2 项。获得陈嘉庚科学奖、中国专利金奖、中国青年科技奖特等奖和教育部青年科学奖各 1 项，均为学校首次获得该类奖项。

2019 年，作为第一完成单位获得 2019 年度国家科学技术奖 2 项、教育部一等奖 3 项。

科研项目

西安交大面向国际科技前沿，面向国家重大需求，面向国民经济主战场，构建科研大平台，组建大团队，承担大项目。2000 年至今，主持"973 计划"项目 21 项，获批国家自然科学基金项目 5343 项，基础研究项目数和经费在全国高校位居前列；承担文科国家级重大科研项目 34 项，获得教育部人文社科奖 36 项，与国家发改委、民政部、中央编译局等共建 14 个高端智库，一大批研究成果被采纳应用。

科技论文和发明专利

2016 年以来，以西安交大为第一完成单位发表的 ESI[①]高频次被引用论文篇数增幅较大；以西安交大为第一完成单位发表的 SCI[②]、EI[③]论文篇数和全国排名逐年快速上升，其中多篇发表在《科学》（Science）、《自然》（Nature）上；获授权发明专利和有效发明专利件数逐年递增。

"西迁精神"的传承与弘扬

兴学强国，是交大人与生俱来的使命；开发西部，是交大人无怨无悔的担当。一代代交大人，始终秉承"国家至上、民族至上、人民至上"的家国情怀，安居西北土塬，扎根渭水之滨，始终以民族复兴为己任，与党和国家的发展同向同行，在大西北的黄土地上创造了一个又一个发展的奇迹。在西迁的洪流中，无数可歌可泣的事迹，筑成西迁精神的丰碑，世世代代给人教育和启迪，成为西安交大永恒的精神力量。

---

① ESI，Essential Science Indicators 的首字母缩写，指基本科学指标数据库。
② SCI，Science Citation Index 的首字母缩写，是由美国科学资讯研究所于 1960 年上线投入使用的一部期刊文献检索工具，也是最著名的检索性刊物之一。
③ EI，Engineering Index 的首字母缩写，是美国工程信息公司出版的著名工程技术类综合性检索工具。

身先士卒，涵育英才

64年来筚路蓝缕建功立业，西迁的老一辈交大人用青春和汗水，在三秦大地上创建起一所闻名于世的高等学府，为祖国西部的社会进步作出不可磨灭的贡献。在西迁的巍巍征途中，始终走在交通大学西迁最前列的，是那些声望高、影响大的老教授。

科技是国家强盛之基，创新是民族进步之魂。为了全面加快国家工业建设，为相对落后的西部地区奠定科学技术发展和高素质人才培养的根基，这些老教授不仅带头西迁，到西安后更是齐心协力忘我工作。他们不仅将交通大学已有专业中的机电专业等优势学科悉数迁来西安，还在西安交大相继设立工程力学系、工程物理系、无线电系，迅速建成计算机、核技术等一批国家急需的尖端领域的新专业。正因有他们的奋勇拼搏，西安交通大学这棵幼苗才能茁壮成长；正是基于他们的无私奉献，西部地区才有了先进的办学理念、教育教学经验和科技之光。

钟兆琳，我国著名电机工程学家、教育家，被誉为"中国电机之父"。他是钱学森的老师，也是开发大西北的倡导者和实践者。西迁时，钟兆琳年近花甲，又患各种慢性病。周总理说："钟先生年纪大了，就不必去了。"但钟兆琳表示："上海经过许多年发展，西安无法和上海相比，正因为这样，我们要到西安办校扎根，献身于开发共和国西部的事业。"于是他把卧病在床的夫人安顿好后，只身一人随校西迁。

学校刚迁到西安时，条件十分简陋，钟兆琳为教学倾尽全力。作为教师，他总是第一个到教室给学生上课；作为系主任，他事必躬亲，迎难而上。在他的建议下，西安交通大学电机系增添了电机制造方面的设备，并建立

1959年，钟兆琳指导青年教师

了全国高校中第一个电机制造实验室。老骥伏枥，志在千里；烈士暮年，壮心不已。就这样，钟兆琳不辞辛劳，在一片荒凉的黄土地上将西安交大电机系带入了迅猛发展的轨道，并逐渐成为国内基础雄厚、规模较大、设备日臻完善的高校电机系。

他常常教导学生和青年教师理解献身大西北的民族意义和历史意义。一直到他去世前不久，还对开发大西北提出建议。1990年，钟兆琳病逝，其子女遵遗嘱将他几乎全部积蓄赠予学校，西安交大以此设立了"钟兆琳奖学金"，勉励优秀学子奋发图强。

陈大燮，我国著名的热工专家，热力工程学界先驱。作为迁校带头人之一，陈大燮舍弃了大上海的优越生活环境，卖掉了在上海的房产，义无反顾地偕夫人一起，首批赴西安参加建校工作。1957年，在西安部分新生入学典礼上，陈大燮说："我是交通大学包括上海部分和西安部分的教务长，但我首先要为西安部分的学生上好课。"一席话，坚定了大家献身大西北的决心。

陈大燮讲授工程热力学和传热学课程，在担任副校长后仍坚持上讲台，并一如既往地关注青年教师的成长。他经常深入课堂，听青年教师试讲，勉励青年教师既要严谨治学，又要敢于严格要求。陈大燮孜孜不倦、勤奋工作，留下数以百万字计的科学专著、教科书、科研报告和教学资料。他的《高等工程热力学》《传热学》《工程热力学》等著作在高等工程教育界和科技界具有深远的影响。50多年来，由陈大燮创建的热工教学团队，一直是国家级的优秀教学团队。

1978年，陈大燮临终前把自己一生积蓄的3万元捐给学校；1982年在夫人去世之后，女儿陈尔瑜又把他留给夫人的1万元生活费、医疗费也捐献给了学校。为了纪念陈大燮的贡献，西安交大以他的捐款为基金设立"陈大燮奖学金"，专门用以奖励成绩优异的研究生。

以钟兆琳、陈大燮为代表的一批党外人士在西迁前后，发挥了积极的示范带动作用，体现了崇高的家国情怀，谱写了一曲曲感人至深的颂歌。

工程力学是交通大学校友钱学森大力倡导创建的一个新学科。20世纪50

年代，高等教育部将这项工作交给了少数几所高校，其中包括西迁后的交通大学。这一重担主要落在了朱城和唐照千的肩上。

朱城，1944 年毕业于交通大学，并以优异成绩公费赴美留学。朱城于 20 世纪 50 年代初在麻省理工学院获得博士学位后，毅然回到母校任教，并创办了工程力学专业。他首批随校西迁，并把第一届力学专业学生招进西安新校。来到西安后，朱城担任材料力学教研室首位主任。当时，他既承担着教研室的管理工作和繁重的教学任务，还要编写大学教材和讲义等。他更重要的责任是负责筹建工程力学新专业，包括人才培养计划、教学计划、实验室建设规划等。

当时条件艰苦，除了最基本的吃饭睡觉外，朱城以极大的热情夜以继日地拼命工作，把一切时间精力都用在新专业的兴办和发展上。他平时在家里也支着黑板，以便随时修改补充制订的规划。授课之余，他抓紧每一分钟编写急需的讲义教材，完成堪与国际大师铁木辛柯的著作相媲美的中国版《材料力学》。他因攻克科学堡垒和兴办新专业出了名，北大等校竞相请他讲课。他在较短时间内制订出了工程力学专业 5 年培养计划、课程设置、教学大纲、教学计划等。他不仅征询国内力学界、工程界人士的意见，还查阅了国外的大量资料，研究当时苏联高校力学专业培养计划等，付出了大量心血，也因此积劳成疾。1959 年，朱城因病早逝，年仅 39 岁，成为交通大学西迁后以身殉职的第一人，师生们至今殊感痛心。值得告慰的是，工程力学学科由于发展方向明确、根基打得牢而越办越好，很快就成为西安交大的王牌专业。

朱城先生走了，唐照千等几位青年教师勇挑重担，迅速投身到新专业的创建中。他们结合朱城先生原来的规划，进一步积极调研，集思广益，形成了西安交大工程力学专业第一个培养方案和教学计划。

唐照千，固体力学、振动工程和实验力学专家，西安交大力学学科创始人和奠基人之一。唐照千 1950 年考入交通大学动力机械系汽车专业，1953 年留校任教。1956 年，24 岁的唐照千成为首批西迁教师中的一员，在西安交通大学应用力学教研室任助教。1966 年初，"文化大革命"的风暴给他带来

12 年的人生磨难。

　　唐照千虽在"文革"中受到不公正对待，但他把个人得失置之度外，视科学事业高于一切。1973 年 5 月他获释出狱，只要求有一个工作条件，快些开展工作。他不顾体质虚弱，只休息了一星期，就一头扎进自己建立并工作了多年的实验室，埋头读书，修理仪器，做实验。1980 年访美期间，他把大哥送给他买汽车的钱全部用于购买国内稀缺的书籍资料、电子器件等，用于科研急需。当在美国的兄嫂问他是否打算留下来时，他说"我是国家派出来进修的，当然要回去"，谢绝了兄嫂挽留，如期返校。1982 年 9 月，唐照千结束访美，他同时谢绝了上海待遇优厚的聘请，孤身一人留在西安。他将节余的九千多美元科研经费全部用于资助一位力学副教授出国进修。

　　唐照千先生辛苦多年，积劳成疾。在被确诊肺癌晚期后，唐照千与疾病展开了顽强的抗争。住院手术期间，他忍受剧烈病痛，仍坚持指导博士生，修改书稿，抓紧一切时间工作。为了画好书稿里的一张图，他花了整整两个小时，浑身汗流不止。最后即使在双目失明的情况下，他还坚持通过口述，由妻子代笔完成了书稿和论文。他坚定地表示："我答应的事情一定要尽快完成！"他用生命践行了交大西迁人对党和国家的庄严承诺！

　　周惠久，西迁大军中，周惠久教授也起到很重要的带头作用，他于 1980 年当选为中国科学院第一批学部委员（后称院士）。周惠久是金属材料科学家，年近半百的他，带着全家六口西迁。到西安后，他历任西安交大机械工程系主任、金属材料及强度研究所所长、副校长，全国金属材料及热处理专业和热加工专业教材编审委员会主任。20 世纪 50 年代，我国仿制苏联的油井吊卡重达六七十公斤，极其笨重。解决这一难题的任务当时就落在了周惠久的身上。他多次前往大庆油田调研，并深入宝鸡石油机械厂攻关，最终研制出重量轻、强度高的油井吊卡，深受石油生产一线的欢迎。

　　1965 年，在高等教育部举办的直属高校科研成果展览会上，周惠久所创立的"多次冲击抗力理论"与北大的人工合成胰岛素、清华的反应堆等并列为 5 项重大的科研成果，被誉为"五朵金花"。同样随校西迁的周惠久的学生胡奈赛说："周先生这一炮在西安交大这边，从科研来说就是打响的第一炮。"经过 20 多年的努力，周老先生领导的低碳马氏体研究项目达到了国际先进水平。

陈学俊，在当时的西迁队伍中，有这样一位年轻人，他与夫人注销了上海户口，捐出了上海的两间房子，带着四个孩子举家迁往西安。2017 年，这位 99 岁的老人在西安离世，他把自己的一生奉献给了交大，奉献给了西部。他就是我国热能动力工程学家，中国锅炉专业、热能工程学科的创始人之一，多相流热物理学科的先行者和奠基人———陈学俊院士。

陈学俊在西迁时年仅 38 岁，是当时最年轻的教授。1946 年，陈学俊获美国普渡大学机械工程硕士学位，于 1947 年 3 月回国后即任交通大学教授。1952 年，陈学俊主持创建了我国第一个锅炉专业。1957 年捐出在上海的两间房子后，举家迁往西安。从此站在西安交大的三尺讲台上，为学生传道授业解惑，为我国热能动力工程的发展奋斗终生。

来到西安后，陈学俊于 1979 年主持筹建了我国高校中的第一个工程热物理研究所；1980 年，主持建成国内唯一一个压力可达超临界压力的汽水两相流试验系统；1992 年，他领导建成我国能源动力领域内唯一的动力工程多相流国家重点实验室，并领导该实验室针对我国能源动力工业发展中的安全、高效节能等问题进行持续的理论和实验研究。

陈学俊还捐出大量资金奖励莘莘学子。2006 年，陈学俊院士在学院内设立"陈学俊优秀奖学金"，2016 年交大 120 周年校庆之际，陈学俊再次向西安交大捐款 20 万元。他还经常以自己历尽坎坷、刻苦求学的经历和"工程救国、科学救国"的信念，勉励学生勤奋学习、勇于探索、为国家争光。

初心永记 薪火传承

物换星移，沧海桑田。当年西迁而来的师生，如今大多已是耄耋老人，有的已不在人世。但"胸怀大局、无私奉献、弘扬传统、艰苦创业"的西迁精神，为一代代交大人薪火相传，历久弥新。

1957 年，年轻的陶文铨凭着对交通大学的满腔向往，报考了动力工程系

锅炉专业，从此扎根西北，将一生奉献给了西安交大。"交大迁到哪里，我就考到哪里。"就这样，他成为交通大学西迁后首批到西安报到的学生。本科毕业后考上研究生，师从西迁老教授杨世铭攻读传热学。陶文铨是交大西迁后的第二批学生，毕业后留校任教至今，成为我国数值传热学主要奠基人之一、著名工程热物理学家、中国科学院院士。

从 1966 年研究生毕业留校任教算起，陶文铨在讲台上已经度过了 52 个春秋。他的学生何雅玲还清晰地记得，为了不耽误学生的课程，陶文铨上午刚做完白内障手术，下午就回学校上课。西安交大 1300 教室是陶文铨固定上课的地方，教室里有 367 个座位，但每次听课的学生都不够坐。于是，学生们坐在小马扎上听讲，成了陶教授课堂上一道独特的风景线。

如今，陶文铨回忆起西迁，说："交大西迁，扎根黄土仍然枝繁叶茂，我便是这棵西迁大树上的一片小叶。"

1980 年，陶文铨到美国明尼苏达大学机械系传热实验室进修。回国时，他没想着给自己买点什么，而是用大部分积蓄买了书籍资料和磁盘，并无私地将这些与国内同行共享。回国后的陶文铨一直潜心从事传热强化与流动传热问题的数值计算两个分支领域的研究，并开创了国内这一领域的多个"第一"：1986 年，在西安交大主办了我国第一个计算传热学讲习班，首次将传热强化与流动传热问题的数值计算等领域研究引入国内；1996 年，牵头组建热质传递数值预测科技创新团队，随后创建热流中心，开展复杂热质传递问题数值预测基础研究及重大工程技术创新研究；在国际上率先构建了宏观—介观—微观多尺度计算框架体系，发展了界面耦合的重构算子和耦合理论；发明了高效低阻的强化传热技术，突破了国际上"气体阻力增加必大于传热强化"的传统理念，使我国流动与传热的多尺度模拟研究处于国际前沿……

2017 年，陶文铨院士团队获得国家科技进步奖创新团队一等奖。他认为，"传帮带"的优良传统是团队始终保持旺盛创新力的重要原因，而成绩的取得，来自交大西迁后打下的扎实基础。迁校以来，每个发展阶段中形成的领军人物都对后辈治学科研产生了深远影响。

老将德高堪世范，新军勇猛续登攀。师从陶文铨院士的何雅玲，自1988年留校任教，29年来始终坚守在教书育人第一线。2006年荣获第二届国家级教学名师奖，2015年被评为全国教书育人楷模，并当选为中国科学院院士。但是沉甸甸的荣誉和更加繁重的科研工作，并未影响她给学生上好每一堂课。

1957年锅炉教研组主任陈学俊在备课

2017年2月，何雅玲在医院做了左脚骨科手术。医生反复要求她一定不要过早站立、要尽可能平躺并将脚部抬高，缓解血液淤积到脚部。可是没过几天就开学了，由她主讲《工程热力学》的能动学院本科生D51、C51班、钱学森实验班及少年班的课程可不能耽误啊！面对缠着绷带的脚和三尺讲台，她毫不犹豫地选择了后者。

2月27日新学期开学，她脚上缠着绷带、忍着剧痛站在了讲台上。这一刻她开始忘了伤痛，一天四节课站立下来，脚都红肿到腿部。由于手术后身体抵抗力减弱，引起感冒发烧，但是这些都没有影响她严格执行教学计划，坚持不耽误学生每一堂课程。从教近30年来，虽然获得荣誉无数，但最令她骄傲的还是"人民教师"这个身份。时隔多年，陶于兵教授还清晰记得，自己毕业答辩前何雅玲老师修改标红的30多页论文，首次上讲台试讲前何老师连夜帮他修改讲义并亲自示范如何讲好课。热工团队经过四代传承，已成为交大人践行西迁精神的一面旗帜。

不仅是热工团队，西安交通大学网络化系统工程团队也是在西迁精神的滋养中逐渐成长起来的。当年，网络化系统工程团队的前辈们，与交通大学众多西迁老同志一样，一路高歌踏上西行列车，一生无悔投身教育事业，勤奋耕耘、默默奉献。伴随着改革开放的春风，西迁精神焕发出了新的光彩——管晓宏院士，就是传承和践行西迁精神的优秀代表。

中国科学院院士、西安交通大学电信学院管晓宏教授1985年在清华大学读完本科和研究生后回到西安，任教于西安交通大学。20世纪90年代，管晓宏赴美留学，以优异的成绩获得博士学位。由于从事的研究十分热门，美国多家企业邀请他加盟。然而，他舍弃国外优厚的待遇和优越的科研条件，回到西安交大继续任教，并开辟新的学科方向，创建了网络化系统工程团队。当年，他留在美国工作的话年薪可达10万美元，回国任教月薪却只有300多元人民币。有人对他做出回国选择表示不解，管老师坦诚地说："国内条件虽然艰苦，但正在发生翻天覆地的变化，我应该回去，在国家需要我的时候开创一番事业！"

提起当年的抉择，管晓宏坦言："我所在的系统工程研究所，领导和老教师大部分都是西迁来的。胡保生、万百五等老教授严谨、勤奋的治学态度对我影响很深。"隔年，管晓宏正式组建起西安交大网络化系统工程团队。团队最早的成员之一，后任西安交大电信学院院长事务助理、智能网络与网络安全教育部重点实验室主任助理的陶敬回忆道，当时团队的条件很简陋，只有一间面积狭小的实验室，每个人坐的位置就像一个鸽子笼，他甚至一度想打退堂鼓。但是管晓宏告诉陶敬："即使在这么小的空间内，我们也绝对能够像西迁前辈们一样，做出一些世界级的成果。"

西安交大网络化系统工程团队正是在西迁精神的滋养中逐渐成长起来的。团队始终以实际行动践行着西迁精神，不断在专业领域取得发展与突破。团队在坚守十余年后，提出电网安全性冗余判定解析条件和安全性评估新方法，实现了能源电力系统安全性快速评估的原创成果重大突破，为电网规划建设提供了理论支撑和关键技术，团队也因此获得2018年度国家自然科学奖二等奖。

二十余年磨一剑，管晓宏院士带领团队，传承和弘扬西迁精神，他们把个人成长融入国家发展中，耐得住寂寞、守得住信念、扛得起责任。

老一代"西迁人"已经兑现了他们对于祖国的承诺，而西安交大新时代知识分子中的中坚力量正在接过"爱国、奋斗"的"接力棒"，在奉献中实现个人价值。青年学者叶凯破解鸦片罂粟封存亿万年的"基因密码",为造福人类健康做出贡献;许领应用黄土地质灾害机理与防控技术研究成果,为黄土高原防灾减灾提供科技支撑;胡二江服务"两机"专项国家重大需求,获得大奖;韩锐运用教学四步法助力思政课改革,博得满堂喝彩……这些在西迁精神激励下成长的年青一代,不仅在交通大学这个创新的平台上成就了自己,更以实际行动续写了当代知识分子爱国、奋斗的激越华章。

对科技工作者的激励政策和机制

稳步推进制度建设,出台相关管理办法

2016年,按照国家文件精神,结合学校实际,全年出台管理办法8个:《西安交通大学科研项目(课题)过程管理办法》《西安交通大学成果转移转化管理办法》《西安交通大学科研项目劳务费管理办法》《西安交通大学科研项目信息公开管理办法》《西安交通大学中央财政科研项目资金使用绩效评价办法》《西安交通大学横向科研经费管理办法》《西安交通大学纵向科研项目(课题)间接费用管理办法》《西安交通大学科研财务助理管理办法》。

建立健全学术保障机制

2017年,建立学校、学院和学科对"国家杰出青年科学基金"(简称"杰青")申请人学术支撑的保障机制,利用出台的学术繁荣办法,创造学科在学术上支持"杰青"申请人,集中优势打造"杰青"的条件,形成学校、学科、申请人三者协同机制,有组织、有计划地推出"杰青"人选,有序地推进学校"杰青"申请工作。

科研经费保障科技创新

2016年以来,西安交大坚持习近平总书记提出的"三个面向",所获得国家自然科学基金项目、国家重大重点项目及省市项目的数量每年都有大幅提升;科研到款额持续增长,实现大突破,保障了科研的稳步发展。

2018年，西安交通大学获批"三秦学者创新团队"6个，获资助经费1200万元；4人获批特支计划科技领军人才资助经费400万元。

全校统筹，创新科研管理

积极落实国家"放管服"改革，按照"走学院，见教授，谋发展"的要求，主动践行"我为科研省一天"活动。深化科研管理流程再造，学校多部门协同，全国首创国家基金到款批量入账，让师生员工"一次也不跑"就能办理基金进账拨款；打通多个部门工作流程，实现全国首创招投标线上集成。这些创新在全国高校尚属首次，极大释放了科研人员的时间和精力，为科研人员提供网络"一站式"服务。

第二章

西北工业大学

西迁历史概况（1955—1957年）

1956年，西安航空学院校门

1956年，华东航空学院从南京迁到西安，更名为西安航空学院，即今西北工业大学（简称为西工大）的前身之一，与同时迁校的交大分别坐落在西安城南的一西一东，遥相呼应。当年两校师生同时远离江南故土，初来乍到，同为"异乡客"；他们又是几年前院系调整中形成的"近亲"，彼此有许多熟悉的老同学，因此周末互相串门者众多。当时友谊路还未建好，从西安航空学院去交大须步行穿过边家村到张家村乘车，进城后再转车，十分不便。为了方便联系，两校周日专门派校车接送，甚至两校的食堂还通用饭票，成了两校特有的一道"周日风景线"。因此，双方不仅对彼此校园十分熟悉，对西迁前后的细节也相当了解。

往事已越64年。如今交大西迁被树为新中国建设最美奋斗者的典范之一，校内建了西迁精神纪念碑、纪念广场和博物馆。2020年4月22日，习近平总书记在陕西考察期间参观了西安交通大学西迁博物馆并发表了重要讲话，给予所有当年参与西迁者莫大鼓舞。在由衷地为交大同仁感到高兴的同时，西工大人更加珍视自家的传家宝——华航西迁精神，尤其深切怀念为西工大

西安航空学院（华航第三届）毕业生合影

建校做出卓越贡献，以及西迁后为建校默默无私奉献的那些可敬师长，他们也是新中国建设的最美奋斗者。

历史向前追溯，1952年，交通大学、南京大学、浙江大学三校的航空工程系合并，成立了华东航空学院，校址在南京。

1955年，为了国防布局和西部的开发建设需要，党中央、国务院决定将东部沿海的部分高校和科研院所内迁至西安，西迁的单位中就包括华东航空学院。当年，在有关西迁的座谈会上谈论时，国家二机部（第二机械工业部）提出将南京航专（南航的前身）迁到西安并升格为本科学院，南京航专表示他们西迁有困难。在这种情况下，作为一名老共产党员，时任华东航空学院院长的寿松涛感到，既然是国家需要，理应顾全大局。他主动请缨，申请西迁。学校的教学设施和教学工作刚刚步入正轨就要搬家到贫穷落后的大西北，这难免受到部分师生非议。为了取得全院学生的认同和支持，寿院长耐心细致地向师生做解释工作，希望他们服从国家和学院的长远利益，跟随学校一道西迁。在他的一再努力下，西迁的决定终于得到全院上下绝大多数人的拥护。院学生会为了表示拥护学校西迁，还组织了"南京—西安"象征性接力赛跑，参加接力赛跑的同学从南京中山陵出发，时而乘车，时而徒步，历时半月余，终于抵达新校址所在地——西安。

一旦决定西迁，华航师生员工便立即行动起来，投入紧张的西迁工作中。寿院长除了做好全院人员的思想政治工作外，还亲自到西安勘察新校址，筹划征地和建设。学院迅速成立了西航筹备处，周奎任主任，立即率领一批工

寿松涛，西安航空学院院长、
党委书记 （1956—1957 年）

程技术人员和管理人员奔赴西安，启动新校园的建设工作。基建设计和施工人员夜以继日地辛勤工作，克服了重重困难，从 1955 年 8 月施工单位进入，到 1956 年夏天，仅用了一年的时间，就在西安城西南角规划的千亩土地上，建起 7 万多平方米的教学和生活用房，建成一所初具规模的新校园。1956 年暑假，寿松涛院长带领华航师生员工和家属 5000 人到达西安，按预订计划顺利地完成了搬迁。9 月 1 日，西安航空学院正式开学，寿松涛仍担任院长兼党委书记。

　　华航迁入西安后的前两年，师生生活依然非常艰苦。特别是 1956 年八九月间，西安地区连下了一个月的雨，气温下降，加之基建仍在进行，道路还未修好，有的地方挖沟埋管道，人走在雨水泥泞中一不小心就会滑倒……这些困难，绝大多数师生都在努力克服，但在部分新生中难免还是产生了一些怨言。11 月底，在西平教室男厕所的门上出现了一首打油诗："家住上海市中心，为了事业来西京。天气寒冷过不惯，一心只想当逃兵。"寿院长知道后说："西航看似表面平静，但'内火不清'，要很好地做工作。"就在此后不久的一次全院学生大会上，他在报告中间讲了这件事。他并没有批评或责备这位"诗作者"，而是满怀热情、正面地对这一首"诗"逐句做了分析，对学生进行了积极的引导。他说："从第一句可以看出这是一位上海来的同学，上海学生见多识广、聪明灵活，我是很喜欢上海同学的。这第二句说明他的事业心很强，热爱航空事业，毅然来到西安，应该受到表扬。这第三句是遇到了困难——气候不适应，生活不习惯，这是实际情况，是完全能够理解的。因为上海是海洋性气候，西安是大陆性气候，温差较大，需要有一个适应过程。这说明学校在帮助同学克服困难上，还做得不够好，应该检讨。这第四句想当逃兵就不对了，我建议改一个字，把'逃'字改成'尖'字，就是'一心只想当尖兵'——要当克服困难的尖兵，当发扬延安精神的尖兵，当继承革命传统的尖兵，当支援大西北的尖兵，这就是一首好诗了。"讲到此，全场同学热烈鼓掌，因为院长的报告正面引导、幽默感人，说到他们的心坎上了。寿院长就是这样，既见微知著，善于发现问题；又耐心细致，善于回答和解决问题，为后来西工大"管理育人"工作做了率先垂范。

西迁时，寿松涛院长特意在南京等地购买了大批雪松、法国梧桐运来西安。不仅校园内，校门外友谊西路道路两侧的梧桐树，都是广大师生洒下汗水栽植的劳动成果。几十年来，这些树木见证了学校的发展变迁，已经成为校园内外一道亮丽的风景线。

西迁后的发展历程

西迁成为华航发展史上的一个重要的转折点。从决定西迁的那天起，二机部领导就给予了重视和支持，大大加快了学院的发展速度。1955年，在二机部的同意下，华航60名毕业生中留下38名当教师，充实了教师队伍。1956年，国家高教部对华航特别照顾，在当年全国100名赴苏联留学名额中给西迁后的华航分配了12个名额。寿院长因此很受鼓舞，尽管当时学院教学任务繁重，骨干教师较少，他还是千方百计地克服困难，组织从教学第一线选拔出12名很有培养前途的中青年教师到苏联留学。他们在苏联都取得了优异的学习成绩，学成回校后大大改变了学院教师队伍的面貌，对推动学院的教学和科研工作起了很大的促进作用。

学院刚建立时，只有飞机系和发动机系，每个系下设设计与施工两个专业。1956年，二机部决定学院增设压力加工、铸造、焊接、金属热处理和表面保护专业，1957年又增设了直升机专业，1956年二机部还正式下达了学院筹建金属材料及热加工系的任务。1956年，二机部拨给学院的设备费比往年增加4倍之多。学院利用这些经费，极大地推进了重点实验室的建设。学院在招生规模上也成倍增长，由1955年的540人猛增到1956年的1236人，1957年又招收810人，使在校生总数达3235人（包括17名研究生），这是

1952年华航初建时在校生（450人）的7倍多。总之，华航西迁使学院发展速度大大加快，同时也为后来的进一步发展奠定了基础。

1957年10月，西安航空学院和由咸阳迁来的西北工学院合并，组建新的西北工业大学。

强强融合，开拓发展，学校各项事业取得长足发展。1960年被国务院确定为全国重点大学；"七五""八五"均被国务院列为重点建设的全国15所大学之一；"九五"首批进入国家"211工程"立项建设；"十五"进入国家"985工程"重点建设；2017年入选国家"一流大学"（A类），是全国首批设立研究生院和国家大学科技园的高校之一，设有西北工业技术研究院和全国最大的无人机研究与发展基地。

历史上，铸造、航空宇航制造工程、飞行力学、航空发动机、水中兵器、火箭发动机等6个学科的全国第一位工学博士均由西工大培养。在为国防科技事业发展和国民经济建设输送的20万多名校友中，有60位省部级以上领导、66位将军、51位两院院士，还有6位中国十大杰出青年。在航空领域，一半以上的重大型号总师、副总师为西工大校友。中国航空工业成立60周年纪念表彰了10位"航空报国特等金奖"，就有6位西工大校友获此殊荣。在中航工业先后授予的6名"中青年自主创新领军人才"中，西工大校友占4位。在航天领域，从早年"航天三少帅"中的张庆伟和雷凡培，到中国探月工程总设计师吴伟仁等，一大批西工大杰出校友担任集团公司、院所、企业党政领导干部及副总师以上职务，相继为我国航天事业的飞速发展作出了突出贡献。航海领域同样有大批杰出校友活跃在船舶工业、水中兵器行业的重要管理岗位与核心技术岗位上，英才辈出，不胜枚举。大批西工大学子成为行业精英、国之栋梁，在人才培养领域形成了独有的"西工大现象"。

科技成果综合现状

"十三五"以来，西工大坚持"顶天、立地、育人"的理念，面向国际学术前沿、国家重大战略需求及国民经济主战场，不断提升基础研究和原始创新能力，科研规模与科技综合实力居国内高校前列。学校完善了特色鲜明、充满活力的科技创新体系，建设了一批具有核心创新能力的高水平科研平台，探索并建立了引领性协同创新科研机制，承担一大批具有重大影响力的国家级项目，产出了若干重要标志性科研成果，打造若干富有原始创新精神的科研团队，造就一批科研学术大师，为创建"一流大学、一流学科"贡献了力量，提供了科技支撑。

基础研究实现重大突破

国家自然科学基金项目从 2016 年的 205 项，增长到了 2019 年的 293 项，累计新增国家自然科学基金项目 1195 项，年均资助率超过 30%，较"十二五"增长率超过 20%。我校的项目资助率始终远高于全国平均水平，2019 年青年基金在全国资助总数前 20 名中，资助率居全国第一。

"十三五"期间累计获批国家自然科学基金项目重大重点类项目 55 项，"杰青""优青"类项目 19 项。截至 2019 年，以第一作者或通讯作者在 Science（《科学》）、Nature（《自然》）实现发文"零的突破"，其中在 Science 杂志上发文 6 篇，在 Nature 杂志上发文 2 篇，在同一期 Science 上发表研究长文 3 篇并登上当期封面，在 Nature、Science 子刊上共发表文章 44 篇。新增 ESI 高被引论文 349 篇，增长率位居一流大学建设高校第 1 位。ESI 热点论文 33 篇，位居一流大学建设高校第 9 位，增幅排名第 5 位。2019 年全球高被引科学家 7 位（新增 5 位）、9 人次，在内地高校中排名第 14（相较 2018 年提升 11 位）。

服务国家重大需求能力持续提升

"十三五"期间，西工大获批千万级项目总经费 18.33 亿元，新增千万

级项目 104 项，在获批的千万级项目中，民机科研专项获批 16 项，位居全国高校第一；两机专项获批 12 项，位居全国高校第二；国防军工重大项目 44 项；更有学院单个项目经费获批 1.65 亿元的优异表现。西工大作为总师、副总师单位，主持承担了无人机、水中兵器、高速大机动靶标等国防尖端型号任务 10 项，还参与了大飞机、载人航天与探月等 10 余个国家重大专项的论证与科研攻关，其新一代翼身融合民机设计、火箭基组合循环发动机、基于静电悬浮的金属材料快速凝固实验系统、流体壁面剪应力测试仪等研究项目取得突破性进展。武器装备研制取得新成果，研制的超音速大机动靶标填补了国内空白。两型无人机和两型水中兵器等已装备部队，其中无人机亮相建军 90 周年和新中国成立 70 周年阅兵式，再次获得"重大贡献奖"。西工大的科技发展已经与国家战略需求密切融合，服务国家重大需求的能力也持续提升。

"十三五"期间，西工大共获批国家科技奖 15 项、省部级科技奖 125 项。2017 年获何梁何利奖 1 项，这也是西工大时隔 12 年后再次获得该奖项；国防发明一等奖 2 项，实现了学校历史上零的突破；连续两年陕西省一等奖高校最多，创历史最好成绩。2018 年获评全国最美科技工作者 1 人，2020 年 6 位教师荣获第二届全国创新争先奖状。西工大获得奖状数位列全国第一、个人获奖个数与北京航空航天大学和华中科技大学并列全国高校第一。

科研保障能力显著增强

西工大现有国家级科研平台 20 个，"十三五"以来新增 6 个；现有省部级科研平台 119 个，"十三五"以来新增 61 个。全校现有 20 个国家级科研平台中，获上级财政资金支持共计 3.03 亿元。"十三五"以来，累计获批科研能力建设经费 5.93 亿元，其中军工固定资产投资 3.43 亿元，科研平台能力提升投资 2.5 亿元。完成两机专项能力建设项目规划论证，评估建议总投资 4.49 亿元（全国高校第二）。学校仪器设备开放共享工作 2019 年国家考核位列全国高校第八，工信部高校第一。"十三五"期间，全校科技活动经费累计逾 124 亿元，学院纵 / 横向经费到款从 2016 年的 12.55 亿元提升至 2019 年的 15.81 亿元，到款比例呈现相对均衡协调态势。

人文社科研究水平不断提升

"十三五"期间，西工大共获批国家社科基金项目 27 项，2018 年获批国家社科基金 10 项，居工信部高校第一，其中国家社科重大项目 1 项。获得省级人文社科奖项 28 项，其中获陕西省哲学社会科学优秀成果奖 24 项（一等奖 2 项）。新增省级以上基地 6 个，首次获批教育部高校思政创新中心，在国家社科基金重大项目、省级一等奖、省级以上基地领域均实现了零的突破。

服务经济社会，发展取得突破

西工大成立了无人系统发展战略研究中心、军民融合研究中心等特色新型智库，主持了中国工程院重点咨询项目、国家自然科学基金应急管理项目等重大课题。2016 年以来全校共申请专利 5997 件，授权专利 2657 件；转化专利 312 件，合同金额 2.31 亿元，其中专利作价入股金额 2.01 亿元；组建高新技术企业 14 家，吸引资本 3 亿余元，其中铂力特公司打破了激光增材制造国外高端装备与技术的垄断，于 2019 年上市科创板，成为国内首家登陆科创板的全产业链 3D 打印企业。

投资企业实现高质量发展，资产规模和质量进一步提升，投资企业市场估值突破 100 亿元。校企改革成效显著，科学有序股权退出机制初步建立，学校办学资金渠道得以拓展，资产公司现金收益累计突破 11 亿元。校地联动的社会服务新格局基本形成，学校增量办学资源获取能力显著增强。科技创新能力不断提升，无人机产业化能力显著提升，校属企业爱生技术集团公司经营收入持续增长。西工大国家大学科技园建成"众创空间＋孵化器＋加速器"全链条孵化载体，主体功能进一步彰显。

注：本章节数据截至 2020 年 7 月。

"西迁精神"的传承与弘扬

三秦楷模——陈士橹院士

陈士橹院士

1920年9月24日，陈士橹出生在浙江东阳县一个普通村庄。1940年他高中毕业时正值抗战时期。在"航空救国"思想的引导下，陈士橹坚定地选择了学习航空类专业。1945年，陈士橹以全班第一的成绩毕业于西南联大航空工程学系，先后在西南联大、清华大学、国立交通大学和华东航空学院任教。

20世纪50年代，为加快新中国建设步伐，我国派遣了大量的留学人员到苏联学习科学技术。1956年，陈士橹作为华航青年教师被派往苏联莫斯科航空学院进修，师从航空界著名的"大人物"奥斯托斯拉夫斯基教授，仅用两年时间就获得了一般学生需要3～4年才能获得的技术科学副博士学位，成为该校第一位获得副博士学位的中国留学生。他的副博士学位论文《飞机在垂直面内的机动飞行》不但获得了导师奥氏的高度评价，还为我国新型超音速战机的研制发挥了重要的作用。他创建的简捷计算机动飞行的气动性能新方法为苏联学者所重视，被专家称为"陈氏机动飞行算法"，并在设计单位得到应用。

1956年，华东航空学院整体西迁。陈士橹博士则是留学出发从南京去，留学归时到古城西安来。1958年9月中旬，他来到西工大，一项新的使命悄然等待着他去完成——创建西工大宇航工程系，我国宇航工程科技教育的首批院系。这也使他扎根西部，开创了我国宇航工程科技教育的先河，成为我国航天科学技术教育的先驱者之一。

这是一项极具挑战性的工作，没有多少现成的经验可以借鉴，一切都得从零开始。那段时间,陈士橹夙兴夜寐、殚精竭虑,除了吃饭、睡觉,其他时间基本上都在办公室忙碌。为保证第二天正常上课,陈士橹经常晚上备课到深夜12点以后。在时任校长寿松涛的关怀支持下,经过大家的共同努力,1959年底,一个新的院系在西工大正式成立了。

建系之初,百端待举,首要解决的是教材短缺问题。以前使用过的教材都是由苏联专家提供、翻译的,密级性很高,没有教材名称,全部使用的是代号。面对这种现状,陈士橹组织飞行力学教研室全体教师,自己动手编写教材,编写的第一部代号为50108的教材于1961年完成并应用于教学。1964年,陈士橹又亲自编写了教材《导弹动态误差》,这本教材成为后来飞行力学专业教材的范本。

西工大宇航工程系在发展逐步走上正轨的时候,却遇到了意想不到的冲击,面临着被"撤并"的现实。身为系主任的陈士橹并没有"坐以待毙",而是坚持不懈,为保留宇航工程系奔走呼吁。他还不失时机地向钱学森先生反映他的想法,并得到了支持。

最终,从20世纪60年代中后期到80年代初,当其他高校的同类专业被相继归并或撤销的时候,西工大宇航工程系被保留下来,培养的大批骨干教师成为国家20世纪90年代航天大发展时代学科建设的主力军;历届毕业生成为国家航天和国防事业的栋梁之材。经过几代人的不懈努力,由陈士橹一手创建的宇航工程系已发展成为国内具有较高知名度的航天学院,是西工大"三航"特色学院之一。陈士橹主持和指导的西工大飞行力学专业,也一直处在国内领先地位,一些研究方向达到世界先进水平。1992年,国务院学位委员会组织学科评估,西工大飞行力学学科在全国27个相关学科的综合考评中,获得总分第一。

1997年11月24日,陈士橹当选中国工程院院士,成为西工大第四位当选为院士的教授。三十余年来,陈士橹已培养博士、硕士50多名,他们当中的多数已成为我国航天和国防科技领域的栋梁。作为老一辈航天科技教育工作者的代表,陈士橹为祖国航天事业的发展打下扎实根基,结出丰硕成果,为引领我国航天事业的发展做出不朽功绩。即使在生命最后的几年里，他依然密切关注着科学技术前沿，关心着我国航空航天事业的发展。他长期致力于飞行器飞行动力学与控制研究，在飞行力学、空气动力学、自动控制与结构弹性的交叉学科研究中建立和完善了一批新的理论和方法，解决了相应的工程技术问题，这些成果达到了国际先进水平，为我国新型飞行器设计和研制提供了可靠的理论依据，在国内外影响深远。

陈士橹 96 年的人生，是为我国航天事业开拓创新、勇攀高峰的一生；也是为我国航天科技人才培养、诲人不倦的一生；更是为祖国强大而勇于担当、鞠躬尽瘁的一生。陈士橹先后荣获"航天航空工业优秀教育工作者""有突出贡献专家""工信楷模""三秦楷模""陕西好人"等荣誉称号，陈士橹的航天人生将永远铭刻在我们心间！

西迁典范——胡沛泉教授

胡沛泉教授

胡沛泉（1920—2019 年），江苏无锡人。1940 年获上海圣约翰大学土木工程学士学位，后赴美国密歇根大学深造，先后获土木工程理学硕士学位、工程力学哲学博士学位。1944年受聘于美国著名的航空咨询委员会——兰利航空研究所，任高级工程师，1948 年放弃美国优越的条件回国。

胡沛泉是国家首批二级教授，我国著名工程力学与航空专家、教育家，先后任华东航空学院材料力学教研室主任、西安航空学院材料力学教研室主任、西北工业大学数理力学系主任。他还是《西北工业大学学报》创始人，曾任校学术委员会副主任，兼任陕西省力学学会副理事长等职。

16 岁，高中连跳两级的胡沛泉考入上海圣约翰大学土木系；20 岁，他本科毕业，获土木工程学士学位。同年，胡沛泉赴美国密歇根大学深造，21 岁获土木工程理学硕士学位，24 岁获得工程力学哲学博士学位。

1944 年，博士毕业的胡沛泉受聘于美国著名的国家航空咨询委员会（National Advisory Committee for Aeronautics，NACA）兰利航空研究所，成为副工程师。一年半后，他就从副工程师升为工程师，之后又用了一年半时间，不到 27 岁的胡沛泉成为当时 NACA 中最年轻的高级工程师。

在此期间，胡沛泉曾给后来成为国际著名应用力学家的布狄安斯基讲过课，还与布狄安斯基等人共同发表《获得固支板临界应力上限及下限的拉格朗日因子法》等 5 篇论文。

1948 年，胡沛泉放弃了美国优越的工作条件和丰厚的生活待遇，回到他的母校上海圣约翰大学任土木系教授。对于自己回国的原因，胡沛泉打趣地说："我在美国发展得一帆风顺，毅然回到祖国，其实是对自己非常有信心，觉得自己在祖国能有更好的发展空间。"

回到祖国的胡沛泉，成为上海圣约翰大学的一名教师。从 1948 年直到 2016 年，胡沛泉投入祖国的高等教育事业中，一干就是 60 多年。

1952 年，是胡沛泉生命中一个重要的年份。这一年，上海交通大学、南京大学、浙江大学三校的航空工程系，合并成立了华东航空学院。因缘际会，胡沛泉也成为华航的一员。

华航最初成立时，除了设立飞机系、发动机系两个系，还有一个负责学校基础课程教学工作的"基础课"，胡沛泉与季文美等教授就在基础课。从华东航空学院到西安航空学院，胡沛泉一直担任材料力学教研室主任。

1956 年，华航的一次历史性抉择，再一次改变了胡沛泉的命运。当时，党中央、国务院根据国际形势和社会主义建设的需要，批准华航内迁西安。

胡沛泉至今还记得寿松涛说过的一句话："我认为华东航空学院最主要的，不是要生活得好，而是要发展得快。"后来华航飞速发展，印证了寿松涛的话。

来到西安的胡沛泉一心扑在工作上，一直与留在上海的妻女分居两地。他用对工作全身心的投入，来淡化对妻女的想念。这样的分离一直持续至他

去世，成为胡沛泉终身的遗憾。

1956 年，迁至西安的华东航空学院改名为西安航空学院。也是在那一年，胡沛泉评上了二级教授。1957 年，西安航空学院与西北工学院合并成立西北工业大学，从此，胡沛泉在西工大的教学科研与教育管理岗位上奉献了自己的一生。

早在华航成立之初，胡沛泉看到国内采用的苏联材料力学教材译本内容庞杂、文字晦涩，便发起并主编了《材料力学简明教材》。其内容扼要、文字通畅，试用时教学效果良好，受到师生欢迎。随后，在此基础上，他与上海交通大学和南京工学院材料力学教研室的同志们对教材进行了修改。后来，全国 30 多所院校都采用了这部教材。1958 年，胡沛泉在这部教材基础上编写了《材料力学》，由机械工业出版社出版发行。

西迁后，胡沛泉与季文美等教授一起，在西工大创办了工程力学专业，这也是全国最早的工程力学专业之一。创办伊始，师资、教材缺乏，胡沛泉亲自制订教学计划，组织主要教学环节，讲授工程数学、高等材料力学、弹性稳定理论等课程，并编写了两门课程的讲义。这些讲义内容丰富、文字简洁，至今还是力学班同学的参考书。

1959 年后，作为西工大最年轻的二级教授，胡沛泉着力于研究生的培养工作。他严谨认真、一丝不苟的治学态度，让学生们受益终身。胡沛泉要求学生必须每周一次定期汇报学习进展，他还教导学生，学习要积极主动，既要重视书本知识，又要敢于提出问题，不迷信书本和权威。有一次，研究生张开达发现，苏联力学家伏拉索夫的名著《壳体一般理论》第一章中的推导有错，胡沛泉就鼓励他写出学习心得，并给予表扬。

1960 年，胡沛泉担任西工大基本理论研究委员会副主任。他结合当时学校发展需要，提出要按研究生培养方式培养青年教师。1961 年，除高教部下达招收的 11 名研究生外，西工大通过考试录取了 50 名青年教师，并按研究生培养方式培养。当时，这在国内是一个大胆的尝试。1961 年至 1965 年，西北工业大学共招收研究生 107 人，按研究生培养方式培养的青年教师 53 名，总计160人。现在，其中的许多人已成为西北工业大学、南京航空航天大学等学府的骨干力量。

直到去世前不久，胡沛泉仍然坚持工作。2016年，时值华航西迁60周年之际，谈起西迁时，他一再说："不后悔！华航西迁，就是为了占领航空航天制高点！"这也正是华航西迁师生共同的心声。

对科技工作者的激励政策和机制

为进一步贯彻落实党中央、国务院关于科技创新的重要精神，按照学校第十三次党代会关于实施科技体系创新行动计划的总体部署，加快推进学校"双一流"建设，充分激发科技创新活力，全面提高学校科研水平，完善以科技创新质量、贡献、绩效为导向的评价体系，奖励在科技创新方面做出重要贡献的师生和团队，西北工业大学特修订完善《西北工业大学科技奖励实施细则》，制订《西北工业大学哲学社会科学科研奖励实施细则》，奖励范围主要包括科研获奖、学术论著、专利标准、科研项目和平台、应用成果和省部级及以上哲学社会科学基地（智库）等，采用综合计分的形式，由科学技术研究院负责具体组织实施。

2009年，为加快创新成果转化应用，西北工业大学出台《西北工业大学成果转化管理办法》，其中规定将科技成果作价投资，奖励团队不低于50%。这条规定的制定比国家2015年出台的相关政策早了6年。之后，随着国家科技体制改革的不断深化，2020年将奖励团队的比例调整为不低于70%。

第三章

西安电子科技大学

西迁历史概况（1958年）

西安电子科技大学是以信息与电子学科为主，工、理、管、文多学科协调发展的全国重点大学，直属教育部，是国家"优势学科创新平台"项目和"211工程"项目重点建设高校之一、国家双创示范基地之一，也是首批35所示范性软件学院之一、首批9所示范性微电子学院之一和首批9所获批设立集成电路人才培养基地的高校之一。

学校前身是1931年诞生于江西瑞金的中央革命军事委员会无线电学校，是毛泽东等老一辈革命家亲手创建的第一所工程技术学校。1958年学校迁址西安，1966年转为地方建制，1988年更为现名。

建校90年来，学校始终得到了党和国家的高度重视，是我国"一五"重点建设的项目之一，也是1959年中央批准的全国20所重点大学之一。20世纪60年代，学校就以"西军电"之称蜚声海内外。毛泽东同志曾先后两次为学校题词："全心全意为人民服务""艰苦朴素"。

选址

20世纪50年代，学校几经迁址、合并、更名，升格为解放军通信工程学院，1955年更名为解放军通信学院，校址在张家口。时任领导认为张家口地区偏僻、闭塞，学院要扩大，受到很大限制，于是着手选择新校址。通信部认为应建在北京，原因是北京高校集中，且与通信部研究所靠近，可使教学力量得到充实，也有利于教学、科研的结合。

1953年12月3日，王诤同志代表通信部向聂代总长报告，提出将学院迁至北京，1954年3月9日通信部向原总参谋部打报告，要求解决校址迁至北京的问题，黄克诚同志批复同意建在罗道庄。3月15日，聂代总长致函北京市人民政府，要求解决地皮问题。4月15日高教部批复同意建在罗道庄。

以上工作正在筹划中，中央决定将一些大学内迁，将西安建成文化中心。

根据兰州军区 1958 年 8 月 6 日的命令〔（58）司务字第 465 号〕，将学院迁驻西安，于是决定学院改迁西安。

建设西安新校区

总参决定学院迁往西安后，1955 年由黎东汉、崔仲民、韩济同志及苏联顾问到西安联系新校址。西安市城市规划确定在南郊建成文化区，于是确定校址在徐家庄、白庙村、沙井村之间。地址确定后，学院即派人到西安筹建。1956 年 3 月 31 日，总参批准成立"中国人民解放军通信兵学院西安办事处"，办事处很快以全部精力投入筹建工作。

第一期工程建设情况

1955 年在西安一次性征地 538.9 亩，主要是徐家庄生产队的土地，有何家村土地 100 亩。

第一期工程投资总概算为 1090.8 万元，十局拨家具款 30 万元。大小工程项目 55 个，建筑面积 120000 平方米。教学主楼建筑面积 38198 平方米。学生宿舍 10 幢，共 50565.6 平方米。职工宿舍 19 幢，共 25496 平方米。食堂 3 幢，共 7795 平方米。其他如门诊部、汽车库、锅炉房等 12263 平方米。

实际完成的项目：自 1956 年 3 月至 1958 年 6 月，在两年零三个月的时间内，从征地到全面施工，到学院搬迁，共完成基建 113695 平方米，其中教学、办公楼 42441 平方米，公共福利用房 19178 平方米，职工宿舍 24166 平方米，学生宿舍 27910 平方米。完成投资 1100.6 万元，保证了学院的搬迁。

第二期工程建设情况

1958 年 8 月，学院迁西安后开始第二期工程基本建设，主要是两项：一是修建九〇四厂，二是扩建学院。

九〇四工厂于 1958 年 10 月 20 日筹建，定名为"无线电电信工厂"，计划工人 5000 人，总投资 1500 万元，1961 年建成，并投入生产。1961 年 7 月 17 日，国防科委第三次办公会议决定，将九〇四厂移交国防部第十研究院，10 月 1 日起归十院建制。修建九〇四厂征地 389.98 亩，征地费 93000 元。

北校门

1959 年总后批准基建任务为 74447 平方米，投资（含设备）9119080 元。最后确定的概算数为 75500 平方米，造价 7586000 元。

学院自 1959 年以后，随着规模的扩大，基建工作相应地有了较大的发展。

1959 年至 1962 年四年间，军委批准学院基本建设投资为 831.8 万元（按年度批准数相加）。建筑面积为 95570.86 平方米，征地 172.3 亩。因材料困难，实际上完成的建筑面积为 59304.86 平方米，投资 485 万元，约为计划的 60%。其中教学用房约占 40%，宿舍、食堂等生活用房约占 60%。虽然如此，仍无法满足大发展的需要，学员宿舍由 4 人增至 8 人，干部、教师、工人家属，有五口之家挤在 12 平方米的房内，有的住在农村，单身干部一度住在办公室内。

1962 年以后，学院各项工作转入调整阶段，规模相对缩小，基建投资速度放慢。在 1963 年至 1965 年的三年中，共批准投资 61.1 万元，建筑面积增至 11682 平方米，主要是建造了一座 9872 平方米教学楼。

自 1959 年至 1965 年七年中，共增加校舍 70986.68 平方米，与 1958 年相比，增加了 62.5%。

迁校过程

张家口距西安 1500 余千米，全院教职员工及家属子女近 4000 人，各种物资设备近千吨，在不影响教学的情况下，把这样大的摊子全部迁到西安，是一项十分艰巨的任务。为了组织全院人员有始有终地顺利地完成这一艰巨任务，院党委及时提出"离开得好，路上走得好，到西安安置得好"的要求，做到教学、迁院两不误。

自 1949 年进入张家口到 1958 年离开，学院在这个塞外的英雄城市度过了 8 年，经历了艰苦建院的岁月，当地政府和人民给学院以极大的支援，和兄弟单位建立了亲密的友谊。为了"离开得好"，院党委决定做好以下工作。首先，在离开张家口之前做好纪律检查工作。成立 4 个组到与学院接触较多的 60 多个单位，逐一进行访问，征求意见，处理了善后事宜，密切了与兄弟单位的关系。其次，做好房产移交工作。学院在张家口市区有房产大小 20 余处，按上级规定分别移交给有关单位。在移交中逐一清点，账目清楚，房产完整清洁。最后，做好告别工作，支援地方建设。离开张家口前，组织并举办联欢晚会，到党政机关告别，同时将学院一部分器材、物资无偿交给地方政府，支援工农业生产建设。

离开张家口时，很多单位派人到学院告别，很多个人到院表述感激之情，

张家口鸟瞰图

依依惜别，表现了无限留恋之情。

1958 年初，学院决定利用暑假搬迁，做到教学、搬迁两不误。3 月 5 日成立迁院工作办公室和西安前站筹备处。迁院工作办公室下设物资检查、运输、计划、车辆、纪检、饮食等组。在西安的筹备组设营建营具、伙食、电话广播、设备安装、接运等组。除了组织工作以外，做好政治思想工作是完成搬迁任务的基本保证。政治部对稳定思想，以及旅途中及到达西安后的各环节的工作，都做出了具体安排。

4 月 12 日，院长办公会提出了《迁院工作计划纲要》，开始了摸底、统计等准备工作。5 月 13 日，提出了迁院工作具体安排，对人员搬迁步骤、编队及指挥、公私物的搬迁办法，以及搬迁中的思想政治工作，都做了明确的规定。

根据计划，用一百多个车皮运送物资，人员分六批离张，其中三批为专用列车。第一批 6 月 24 日出发，25 日到达西安。最后一批 8 月 10 日出发，13 日到达西安。在专用列车上自己架设了有线广播，行车中组织读报、唱歌表演，文化活动丰富多彩。经过了两个多月的时间，全部人员、设备安全到达西安。

在搬迁中还谱写了一段团结战斗的插曲。在第三批专用列车到达古都洛阳时，突遇暴雨，冲毁了铁路桥梁，被迫停留三天。第二天，洛阳市政府组织学院 300 多人到拖拉机厂参观。正在参观过程中，突然洪水来袭，大家与工人一起在工厂周围筑起防洪堤。当护厂工作告一段落后，大家再也无心参观，向防汛指挥部要求抢险任务，先到南关，后又到粮库参加护粮转运。在转移过程中的十几里路，大家都是跑步前进，女同志也不示弱，修堤、背粮干了一整天，衣服一次又一次湿透，双手磨出了水疱，无一人叫苦。留在列车上的 300 多人都是家属和小孩，他们也纷纷要求参加战斗，在列车上承担起全部后勤工作，表现出这个集体高度的组织纪律性和为人民献身的高尚品德。

因为基建工程很大，虽然从 1956 年开始建设至迁院时已逾两年，但是操场尚没有平整，道路也未修建，建筑物附近都是土堆及建筑垃圾，不少教学设备还没有安装好，几十万册图书要开箱上架。为了保证能按时开课，大家放下背包，发扬光荣传统，自己动手，开展建校劳动。

8月的西安，气候炎热，有时暴雨如注，到处泥泞。西迁人员刚刚从凉爽的塞外到高温的西安，本来就不适应，还要参加繁重的体力劳动，艰苦是不言而喻的。全院同志担土平地，安装设备，投入了紧张的建院劳动。大家同甘共苦、团结协作，使工地成了带作风、传思想、锻炼意志的课堂。

经过短短20天的劳动，到9月，学院面貌有了大的改观，几条主干水泥路修好了，设备安装完毕，大楼周围平整了，9月1日按时上课，在古城西安又开始了新的征程。

机构及院系设置

1958年迁至西安时，学院设政治部、训练部、院务部；设指挥工程系、无线电工程系、有线电工程、雷达工程系等4个系；设通信、军事、无线、有线、雷达、电机、基础、外文等教授会室及体育教育室。

迁址西安初期的校园航拍图

建校劳动的场景

学员列队经过主大楼

迁校后的发展历程

政治部下设组织处、宣传处、保卫处、干部处及党史、哲学、政治经济学教授会。1959 年 3 月设秘书科。1960 年各处改部，科改处。

训练部下设教务处、教材处、图书馆、翻译室。

科研部下设组织计划处、军械器材处、资料室、实习工厂。（科研部1959 年恢复。）

院务部下设队列处、管理处、军需给养处、财务处、保密处、营建办公室、门诊部。

九〇四工厂下设厂办公室、政治部、人事处、生产计划处、技术处、供销处、技术检验处、财务处、门诊部。共有机械厂、元件厂、装配厂三个分厂。

1959 年 1 月，根据国防科委和第五研究院的要求，筹建控制工程系（代号为三系），有线工程系与无线工程系合并为电信工程系（二系），指挥工程系仍为一系，雷达工程系改为雷达导航系（四系）。

1959 年 2 月，根据第三届党代表大会的决定，将教育权力下放，改变教学组织体系，实行系会合并：决定无线、有线教授会与电信工程系合并；军事、通信教授会与指挥工程系合并；雷达教授会与雷达导航系合并；电机、基础、外文教授会和体育教研室归训练部领导，到适当时机再与系合并。与系合并的教授会，在专业教学上，必须在训练部统一安排下对全院负责，除负责本系的专业课外，必须以高度的责任心和全局观点，关心全院其他各系班专业的课程。在教员配备、实验室及器材的使用上必须全面照顾，防止任何本位主义。

系会合并后，教授会改称教研室。以后随着专业建设的发展，各系教研室逐步增多，按专业划分为若干室。归训练部领导的教研室，自 1962 年以后，逐步划分为数学、物理、化学、电工、电机等教研室。

1959 年 3 月，通信兵批准在各系设政治、训练、行政三个处，全面加强各系工作。

1960 年，建立无线电物理系。

1960 年 11 月，由于学院的扩大，各工程系学生人数超过或接近 2000 人，班次过多，系领导直接管理各班有困难，所以在系班之间，按专业设专业科，设主任、政委，协助系领导管理所属学生班工作。全院共设 20 个科，其中电信工程系设 7 个科，控制工程系设 5 个科，雷达导航系设 6 个科，无线电物理系设 2 个科。实践证明，增加这个层次，作用不明显，反而加大了编制，1961 年夏逐步撤销，只存在了几个月。

1966 年，学院集体转制，更名为西北电讯工程学院，1988 年才更名为西安电子科技大学。由于本篇主要介绍自 1958 年至 1986 年间的发展情况，故简称为学院。

办学规模、专业设置与招生

学院迁到西安后，跨入了一个新的大发展阶段，从任务到专业建设都有了很大变化。

1958 年到 1965 年的 8 年中，学院的规模有了很大的发展，经历了一个从小到大、调整巩固的过程。

1958 年下半年，在全国"大跃进"的形势下，学院也提出了不切实际的高指标。8 月 9 日院党委扩大会提出"苦战三五年，把学院办成共产主义学院"。为达到这个目标，从两个方面着手：一是学院办工厂、学校办科研，做到学校、工厂、研究所三结合。当时经上级同意着手建立"无线电信工厂"，计划全厂 5000 人；二是计划筹建"军事电子科学研究院"。

这些设想得到通信兵部的同意，1959 年初，通信兵领导向军委报告请求扩大学院的规模。3 月 31 日，国防科委秘书长安东同志向黄克诚总参谋长报告说："西安通信学院已列为国家和军队重点院校，自今年起扩大招生名额，到 1962 年预计发展到 10381 名，而目前分配给该学院的名额为 5070 名，尚缺 5311 名。所缺名额，通信兵部本身却难以调剂，建议批准从全军控制内定名额内调剂解决。该院扩大招生名额和新增办三个系以及相应建立实验室等，需进行必要的基本建设和增添部分设备，请求在两三年内投资人民币 21000

万元，请原则批准。""另建军事电子科学研究院事，目前拟可暂缓，可由第五研究院分出有关通信研究的一部分，设在通信兵学院内，在教学和研究上进行协作。"

黄克诚总长十分关心学院的建设，4月1日原则同意，批示"通信兵学院可以扩大，但10381名似乎太大，难得办好，值得考虑。扩建基建费如国家有材料，可按年度计划拨给"。

1960年4月16日，通信兵党委正式向军委提出《请求批准军事电信工程学院的扩建计划》。除了当时的在校生3100人外，1960年暑假招收高中毕业生4000人，1961年招收5000人，1962年招收5000人，1963年以后每年招收4000人。此外每年春季招收一部分具有高中程度的部队生进行培训。无线电物理、自动控制系学制6年，其余5年。这样到1967年可毕业15840人。学院增至7个系，26个专业：电信工程系6个专业（无线工程、有线工程、电视工程、天线工程、电子器件、精密仪器），雷达工程系三个专业（雷达工程、专用雷达工程、精密机械），导航工程系3个专业（远程导航、中近程导航、引导工程），水声工程2个专业（水声通信、水声侦查，后经国防科委批准，1961年11月7日撤销水声专业），控制工程系4个专业（两个导弹控制系统和计算技术、遥控遥测），侦查干扰系4个专业（无线侦查干扰、雷达侦查干扰、无线电控制侦查干扰、自动化通信保密），无线电物理系4个专业（网络、信息控制论、电动力学、固体物理）。到1962年以后，学院的规模达30000人左右，其中学员22000人，干部、教师、工人12500人。并根据此规划提出了培训师资及基建、扩建的意见。

1960年军委在开会时，当研究到学院的发展问题时，曾提到军队电子科学要形成拳头，学院建设会继续发展下去，确有可能成为完整的体系，成为远东电子科学基地。学院传达了这些说法，一时传为学院将发展为东方电子城。

1961年6月11日，通信兵党委扩大会议通过了《关于军事电信工程学院的方针、任务、发展规模、专业建设等七个问题的方案》，8月31日上报军委，同时通知学院参照执行。

1961 年招收新生 2049 人，其中高中毕业生 1890 人，部队生 125 人，指挥工程系 34 人。这一年在校学生 8676 人，加上干部、教师、工人，全校 12945 人。

由于人数猛增，给学院带来很大的困难，师资紧张，教学紧张，实验紧张，食堂紧张，宿舍紧张。有一段时间学生轮流开饭，单身干部、教师住在办公室内。这种远远超过学院承受能力的盲目发展，打乱了正常教学生活秩序，使教学质量受到严重影响。随着贯彻中央的"调整、巩固、充实、提高"的八字方针，自 1961 年起学院又开始了十分艰巨的调整工作。

1961 年秋至 1962 年 2 月，六、七两个系学员 2856 人，调至重庆雷达工程学院。1962 年在校生 5576 人。

1962 年学院没有招生，1963 年只招了 199 名学生，1964 年招收 464 名，1965 年招收 600 名。1964 年在校学生 4922 人。

1963 年 6 月 15 日，国防科委副主任钟赤兵向中央军委秘书长罗瑞卿报告，学院规模定位本科生 3400 人，研究生 100 人。设专业 16 个。

经过以上调整学院总人数逐年减少，1961 年为 12945 人，1962 年 9017 人，1963 年 8691 人，1964 年 8086 人，1965 年 7099 人。其中学生由 1961 年的 8676 人、1962 年的 5576 人，降到 1965 年的 3875 人，使学院教学保障的各方面的比例基本适当，略有发展余地。

1960 年指挥系停止招生。

1960 年 9 月，学院建立了电子物理系，从而突破了原来单一工科类大学的局面，向理工结合方向迈进了一步。电子物理系下设网络理论、信息论与控制论、天线、电动力学、固体物理等 5 个专业。

1961 年学院共有 5 个系，22 个专业，为实现建设完整的电子科学打下基础。

教师队伍

1956 年学院人数迅速增加，为了解决师资不足的困难，上级及学院想了不少办法。第一，从全国各大学抽调具有讲师以上职称的教师到学院任教。1959 年 6 月 27 日通信兵领导亲自向上级请示要求调数学教员 35 人、物理教员 52 人、外文教员 10 人、机工教员 8 人、电工教员 54 人，虽未能按此计划人数实现调配，但陆续调来很多讲师以上的教师到院工作。第二，从各大学选调毕业生来院任教。第三，从电信工程系三年级抽调学生 75 人，雷达工程系三年级学生 42 人，成立师资训练班，进行专业培训。第四，派出教员到有关学校进修新专业知识，承担新科任务。

学院从 1962 年开始在教师中评定职称，1963 年 1 月公布。新评定副教授 14 人、讲师 121 人、助教 501 人、教员 134 人。经过与雷达学院调整，当时学院有教授 4 人、副教授 11 人、讲师 85 人、助教 410 人、教员 449 人，共计 959 人。

科学研究

建立科研机构，开展科研工作

在新中国成立以前，学院没有科研机构，也没有正式开展科研工作。1949 年 3 月扩建为军委工程学校时，中央军委曾明确指出要设立"高级研究机构"，并在编制系统表中设立"技术研究室"。1950 年李涛校长在主持校办公会议时说："今后要战胜具有高度科学术水平的帝国主义，必须有一个高级的机要技术研究学府，对付敌人。"但是当时由于师资力量不足，未能正式建立科研机构。

1952 年为了适应开展科学技术工作的需要，学院成立"技术勤务处"，负责全校的技术器材和加工生产、筹建实验室等工作。

1954 年 6 月经军委通信部批准成立的"校务委员会"，在第三次会议上，讨论了建立科研机构及开展科研工作的问题。同年 8 月的一次会议上提出："在高校，科研是一项重要任务，只有开展科研工作，才能推动大家从事创造性劳动，才能不断地推动科学前进，它也是培养与提高师资以及提高干部水平的好方式，尽快成立科学研究部。"在此期间，苏联顾问也多次建议尽快成

立科研机构。

经过长期准备，1954年10月22日正式成立"科学研究部"，下设科学研究室，负责科研组织工作；设编辑出版室，负责《军事通信学报》的编辑工作；此外还有设计室、实习工厂、印刷厂、翻译室。1958年1月，根据精简整编的精神，科学研究部改为科学研究处，属训练部，至1959年2月又恢复了"科学研究部"。

当时因为没有专职研究人员，教师一边教学一边进行科研工作。1955年参加科研的教师241人，占教师总数的56%，1958年以后，有了较大的变化，学院第一个科研机构（当时称为"五楼研究室"）就是那时建立的，参加科研的人员也增多了。随着时间的推移，科研机构及隶属关系也在不断地发生变化。

1959年学院第一个科研专门机构——五楼研究室成立，图为五楼研究室旧址

1977 年以后，学校已建成 3 个研究所，21 个研究室。

这些研究单位，已形成老中青相结合、专兼职相结合的队伍。专职科研人员，1959 年为 160 人，1963 年为 26 人，1970 年为 120 人，1979 年为 14 人，1981 年 193 人，1983 年 259 人，1985 年已近 300 人，兼职人员人数一般在占教师总数比例 30% 左右浮动。后来，科研战线又增加了一支生力军——博士和硕士研究生。许多研究生在导师指导下，结合科研课题进行研究，出了一批水平较高的成果和论文，做到了教学与科研相促进。

科研方针与科研任务

1954 年 8 月院务委员会召开扩大会议，提出"学院的科学研究要密切结合教学与师资进修，逐步由少到多，由简到繁，由低向高发展"。11 月科研部提出"密切结合教学，为通信部队建设服务"的方针。

1955 年拟定《军事科学研究学会章程》，3 月组织《军事通信学报》和教材编审等事宜，5 月制订学院第一个"三年科学研究总计划"（规划），共提出包括教材、军事通信技术、教学法、实验设备、论文、学术资料等内容的各种项目共 197 个课题。12 月设立"发明及合理化建议委员会"，以推动科研工作的开展。

1956 年 2 月又拟定科研工作"两年计划和七年（1956—1962 年）远景规划"。在两年计划中提出建立一个开

北校区科技楼

放式供科研使用的研究室和科技图书馆，在七年规划中提出科研要达到我国先进水平，争取十二年赶上国际水平，这个规划是积极的，但许多指标远超出了现实可能性。4月学院发出向科学进军的号召，全院教师大力开展科研工作。5月1日举办科技成果展览。6月成立"干部（教师）学术进修委员会"，并提出"按照全面发展，因才进修，个人计划与领导安排相结合的方针"。

1956年5月28日，学院召开第一次"科学讨论会"，会上共发表论文15篇。

1954到1958年期间，科研任务由少到多，由低到高。开始时因为师资力量不足，资金少，不能开展大量研究工作，导致1955年4月提出的197项科研任务，到7月份检查时，发现有80项完成较困难，有的则不属于科研范围。10月，将科研任务修订为46项，这46项都有一定的价值。从课题的分布上看，基础理论研究占61%，应用技术占25%，开发研究占14%。

科研队伍

1954年建立科研部以后，工作仍处于开创阶段。1957年至1958年，科研部才进入健全组织、开辟领域、发动群众的阶段。

1955年有241名教师边教学边参加科研，占学院教师的56%。1958年8月以后，在全国"大跃进"的形势下，学院89%的教师、53%的学生参加科研生产试制工作，科研、办工厂代替了教学，打乱了教学秩序，科研队伍的发展失去了控制，至1959年初才得到纠正。

1961年贯彻《高校六十条》，各项工作进入调整时期，专职科研人员由396人减为45人，并提出教师参加科研全年平均时间不超过20%的规定。

在学生参加科研工作方面，学院开展得较早。1954年12月，学院提出建立"学员军事科学研究会"并拟定条例。1955年1月由7名学员组成委员会，各系成立分会，到1959年有117名学员自选了106个课题。这些课题有的取得初步成绩，有的没有进展。但是，到1961年又来了个急刹车，全部停止了。

科研工作的组织实施

1958 年至 1961 年是科研工作大发展阶段。1958 年 4 月成立院第一届学术委员会，7 月提出"深入开展科学研究和合理化建议的意见"及"开展勤工俭学初步方案"，要求与教学、科研、通信装备、国民经济建设相结合。1958 年强调"破除迷信，解放思想""大搞科研""放手发动群众"，形成大发展的状态，然而其中出现不少虚假现象，如 1960 年统计，技术革新 384 项，科研 43 项，合理化建议数量也很大，最后发展到以科研替代教学的局面。但是这一阶段的科研改变了过去科研工作冷冷清清的局面，提高了科研队伍的实践能力，对一些领域进行了探索，对以后建设新专业及提高师资水平起了一定作用。

1962 年，院学术委员会提出了"科研要以教学为中心"，以提高学术水平，提高教学质量为目的，以理论研究为主，兼顾装备及科学技术的指导思想。1963 年召开第二届学术报告会，交流发表文章 101 篇，同时参加中国电子学会及陕西省电子学会活动。学术研究和交流的气氛开始活跃起来，科研工作贯彻"严肃的态度、严格的要求、严密的方法"三严作风，做到人员、方案、进度、条件四落实。通过这一时期的活动，科研工作逐步走上轨道，广大教师的理论、学术水平有了较大的提高；对提高教学质量、促进教材建设，加强师资队伍建设，起到了较大的促进作用。

科研成果

在 1954 年到 1958 年期间的科研工作，由于各种条件所限，数量不多，水平不很高，但是也取得了一些成果。

这时有代表性的成果如由十辆卡车组成的"集团军运动通信枢纽部"，其中"塞绳电报互换机"，为我军通信装备史上首创，是步入现代化通信的开端，它为改进我军通信枢纽部提供了经验。在 20 世纪 50 年代初，我院在研究微波理论和技术上已有一定进展，1955 年研制出我国第一台"塔形管空腔振荡器"，其研究报告发表在学院的《军事通信学报》上。1957 年研制出"十厘米微波信号产生器"，并由实习工厂投入小批量生产，装备了实验室。此外，

"电话潜听器""铜条互换机""自动电话测试台""阻抗测量仪"也都相继研制成功。

这期间，编写了不少定型教材，如《雷达指示设备》《自动控制》《无线电理论基础》等。在通信联络组织上，也写出了不少有一定水平的论文。

1958年至1961年共研制出83项成果。如1958年研制出我国第一部"测雨气象雷达"，半导体锗单晶于1958年8月拉制成功，单晶纯度达99.9%，"四芯电缆"的频率特性及串音衰减都超过国内一般产品指标，上级决定由天津电缆厂生产。1959年后开始了"单脉冲跟踪雷达""盲目着陆雷达""信标发射机""红外方位仪""敌我识别器""公寸波对流层散射通信设备""坑道通信和埋地天线""半导体多路载波机""流星余迹通信设备"等项的研制工作，这些课题使科研工作从仿制过渡到自行设计和研制大型精密设备阶段。有些项目后来虽然退了下来，但这一段工作锻炼了科研队伍，使之掌握了不少新技术新理论，如在红外技术、半导体技术和计算技术方面都取得了较大的进步。

1961年至1966年处于调整时期，共研制出40项新技术。这时期，科研队伍完成了流星余迹通信设备，实现了西安至北京的通信联络。十厘米微波测量设备、超低频测量设备投入批量生产，电离层垂直测高装置也取得了新的进展。

1966年至1976年，学院共取得60项成果，其中属于基础研究的有2项，属于应用技术研究的有1项，属于开发研究的有57项。

主要成果有导弹群通信指挥与数据传输设备、流星余迹通信设备、流星余迹与电离层散射相结合的通信设备，它们都具有独创性，居国内领先地位，在参加国家最大当量的核爆炸实验中，被证明具有良好的抗核爆炸干扰能力，是一项重要而又有效的战略通信手段；与苏北电机厂共同研制的中国式的单枢双频供电机组，在性能、体积、重量上优于苏联同类产品，已定型大批量生产发展成为国家系列产品；和上海无线电四厂共同研制了三坐标相控阵雷达，被用以装备海军舰艇，后来获国家国防科学进步奖等；此外还研制了多种仪器设备，其中有不少填补了我国空白，达到国内先进水平，如埋地电力电缆故障测试仪电子闪光喉头镜、电介质损耗角测试仪、程控绘图机等。以上各成果分别受到国家和部委的奖励，其中 5 项荣获全国科学大会奖。

1977 年到 1984 年的 8 年中，科研成果逐年增多，研究的成果占历史科研成果总数的一半以上，各种类型课题的成果水平均衡提高。其中，基础研究类占 1152%，应用技术类占 29%，开发性研究类占 558%。至 1984 年底，接近国际水平的有 21 项。达到国内先进水平的有 46 项，仅国内首创的就有 20 项。共有 207 项科研项目获奖。其中 1967 年前受到通信兵部奖励的有 40 项，受国防科委奖励的有 15 项。1976 年至 1984 年，受奖项目有 71 项，92 项次。1986 年全年，科研总经费 730.59 万元，较 1985 年增加 22.8%。科研成果获奖项目增多，1985 年通过鉴定、评审、验收的科研成果达 50 项以上。1985 年评选出的 1984 年度成果中，获电子工业部科研成果奖的有 22 项；获电子工业部技术进步奖的有 8 项；陕西省科研成果奖 11 项；全国计算机成果展览奖 4 项；国家科委奖 1 项。学院与外单位协作研制的“381 型三座标警戒目标指示雷达”获国家科技进步三等奖。

1986 年，学院又评出科研成果奖 42 项。其中获电子工业部科技进步奖 10 项，XD1531 低频低噪声通用运算放大器被推荐申报国家级科技进步奖，省高教局批准科研成果奖 23 项。在 1986 年科研成果中，经鉴定达到国际水平的有 6 项，国内领先的 8 项，国内先进水平的 7 项，属国内首创的 3 项，梁昌洪教授的专著《计算微波》获国家教委科技进步二等奖。

1986 年学院申报专利 10 项，取得公告号 1 项，其余均取得申请号。其中发明专利 3 项，实用型专利 7 项。

几十年来，学院在科研及重大技术革新上取得较大的进展，累计成果 815 项，主要分布于以下 5 个领域：

（1）通信与电子系统。20 世纪 50 年代，学院就在通信信息及编码纠错理论方面开始了研究；60 年代实现对流层散射通信与流星余迹通信；70 年代运用非正弦正交函数、沃尔什函数理论，解决数字通信、数据传输、数据处

理方面的问题；至 70 年代末就研制出自适应变速流星余迹与电离层散射相结合的通信系统，运用沃尔什函数的雷达图像数据传输设备、多路复用数字插空电话设备等。1985 年，在矢量量化、纠错编码、密码学等方面的研究，学院是国内同领域处于领先地位的单位之一。

（2）信号、电路与系统。20 世纪 50 年代，学院开展雷达信息论的研究，50 年代末在雷达新体制、新技术方面进行了研究与开发，对毫米波雷达、单脉冲雷达、超远程探索雷达等进行了研究，1958 年研制出气象雷达；70 年代在控制理论、快速傅氏变换理论、估值理论、信号检测技术、自适应旁瓣对消技术等方面的研究有了新的进展，还与上海无线电四厂共同研制出了三坐标相控阵雷达。

（3）电磁场与微波技术。微波理论是学院 20 世纪 50 年代的科研重点。科研人员研制出了塔坐管空腔振荡器。60 年代研制出十公分测量线全套设备，70 年代出版专著。近几年，在运用几何绕射理论和矩量法理论解决飞行体天线电磁场分布和辐射特性方面，也取得了新成就。同时，利用微波光学法和优化设计等，解决了反射面天线及微波器件上的问题。

（4）电子机械。它是机电结合的学科，而学院在运用有限元法、结构力学、优化理论解决机械设备问题上取得较大的进展。根据不同特点，采用新颖结构，设计了直径分别为 10 米、20 米的大型天线。后来，学院科研人员又提出天线结构优化设计的准则法，并出版有《电磁场有限元法》等著作。

（5）计算机与应用。学院是全国大学中设置计算机专业较早的院校之一，近年来与兄弟单位研制出 59MB 计算机磁盘机，在微机应用上也都取得了较好的效果。

规章制度和学术交流情况

开展科研工作必须有一定的规章制度做保障，在此期间，学院共建立了 13 种规章制度。比如：军事科学研究学会条例，科学研究部工作条例，科学研究作业（成果）评选奖励办法，教材编写市查、出版暂行规定，发明及合理化建议委员会工作条例，科学研究、技术改进、合理化建议奖励办法，研究生暂行章程，在职研究生智行章程，关于改善对外联系和参观的规定，学术委员会组织工作条例，科学研究工作管理制度，关于加强保密、搞好院内协作的若干规定等。

从以上各种规章制度，可以看出，经几年的努力，工作规范、奖励办法、学术机构、交流措施等方面都有了一定章法，它是科研管理工作发展的标志。

要开展科研，还必须有一定的组织机构去组织推广。这几年，总共建立了 8 个委员会。

1955 年 2 月，创办《军事通信学报》。自创刊后，连续出版 3 年。4 年中举办科技成果展览两次（院内、院外各一次）。

"西迁精神"的传承与发扬

1959 年，学院建立第一个科研机构，当时称"五楼研究室"，学院从各方面抽调 160 名教师参加，后来西北工业大学、第五研究院第二分院、哈尔滨军事工程学院等校也派人参加，最多时达 229 人。研究室分成 6 个组，就航偏校正仪、远程警戒雷达、保密机、红外方位仪及机载雷达等项目进行研究。为了保密工作的需要，五楼加强了警戒与巡逻，布置了岗哨，断绝与外部的联系。科研人员吃住在五楼，数月不回家。楼里灯火通明，人们加班加点，挑灯夜战。这些研究工作进行了两年多，都有一定进展。

五楼研究室规模大，占用了过多的教学力量，影响了教学，但科研工作是有成绩的，特别是对学院新学科的建设起了促进作用。本来做一些调整是必要的，但当时采取"一刀切""齐下马"的方法，撤销了这个研究室，使科研的顺利发展受到很大的阻碍。大部分项目下马，只有一小部分项目分散到各系进行。

1963 年 1 月 5 日，经总参通信部及国防科委的批准，在两年研究的基础上，学院成立"流星余迹通信研究室"，有 30 余人参加。他们很快完成了第一部

样机，实现北京—西安的通信。后来在北京南苑机场专门设点，进行深入研究，又取得新的进展。这一项目获 1978 年全国科学大会奖。

自 1988 年更名为西安电子科技大学以来，学校发展进一步加速，办学质量和规模也大幅度提升，1994 年，学校在"211 工程"中顺利通过部门专家预审；1998 年 7 月，学校获准成为国家"211 工程"重点建设高校；2001 年，首批获准试办示范性软件学院；2010 年，入选教育部第一批"卓越工程师教育培养计划"高校名单；2016 年，成为全国仅有的两所连续三轮入选国防科技工业局与教育部共建的重点院校之一；2017 年，入选首批国家"双一流"世界一流学科高校建设名单。西安电子科技大学的历史是中国电子高等教育史的重要组成部分。战争年代，她自强不息，坚忍不拔，在长征途中，在敌后根据地，处处都留下了她创办现代工程教育的足迹。和平时期，她打破了西方对我国的技术封锁，不屈不挠，创建了我国电子与信息技术领域一批新的学科和专业，为新中国成立后我国自主建设电子与信息学科门类院校积累了丰富的办学经验，进行了必要的人才储备，在中国电子高等教育史上谱写了辉煌篇章。中国人民解放军通信工程学院迁址西安后，于 1959 年被中共中央指定为全国重点建设的高校之一，充实了陕西的高等教育体系，填补了陕西电子信息科学教育的空白，为之后带动陕西高等教育的发展产生了积极的影响。

迁校 63 年来，学校先后为国家输送了 20 余万名电子信息领域的高级人才，产生了 120 多位解放军将领，成长起了 20 余位两院院士（1977 年恢复高考后的院士校友 15 位，位列全国前茅）和 10 余位国家副部级以上领导干部；培养出了联想集团创始人柳传志，国际 GSM 奖获得者李默芳，欧洲科学院院士、著名纳米技术专家王中林，"神五"和"神六"飞船副总设计师、"天宫一号"目标飞行器总设计师杨宏等一大批行业的领军人物和技术骨干，以及数十位科研机构领头人和大学校长等，为国家建设和社会进步做出了重要的贡献。

第四章

西安理工大学

西迁历史概况（1937—1972 年）

陕西工业大学的历史渊源

　　1937 年，北洋大学因日本侵华战争西迁西安，与北平大学、北平师范大学合并成立西安临时大学，随后再迁陕南改名为国立西北联合大学。1938 年4 月，北洋大学、东北大学、北平大学三校的工学院和河南焦作工学院合并组成西北工学院，在陕西城固建校。

　　西北工学院下设 7 系，其中水利系的前身是创建于 1895 年（清光绪二十一年）的北洋大学土木工程系水利组，1931 年改为水利系，当时是我国高等工科院校的第二水利系。1946 年西北工学院包括水利系在内的部分系迁

国立北洋工学院旧址

西北工学院校区全景（现为咸阳的西藏民族学院）

至陕西咸阳，1956年水利、电机两系并入西安动力学院。

1956年，为适应国家电力工业发展的需要，电力工业部以苏联莫斯科动力学院为蓝本，在西安设立我国第一所新型能源动力工程类大学——西安动力学院。该院由西北工学院水利、电机两系和青岛工学院水利系合并组成，并调入苏南工专部分教师和职工。下设电力、热力、水力、机械工程等4系，由电力工业部副部长程明陞任院长，原西北工学院院长田鸿宾任副院长，安乐群任党委书记。

西安动力学院校门

1957年9月，西安动力学院并入交通大学（西安部分），水利系与西北农学院水利系合并组成交通大学（西安部分）水利系，原西北工学院纺织系和采矿系并入交通大学（西安部分），水、纺两系的教学和科研基地设在西安动力学院原址，为交大北区。

1960年，根据陕西省委决定，以当时西安交通大学的水利系、纺织系为主，合并西安化工学院，新建机械、动力、电机、土木等系；随后陕西科技大学、

青岛工学院校门

苏南工业专科学校校门

西安机械专科学校并入，以西安交大北区（原西安动力学院旧址）为校址，正式成立陕西工业大学。

北京机械学院西迁汉中

1969年9月，林彪发布"战备一号命令"，在军工宣队的带领下，11月5日，北京机械学院全部师生（包括69届和70届学生1199人）及部分家属共3000余人，在20天内分三批从北京西迁至陕西汉中。师生们分散居住在汉中河东店附近几个村寨的农民家里和一机部（第一机械部）新建工厂的空厂房内，开始建校劳动。部分教职工在距汉中百里之外的南郑县元坝山区——海拔1700米的打鹿池和菜沟，办起了"五七"干校，走"五七"道路。在原汉中大学建机械厂，在南大街盖楼，在河东店搞基建，盖干打垒土楼房和多晶厂，在长达20千米的地带，开始了建校劳动，教职工饱受艰辛。1970年6月学院抽出部分人员筹备招生工作，1971年举办了第一期工农兵学员大学试点班，学制三年，招收学员36名。举办各种类型的机电短期训练班10余期，为厂矿搞实验研究和新技术推广，并为元坝山区建成了一个小型水力发电站。

师生汉中河东店建干打垒楼房

师生汉中河东店建干打垒楼房在褒河拉沙

西迁后的发展历程

1972 年 1 月，经国家第一机械工业部研究，并征得国务院科教组和陕西省革委会同意，陕西省革委会以陕革发〔1972〕1 号文件决定，北京机械学院与陕西工业大学合并成立陕西机械学院，校址设在原陕西工业大学。1972 年 4 月 13 日，召开了陕西机械学院成立大会。

原陕西工业大学所设专业中，机械制造与原北京机械学院合并。其他专业分别并入有关院校：无机物工学和基本有机合成并入西北大学，发配电和电厂热能动力装置并入西安交通大学，纺织工程并入西北轻工业学院，水利工程建筑和农田水利工程并入西北农学院。

陕西机械学院成立之初，恢复系（部）建制，设 3 个系和 1 个基础课部，共 7 个专业。

1975 年 5 月决定：撤销系（部）建制，设立铸造、热处理、机械工艺及设备、精密仪器、工业自动化、自动控制和半导体器件 7 个专业委员会。

1975 年 6 月决定增设印刷机械专业并成立印刷机械专业委员会。

积极恢复和重建了图书馆、附属工厂，举办"试点班"，进行"教育革命"探索。科学研究上，在如钒钛耐磨铸铁、静压轴承、双频激光干涉仪等课题研究方面，取得了一些阶段性成果，为后来获得科学大会奖打下了基础。

1973 年 9 月招收了工农兵大学生。共招收 13 个班，346 名学员。1972 年至 1976 年，学院共招收工农兵学员 5 期。到 1976 年，在校工农兵学员 987 人，举办各种学习班、短训班和研究班 30 余期，共培训学员 1500 多人。

1981 年 2 月，陕西省人民政府"陕政发〔1981〕35 号"文件决定，原陕西工业大学水利系从西北农学院回归陕西机械学院，回归后，该系有教师 98 名，设有水电站动力设备、水利水电工程建筑和农田水利 3 个专业。

1994 年 1 月国家教委正式批准，将"陕西机械学院"校名更改为"西安理工大学"（以下简称为西安理工大），并于同年 3 月举行了挂牌庆典活动。

这标志着一所新型的以工为主，工、理、管、文、法多学科协调发展的高水平理工大学的诞生。它是学院45年坎坷发展后的又一里程碑，是向更高层次发展的新起点。

更改校名后，西安理工大确定了校、院、系三级管理体制，下设10个学院、29个系、1部（体育部）、15个中心实验室以及计算中心、金工实习中心、计量维修中心、广播电视中心的教学管理体制。形成了以自动化与信息、机械与精密仪器、水利水电3大学院为主体，材料科学与工程、工商管理、印刷包装3个学院为特色，理学院、人文社会科学学院为支撑，高等技术学院和成人教育学院为延伸的构架清晰、专业学科合理的办学格局。

1999年，西安理工大响应国家扩大高校招生规模的号召，做出"以扩促建"的决策，当年本科招生3600人，招生规模比上一年翻了一番。在租用华美校区合作办学的同时，积极建设曲江校区，推进学校向大规模、高水平方向转变。经过不懈努力，西安理工大形成了金花、曲江、莲湖多校区办学的格局。

2002年12月，西安仪表工业学校并入。

2005年5月，海军人才培养基地挂牌。

2006年4月，高科学院成立。

2006年8月，科技产业园开园。

2010年6月，入选首批"卓越工程师教育培养计划"高校。

2011年9月，研究生院成立。

2011年9月研究生院成立暨揭牌仪式

截至 2020 年 3 月，西安理工大有普通全日制本科生 18000 余名，博士、硕士研究生近 7000 名。有教职工 2600 余人，其中高级职称 890 余人。现设 17 个学院和 1 个教学部，设 67 个本科专业，其中 10 个专业为国家特色专业建设点，13 个专业通过工程教育专业认证（评估），13 个专业入选国家一流专业建设点，24 个专业入选陕西省一流专业，16 个专业为陕西省特色专业建设点，8 个专业为陕西省名牌专业。设有 23 个本科实验教学中心，其中有 3 个国家级实验教学示范中心、18 个省级本科高校实验教学示范中心、3 个省级本科高校虚拟仿真实验教学中心。

西安理工大坚持以学科建设为龙头，扎实推进一流学科建设，核心竞争力稳步提升。西安理工大是我国首批获得博士、硕士、学士学位授予权的高校之一。现有 14 个博士学位授权一级学科、25 个硕士学位授权一级学科、6 个硕士专业学位授权点，覆盖全部本科专业。现有 1 个国家一级重点学科（涵盖 5 个二级学科）、21 个陕西省重点学科、12 个陕西省优势学科。其中，工程学学科、材料科学学科位列 ESI 全球学科排名前 1%。在 2017 年全国第四轮学科评估中，水利工程、控制科学与工程、管理科学等 3 个学科进入全国前 20%，材料科学与工程、机械工程、马克思主义理论学科进入全国前 30%；仪器科学与技术、电子科学与技术、土木工程、环境科学与工程、工商管理学科进入全国前 40%。

西安理工大积极推进"人才强校"战略，将人才工作作为学校发展的重中之重来抓，教师队伍建设不断强化。学校成立"谢赫特曼诺奖新材料研究院"，建设院士工作室 14 个。有双聘院士 4 人，入选国家级人才 6 人，全国高校黄大年式教师团队 1 个，国家优秀青年科学基金、中国青年科技奖获得者 4 人，新世纪"百千万人才工程"国家级人选 4 人，教育部"新世纪优秀人才支持计划"8 人，中科院"百人计划"3 人。有全国优秀教师、全国先进工作者 6 人，享受国务院政府特殊津贴专家 12 人。入选陕西省高层次人才计划 39 人、"特支计划"9 人、"三秦学者"创新团队 2 个、高校"青年杰出人才"支持计划 15 人。国务院学位委员会学科评议组成员 1 人，教育部高等学校专业教学指导委员会委员7人,省部级有突出贡献的专家、劳动模范、先进工作者、优秀教师、教学名师、师德标兵等40多人。

西安理工大坚持以立德树人为根本,深化教育教学改革,人才培养模式不断完善。近年来,获国家教学成果奖4项,陕西省教学成果奖76项;有5门国家级精品课程、3门国家精品资源共享课、71门省级精品课程,3个省级示范性虚拟仿真实验教学项目;有国家级教学团队4个。学校人才培养质量得到广泛认可,西安理工大是中国人民解放军海军后备军官选拔和培训基地,是教育部本科教学工作水平评估优秀学校、首批实施"卓越工程师教育培养计划"的高校,并于2013年作为全国试点高校率先通过教育部本科教学工作审核评估。学校是教育部专业学位研究生教育、研究生课程建设综合改革试点单位,建有2个专业学位研究生联合培养实践全国示范性基地、8个陕西省研究生联合培养示范工作站。

西安理工大高度重视创新创业教育,扎实推进创新创业教育改革实践,人才培养能力全面提高。它是全国深化创新创业教育改革示范高校、全国高校实践育人创新创业基地、教育部"大学生创新创业训练计划项目"实施高校、陕西省深化创新创业教育示范高校,有2个陕西省创新创业教育改革试点学院。学校成立了大学生创新创业教育中心,与西安浐灞生态区管委会共建"西安理工大学浐灞创新孵化中心",双创中心下属的"西理工 / 工创汇"为国家级科技企业孵化器、陕西省众创空间及西安市众创空间。近年来学生在"互联网 +"等全国创新创业大赛中成绩优异。

西安理工大注重学生全面发展,不断提高学生综合素质。学校设有公共艺术教育中心、心理健康教育中心和陕西省大学生人文素质教育研究中心,学生在全国性"挑战杯"等学术科技竞赛和全国大学生游泳比赛、定向锦标赛、艺术展演等体育艺术活动中屡获大奖,学校也被授予"全国学校艺术教育工作先进单位"称号。学校与陕西省文史研究馆合作建立的"古都大讲坛"在陕西高校具有较大影响。先后17次被中宣部、教育部、团中央授予"全国大学生社会实践先进集体"。

国家级教学成果奖

西安理工大学积极开展国际交流与合作，不断增强国际影响力。它先后与德国、日本、美国、澳大利亚、英国、新西兰、法国等20多个国家和地区的50多所院校和科研机构建立了友好合作交流关系。

近年来西安理工大在全国第一志愿录取率均超过97%。本科毕业生一次性就业率位居陕西高校前列。学校先后被教育部评为"全国普通高等学校毕业生就业工作先进集体""全国毕业生就业典型经验高校"，坚持以全面提高质量为核心，着力加强内涵建设，办学水平和社会声誉稳步提升。当前，学校正在为全面建设以工为主、多学科协调发展，特色鲜明的国内一流教学研究型大学的目标而努力奋斗！

科技成果综合现状

长期以来，西安理工大的科研工作面向地方经济建设主战场，面向区域经济，紧紧围绕装备制造业和水利水电行业，以应用基础研究和技术集成创新为工作定位，在知识创新和服务社会等方面取得了长足的发展，学校科研综合实力也不断提升。目前学校建有8个博士后科研流动站、32个国家及省部级以上科研基地，其中国家级科研平台3个，包括省部共建西北旱区生态水利国家重点实验室、晶体生长设备与系统集成国家地方联合工程研究中心、国家连铸连轧贝氏体铸铁技术研究推广中心。近十年来，学校科研成果先后获得省部级以上科研奖励180余项，其中国家级奖励3项；作为首席科学家单位，承担973项目、国家重大专项课题、重大仪器专项等国家重大重点项目71项，获批国家自然科学基金项目687项，获批国家社会科学基金项目 37 项；获国家发明专利授权 1416 件，获国际发明专利授权 13 件；科研经费到款 27 亿元；发表 SCI-E 论文 2397 篇。2017 年，西安理工大工程学学科首次位列 ESI 全球学科排名前 1%。2018 年，学校获得国家自然科学基金资助经费数再创历史新高，发表的高水平论文数大幅攀升，国家发明专利申请及授权数位列全国高校前茅。2020 年 3 月，知识产权产业媒体 IPRdaily 与 incoPat 创新指数研究中心联合发布了"中国高校专利转让排行榜（TOP100）"，西安理工大专利转让数量 310 件，排名中国高校第 40 位，省属高校第 1 位。学校办学质量和综合竞争力稳步提高，2019 年科研到款突破 3 亿元大关，科研成果产出数量和质量持续提高，获得陕西省科学技术奖 15 项，获奖数位列在陕高校第 2，省属高校第 1，圆满完成西安市创新改革试点高校建设任务，有力地促进了学校一流大学、一流学科、一流学院、一流专业的建设。西安理工大不断推进校地校企合作，与省内外 100 多家单位建立了战略合作关系，先后被授予陕西省产学研联合开发先进集体、在振兴装备制造业工作中做出重要贡献的先进单位等荣誉称号。

西北旱区生态水利工程省部共建国家重点实验室培育基地会议

 西迁史话

"西迁精神"的传承与弘扬

冰心蕴丹青　妙笔写师魂
——原常务副校长韩克敬口述历史

韩克敬，1933年7月出生于天津市。1955年毕业于河北师范专科学校。曾任北京机械学院教师、教研科副科长，陕西机械学院教务处处长、高教研究所所长、常务副院长，西安理工大学常务副校长，机械工业高教研究会副理事长、中国机械教育协会高校人事管理研究会名誉理事长。兹将韩教授的口述故事录于后，其中就蕴藏了西安理工大人的"西迁精神"。

寒门尚学求知路　悉心育人唱弦歌

1933年，我出生在天津汉沽蓟运河畔的一个小村庄里，村民大多靠从码头往外运盐为生。我在芦台上学时，每天往返20余里路，充饥基本上靠高粱饼子抹盐吃，生活非常艰苦。我1949年毕业，是长芦中学的第一届初中毕业生。一年后，我在靠着渤海边上的娘娘庙村小学当了教师，认识了现在的老伴。40余年后我和爱人重返这所小学故地重游，已是物非人也非、踪迹难觅——当时的校址因唐山大地震已变成一片水泽……当时在这所学校上学的大都是盐工子弟。盐工们尊重知识、尊重老师，渴望让下一代学到更多的文化知识的淳朴民风，给我留下了深刻的印象。为了揭露当时的邪教组织"一贯道"，我们曾自编、自导、自演话剧《别上当》去汉沽演出。当时我只有一个念头，就是上大学，好继续深造。每天除了教给学生们知识外，我就利用闲暇时间学习。1953年汉沽要选派两名教师上大学，有关领导找我，向我征求意见，问我愿不愿意去。我高兴地说："当然愿意了！早就盼着有这一天呢！"经考试，我就到了河北师范专科学校学习，圆了我的大专梦。1955年毕业后，我先后到了一机部北京机校、北京机械学院担任数学教师，讲授《线性代数》等课程。1960年底，我调任北京机械学院教研科副科长，从此开始了高校教育管理工作直至退休。

西迁岁月难追忆　砥砺奋进理工人

1966年"文革"开始后，我成为"小走资派"，但因为经常帮人抄写大字报而躲过了被批斗的劫难。1969年10月，北京机械学院师生响应国家战备搬迁的号召，在工宣队的带领下，连家属一起3000多人义无反顾地登上了西行列车。我当时是随校西迁的老师之一，是整个西迁过程的践行者和见证者。刚到汉中时生活非常艰苦，在汉中住窑洞，点煤油灯，吃井水，建干打垒楼房。每个人都怀着"革命理想高于天"的信念，一边高唱着"秦岭脚下褒河畔，战晴天、斗雨天，一天当两天"，一边进行生产劳动，以坚定的毅力适应这里的生活。我当时担任教改组组长，和大家一起克服重重困难，在极其恶劣的条件下，尝试招收试点班学员，学校的教学工作得以延续。在汉中期间，全体师生践行了"艰苦奋斗，自强不息"的精神，这一精神后来成为学校砥砺前行、追赶超越的思想源泉。

学校变迁三易名　临危受命谱新篇

在学校几十年砥砺前行的过程中，历经三次更名。1958年，我在北京机器制造学校任教时，北京机器制造学校、北京工业管理学校、北京工业干部学校合并为北京机械学院，成为全国机械类高校中影响较大的学校。这是一次较大的合并与重建，为后来西安理工大学的建成和发展奠定了坚实的基础。1969年，北京机械学院迁往陕西汉中，开始了艰苦卓绝的劳动建校工作。1971年的冬天，我受石侠书记的委派前往陕西工业大学商量合并事宜。我们晚上10点钟出发，当汽车从汉中开到略阳大桥急转弯时，整辆车翻到了桥底下，连车带人都泡在水里。我清楚地记得司机说："都活着呢。"恰好有一个铁路工人经过，联系人把我们救上来。我们来不及换衣服，直接去赶夜里2点的火车。第二天狼狈不堪地到了陕西工业大学，立即开始讨论研究两校合并组建陕西机械学院相关事宜。1972年4月13日陕西机械学院正式成立，北京机械学院从此开始了在西安的办学历史。这是学校发展史上的重要变革，从此两所学校水

乳交融、砥砺前行。1981 年 2 月，原陕西工业大学水利水电工程系由原西北农学院迁回陕西机械学院，之后水利系不断发展壮大，经上级部门批准成立水利水电学院。由于受到校名的影响，其所办专业往往被误解为面向陕西省的"水利机械"类专业，给教学和招生带来了诸多不便，学院更名的需求日益紧迫。1992 年 11 月，学校召开教代会，研究决定提出更改校名申请，并且成立由我和杨菊生、石文渊二位教授组成的校名更改工作小组，要求在校庆前完成更名。当时国家严格控制学校更名，没有特殊需要不予变更。我们三人深感时间紧迫、责任重大，但仍决心克服困难，完成重任。我拜访了机械工业部主管教育的副部长兼老校友张德邻，还有国家教委主管副主任、陕西主管教育的副省长，当面汇报了学校新的发展及更名为西安理工大学的理由，得到领导们的重视和大力支持。1993 年 11 月上旬，工作小组第三次去教委，有关部门领导都答应支持学校更名工作，但却没有答复具体时间。我感到时间紧迫，唯恐耽误了校庆前更名的计划，回校后立即召集工作组成员商议下一步应开展的工作，并做了细致的安排，分头行动。经过多次往返西安、北京两地，最终在各上级主管部门的大力支持下，经过周密、细致的工作，1994 年 1 月 29 日，国家教委批准陕西机械学院正式更名为西安理工大学，学校从此掀开了新的发展篇章。我校是经国家教委批准的全国第一批更名的高校之一，陕西省第一个更名的高校，也是机械工业部所属院校中第一个更名为"理工大学"的学校。

上下求索勤耕耘　笔耕不辍结硕果

我常说，办大学不能千校一面，要办出特色，表现在学校培养出来的学生走上社会以后能否发挥作用。学校更名后，教学工作中相对忽视了学生实践能力的培养，导致学生的实践能力差。我根据北京机械学院"学工会工、强化实践"，以培养工程师为目标的成功经验，提出了坚持开设实践课的环节，规定四年里实践不能少于一年，在这一年中，实习、做设计、做课程设计、做验证性试验、做毕业设计。实习可安排到社会上实习，也可安排在学校里实习，这样学生毕业后走上社会，虽然和实际需要还会有一定距离，但上手就比较快一些，离实际工作需要的距离会小一些。我们学校的毕业生走到社会上比较受欢迎，就业率一直在95%以上。数十年来，我校为社会培养了一大批有用之才。

自20世纪80年代开始，我国高校的管理体制一直处于积极的探索和改革之中。在当时高校改革与发展的新形势下，我们只有依靠自己，坚定地走自我发展的道路，才能在激烈的竞争中立于不败之地。我从事了30多年的教育管理工作，始终牢记高校的根本任务是培养人才。经过积极探索，结合多年来的教育管理经验，我先后主编出版了《高校主动适应机制》《高校人事制度改革研究》等专著，并在国家以及省市级高校的专门刊物和媒体上发表了40多篇论文，其中《高校校风建设的理论与实践》《工科院校主动适应社会主义建设有效机制的研究》《部属高校管理体制改革与学校对策》等6篇分别获得了机械工业部、陕西省政府优秀教学成果奖、科技进步奖及人文社科成果奖。我在担任常务副院（校）长期间，着重抓了校内体制改革，提高了工作效率和办学水平，并几次在部属院校中交流、介绍经验，还参与学科建设的组织管理和组织学科授权点申报工作。在我和同事们的努力下，一批学科硕士点获得批准，有的学科博士授权点取得零的突破，使学校的办学实力大大增强。

我在教学工作中，秉持严谨的教学风格、因材施教的教学方法，并将自己的教学经验整理成文，发表在《光明日报》上。后来从事高教研究，我根据多年的工作经验，努力把教学、管理、研究三者结合起来，力图使研究具有现实意义。不仅满足于开展学校现实课题的研究，也承担了多项国家教委、机械部、省教委的高教研究课题。我的事迹被载入《世界名人录》《中国教育家》《中华人民共和国创业功臣大辞典》《中国人才辞典》等42种中外辞书。1992年，我获得了国务院颁发的政府特殊津贴，这是我一生所获得的最高奖赏。

玉壶存冰心　妙笔写师魂

书法是一门古老的艺术，凝聚了中华民族的伟大智慧。我小学便开始研习柳公权的《玄塔碑》，为以后的书法创作打下了坚实的基础。"文革"时期，经常被找去抄写大字报，使我有了更多的习字机会。

1985 年学校成立了书法协会，出于早年形成的对书法的热爱，我加入了协会，研习碑帖、参加书法展览构成了我业余生活的重要部分。之后数十年是我书法生涯的黄金时期，书法作品在省市展览中获奖，曾获陕西省长岭杯书画大赛二等奖、省高校书画大赛三等奖，书法作品入选《中国书法家作品选集》《中国学者墨迹选集》等。先后有 50 多幅作品，在学校国际交流活动中被学校作为礼品赠送美国、德国、日本等国际友人。

然而世事难料，1997 年，我因脑梗导致右手丧失了握笔能力，身心备受打击，难道我的学书生涯就此断结了吗？心想决不能如此罢休，右手残了，还有左手。初始，左右手的转换极难适应，笔画思粗反细，运笔欲止又行，心至而手不能随之。但我日日坚持，勤练多次后，终获一些进展，左手书法水平也有所提高，这使我对左手书法的信心大增。每当看到我用左手创作的书法作品被悬挂于友人屋堂、学校科室之际，"莫道桑榆晚，微霞尚满天。欲归还小立，为爱夕阳红"之情便油然而生。

传承华夏文明，谱写印刷新篇

——印刷与包装学院董明达教授口述历史

董明达，1927 年 11 月出生于湖北，1951 年毕业于重庆大学机械系，是西安理工大印刷包装工程系的知名教授。他历任西安理工大机械系副主任、主任，中国印协理事，《中国印刷》编委，全国高等学校印刷工程类教材编审委员会副主任，陕西省印协副理事长兼学术委员会主任，陕西省机械工业厅技术委员会委员等职务。1985 年被评为"陕西省优秀教师"，1993 年荣获第四届"毕昇印刷技术杰出成就奖"。以下兹录据董明达教授口述整理成文的故事，从个人经历，看西安理工大变迁的历史。

十年砥砺　开创印刷教育先河

1951 年，我从重庆大学机械系毕业，分配到东北兵工专业学校任教。1957 年，为响应国家建设大西北的号召，我调回西安机械专科学校工作。1962

年，西安机械专科学校被并入成立不久的陕西工业大学，我任机械系副主任。

20世纪70年代初，我作为"印刷机械"专业建设负责人，在当时缺乏可供借鉴经验的条件下，与筹建组的同事一起深入印刷厂、印刷设备制造厂、印刷研究所进行调查研究，组建实验室，制定教学文件，组织教材编写。经过两年多的努力，在1975年开始招收我国第一届"印刷机械"专业大学生。当时我一边教书、一边总结，主编出版了《轮转型印刷机的设计与计算》，这本书成为国内第一本有关印机设计的著作，后来被多所高校印机专业的师生和印刷设备制造厂的设计人员广泛采用，并获全国高等学校机电兵器类专业优秀教材二等奖。

80年代初，我们基于当时国内外印刷专业人才的培养模式，提出了新的人才培养计划和设置印刷技术专业的主张。在建设新专业的过程中，我承担了《纸张油墨印刷适性》这门课的教学工作，这对我来说既是机遇也是挑战。这门课程知识密集度高、难度大，如何制订教学计划、选取合适的教材是我们面临的难题。当时日本市川家康编写的《纸张油墨印刷学》可以说是权威著作，我在查阅了国内外有关资料的基础上，仔细研读并对书中所有的数学式子进行了推导，对书中某些观点反复在印刷适性实验机上进行实验验证，之后编写了国内第一本《纸张油墨的印刷适性》教材，在国内引起了较大反响。此后，我们又相继编写了《制版工艺学》《计算机排版原理》《印刷原理》《印刷材料学》《印刷图像质量的检测与控制》等一批教材，为设置印刷技术专业积极创造条件。

远见卓识　中德合作共赢三十年

20世纪80年代，德国的印刷机械工业处于世界前列，我们积极开展国际合作，走联合培养的道路。我们利用出国考察的机会与德国印刷企业和高等院校建立了广泛的联系，如通过和斯图加特印刷大学校长魏斯特教授多次商议洽谈，在1985年与该校开始首次交流合作。通过长期的领导互访、学生互派、教师交流、科研合作，不仅深化了两校的国际合作关系，提升了我校印刷专业

的教科研水平，而且扩大了我校的国际影响力。

当时中国信息交流技术、邮政及运输均仍处于改革开放初期水平，要利用这方面的条件开展并维持对外交流，需要花费大量的人力和精力，同时语言交流也是一个重要问题。1985 年由斯图加特寄往西安的邮件平均需要 6 周的时间，收到回函一般是 3 个月以后的事情，既浪费时间又效率低下。1985 年，双方协商成立了"中德印刷科学技术信息站"，由郭德先生和我校应锦春副校长分别担任负责人，我担任科研顾问。我们共同实现了计算机联网，利用先进的通信手段，为加强两国印刷企业、科研单位的联系和为我国印刷企业提供咨询与信息交流，创造了良好的条件。建站以来，先后为中德 30 多家企业传递技术信息、牵线搭桥，促成了多个合作项目的实施，有效地提高了合作效率，成为中德合作项目所有工作的驱动器。

1986 年，由潘松年教授指导的硕士研究生巨新哲在斯图加特印刷大学包装技术专业开始了他为期两年的深造学习。1987 年，由我指导的硕士研究生冯选菊又到印刷技术专业深造学习、参与专业项目研究，并首次获得斯图加特媒介大学印刷技术专业奖学金。从 1985 年起，学校先后有 100 余名教师和科研人员去德国学习进修印刷包装专业的理论与技术。截至目前，我校与德国斯图加特印刷大学合作已有 33 年，斯图加特印刷大学是我校校际合作中最重要和最长久的合作伙伴，我们双方都在印刷领域取得了长足发展。

潜心研究　勇攀印刷科研高峰

进入 20 世纪 80 年代以来，学校加大科研投入力度，掀起了科研热潮，科研成果不断涌现。我们在致力于印刷教育工作的同时，也极为重视印刷领域的科研工作。我先后主持完成了"大型弧齿锥齿轮精切刀盘""印刷图像模糊信息理论""印刷图像检测与控制系统"等科研项目。其中"大型弧齿锥齿轮精切刀盘"的研制获全国机械工业科学大会重大科研成果奖。

1985 年我提出印刷品质量的模糊评价方法，首次把模糊数学应用于印刷品质量的评价，针对国际印刷品质量评判不确定的问题提出了有效的解决途径，该成果 1986 年获陕西省优秀科研成果奖，并被美国印刷协会（TAGA）于 1988 年在芝加哥召开的第 40 届年会上隆重介绍。1988 年学院成立了"印刷图像检测与控制"课题组，由我担任课题组组长，并提出了在我国直接进行印刷图像色度式检测法的分析与研究，解决了国际上四色印刷复制系统的不定解问题。

1988 年，陕西机械学院开设德语课后，中国项目联合德国印刷机械生产单位举办了中国第一个关于中国印刷工业的国际性交流会，极大地提升了学院的国际影响力。1990 年，我和刘世昌教授及斯图加特印刷大学的 Gunter Kamm 博士、魏斯特教授共同研究了"多色印刷质量优化"项目，为学院创建信号与信息处理硕士学科奠定了良好的基础。

育英哺华　印刷桃李满天下

为了适应我国印刷工业对高级专门人才的需要，经过长期努力，我们从 1982 年开始招收以攻读印刷工程为内容的硕士研究生。当时由我指导的硕士研究生共 9 名，其中有 2 名毕业后又攻读并取得了博士学位。经过大家的共同努力，1990 年，国务院学位委员会正式批准陕西机械学院"信号与信息处理（印刷图像信息处理）"学科为硕士学位授权学科。

作为一名老师，不仅要给学生传道授业解惑，还要注重他们责任和品格的培养。在学术人才的培养上，我经常说："要造就一批年轻的学术带头人，这是我们作为一个教师应有的职责，学术事业要有人一代一代传下去，他们将是学校发展的根基、学校发展的后劲。"从印刷机械专业设立以来，我们发扬"艰苦奋斗、自强不息"的学校精神，不断革新教育教学理念，培养了一届又一届的学生。他们中很多成为我国印刷包装行业的杰出人才，有学术带头人，也有行业精英，在各自的岗位上发光发热。其中，有中国印刷科学技术研究所所长魏莉，中国印刷博物馆馆长张连章，北京印刷学院副院长许文才，北人集团总经理、北人印刷机械股份有限公司董事长张培武，教育部印刷包装教学指导会委员、中德印刷技术双重学历专业学科带头人、博士生导师、第九届"毕昇印刷优秀新人奖"获得者周世生。

风雨人生路，丹心铸忠魂

——追忆西安理工大学材料专家王贻青教授

王贻青，1932年4月出生于江苏镇江，2006年因病离世。他生前曾任西安理工大材料学院铸造教研室、精铸实验室与热加工系主任及陕西省政协委员等职务，是西安理工大学材料学院的知名教授，机电工业部有突出贡献的专家。以下兹录王贻青夫人巫信群老师的口述，是为"西迁精神"的珍贵见证。

韶华如露　基石初奠

我从上海华东师范大学毕业后与王贻青相识，1958年结婚后不久，调到刚成立的北京机械学院工作。王贻青是1953年从上海交通大学机械系毕业的，先到长春汽车厂工作了两年，1955年调到第一机械工业部北京干部学校任教，1958年北京机械学院成立后任机械二系热加工专业教师。当时学校注重教学与实践的深度结合，王老师除了完成学校的教学科研工作，还参与研制了金属型自动浇铸转盘机，提高了生产效率。后来他又主动承担了北京通县（今通州区）铸造厂铸铁大炉的设计建设任务，领导大家自行设计与建设。那时他是以厂为家的，经常在第一线开展教学研究，往往不分昼夜。长期的实践经验和扎实的专业基础为他赢得了厂领导和同事们的认可，厂长在大会上对年轻工人们讲："人家王老师能建炉化铁，设备与工艺都行，你们应该努力向他学习。"学院大炉冯师傅也曾回忆道："贻青在车间干活儿和我们一样满身汗土，大炉中的铁水，他一看色就知道多少度（温度）。"多年来，贻青在实习实验、生产科研、教学与创收中，始终贯彻联系实际的作风，为后来的教学与科研工作打下了基础。

艰难困苦　玉汝于成

1969年10月的一天晚上，学校突然开会，通知全校师生连夜准备搬迁，当时大家都蒙了。后来才知道，上级决定：北京机械学院搬迁汉中。我带着8岁的儿子和4岁的女儿随第一批队伍到达汉中，当时被分到了宗营大粮仓。那里到处是灰尘，蜘蛛网从屋顶延伸到墙角，泥土地面凹凸不平……看到这种场景，心想：这可怎么办？没办法！只能适应。我和两个孩子找了一些麦秸铺在地上，又用旧报纸盖了一遍，将就着休息。从此，我开始想办法生活，劈柴、攥煤球、背粪、拣石子，什么活都干。几个月后，王老师完成了在北京通县铸造厂的工作，赶到汉中。没过几天，王老师就被安排到元坝山区办"五七干校"，后来我又到秦岭深山里去插队。当时即使是夫妻也很少见面，只要一有机会在一起，王老师总劝我说："自己要乐观，要想办法生活，要苦中作乐。"1970年开始搞建校活动，当时建筑材料很少，我们手推肩扛，盖"干打垒"楼房，他和热处理专业的老师烧窑做砖，一些教工同学到褒河捞砂石。1972年陕西机械学院刚成立时，条件也很艰苦。当时我们一家4口挤在一间单身房里，遇到阴雨天气，里面几乎无法住人。后来，学校出现了广大教职员工一砖一瓦共筑校舍的场景。当时搬迁未稳、人心浮动，他把铸造专业的老师、实验员、工厂师傅请到我家，讨论教学、研究生产，原印刷机械专业教授朱长生看见后，颇觉新奇，私下对我讲："这个专业的凝聚力很强，将来定能有所作为。"

殚精竭虑　勇攀高峰

王老师在任时材料专业取得的科研成果，都是他和同事们多年如一日反复看图实验、潜心研究和外出参加学术会议学习交流的结果。那时王老师每天的大部分时间都待在实验室里，由于铸造专业本身的特殊性，无论是开炉、浇铸，还是设备检修，整个过程都需要人盯着。王老师几乎是从不离开现场的，通宵实验的情况常常出现，几乎到了废寝忘食的地步，甚至周末也是这样。1978年，硼铸铁汽缸套的研制项目获得了机械部科技大会奖；1979年，拿下3个陕西省的科技进步二等奖；1992年，又获得国家科技进步奖二等奖。记得王老师领导组建精密金相实验室与球铁连续成型浇铸线时，带领几个老师每天早出晚归，有时连饭也顾不上吃，我做好的饭是热了又凉、凉了又热，最后只能送到实验室去。这项工作，每年为学校创收几十万利润。到1996年材料成型专业成为陕西省名牌专业时，学院还未获得博士学位授予权，王老师心有不

甘，为此想尽办法、四处奔走。几经努力，终于敲开了清华大学、西安交通大学的大门，同意与我校联合培养博士研究生。王老师也分别被清华大学、西安交通大学聘为兼职教授，并培养出范志康、张云鹏等一批材料专业学科带头人。

烈士暮年　壮心不已

退休以后，江苏镇江领导多次邀请他去开发球铁铸造。起初，我是坚决不同意的。后来他讲："我这一生全部贡献给了材料铸造专业，就让我在有生之年再做一些工作吧……"

2000年，69岁的王老师回到家乡开发球铁铸造。他们在当时一穷二白的情况下，狠抓基建、平地起家，用两三个月的时间，建成了办公宿舍楼以及现代化的生产厂房；同时抓紧商机，将产品推向国外。在短短的几年时间里，公司就成为全国水平连铸行业的领导者。

2009年，在王贻青教授去世3年后，当年由他带头创办的镇江华龙铸铁型材有限公司为了回报母校，继承和发扬王贻青教授心系材料、甘于奉献、敢为人先的精神，在西安理工大60周年校庆之际，在材料科学与工程学院设立了"华龙"科技创新奖学金，旨在激励后学、继往开来。

斯人已逝，精神永存。虽然王贻青教授已经离开我们十余年了，但他严谨求实、事必躬亲的工作作风和甘于吃苦、敢于担当的奉献精神必将薪火相传。

见证西理工："宝地"一甲子，"水院"六易名

——水利水电学院前院长李建中教授见证水利水电学院60年岁月变迁

李建中，1934年生，陕西宝鸡人，中共党员，水利水电学院教授、水力学及河流动力学学科博士生导师，享受政府津贴。1957年毕业于西安动力学院河川枢纽及水电站水工建筑专业，先后任职于西安交通大学水利系、陕西工业大学水利系、西北农学院西安水利实验站、陕西机械学院和西安理工大学。

从 1986 年起至 1995 年，他先后担任水利水电工程系（1987 年起更名为水利水电学院）主任、水利水电学院院长等职。以下兹录李建中教授的口述。

从西安动力学院到交大北区

1956 年，22 岁的我来到了这块"宝地"，至今已经整整 60 年。那时这块地方叫西安动力学院，是国务院电力工业部领导参与建设的一所大学，内设电力系、热力系、水力系、机械系等，师生主要来自原西北工学院、青岛工学院、苏南工专等校的相关系科与当年招的新生，以及新来的工作人员。

当时在西安动力学院周边，除正在建设的西交大外，全是农田与村庄，就连今天的兴庆公园也未开建。学校周围只有篱笆院墙，墙外的道路（今咸宁路、兴庆路、金花路等）还都是土石路。学校内只有正在建设的第一教学大楼，已建成的有西一楼、西二楼及学生食堂（今南体育馆），正在建设的还有卫生所及操场等。

我是原西北工学院土木系河川枢纽及水电站建筑专业的大四学生，1956 年 9 月，土木系与水有关的专业被调整到动力学院的水力系，我们就成了动力学院空前绝后的唯一一届毕业生。虽然西安动力学院仅仅存在了 1 年，但在 60 年后的今天，依然使我难以忘怀的是，1956 年 9 月开学时，唯一的教学大楼还未完工，师生们都是通过施工用的临时脚手架上下楼，到教室上课的，晚自习只能在宿舍上，而直到 1957 年元旦，楼梯才修好。

1957 年夏的一天，教育部部长杨秀峰亲临动力学院，在第一教学大楼前宣布将西安动力学院合并到交通大学（西安部分），由此直至 1960 年，这块地方有了新名字——西安交大北区。西安动力学院合并到西交大后，动力学院的电力系、热力系及机械系与西交大的相关系科合并，水力系与西北农学院水利系合并成为西交大水利系。

1957 年毕业后的我留校，成为西交大水利系的一名教师，担任起水利系水工及农水专业、电机系发电专业的水力学课程教学辅导职务。

在西交大北区的 3 年里，学校主要建成了水利系的全部实验室（这些实

验室至今仍有一半在正常使用）及卫生所、操场等。而随着水利系的发展，我也进步不少。

1957年秋冬季，西交大支援陕西省的经济建设，我与两个学生被派往山阳县支援水利建设。1958年夏，西交大派我到天津大学参加全国水工试验电测技术展示交流会。我们回校后，在"大跃进"的声浪中，学校组建了水利系水工仪器厂，有金工、木工及电测仪器间，我被任命为兼职厂长；1959年暑假，我带水动专业学生去四川的水电站实习，这一年我还被任命为水力学教研室秘书。

1960年春，我被派往北京水科院学习高速水流试验装置（减压箱及陡槽）及陡槽掺气试验技术，一个月后回校就参加了学校的三峡科研试验组，主要从事高速掺气水流的试验研究，通过三峡大坝断面模型试验，研究了掺气量的量测方法，并写出了《利用同位素量测高坝水流掺气》的学术报告，这是我写的第一篇科研论文，也是我后来几十年的科研方向之一。

从陕西工业大学到西北农学院

从1960年9月初开始，今天的西理工金花校区这块地方叫陕西工业大学。

因为1960年经中央同意，陕西省决定要以交大水利系与纺织系为主体，合并西安化工学院、陕西科技大学、西安机械专科学校组建陕西工业大学，共设5个系，除水利、纺织两系外，还有机械系、动力系、化工系等。在陕西工业大学的十多年里，主要建成了第二教学大楼及化工楼（今图书馆大楼处）与5个系的实验室，以及西三楼学生宿舍、游泳池等。

1960年9月初，陕西省委书记赵守一来到学校，宣布陕西工业大学成立，西交大北区归于陕西工业大学。陕工大刚成立时，正是国家经济困难时期，当年冬天，为了渡过难关，全校师生不得不徒步或骑自行车到50里外的地方运萝卜，这件事令我终生难忘。

1960年到1965年，学校比较稳定，教学秩序正常，这一阶段我精读了几本《水力学》教材，对书中的大部分公式都进行了推导，并到交大听研究生的数学课，这为以后自身学术和科研水平的发展与提升打下了较好的基础。在教学方面，我由辅导到主讲，1965 年曾在全校示范性地在教学一楼 447 大教室讲样板课，内容是利用教具讲《水力学》中最难的一章《紊流》。

1964 年，我被任命为水力学实验室主任，对水力学的教学试验装置进行了全面的更新换代与改造。1965 年，学校建成了高速水流实验室的减压箱及陡槽。1966 年，才盖好高速水流实验室大厅。由于当时是先建设备，必须先露天做试验，后盖房子。受制于经费与进度的控制，这也是没有办法的办法。

1972 年，经中央有关部门及陕西省共同决定，陕西工业大学与疏散在汉中的北京机械学院合并成立陕西机械学院，并归陕西省及机械部领导。陕工大的机械系原地不动，动力系合并到交大，化工系合并到西大，纺织系合并到轻工学院，水利系合并到西北农学院，但水利系的实验室在原地保持不动，称为西北农学院西安水利实验站。

1981 年，原陕工大水利系的师生从西北农学院重新调回，并运行了机械部与水电部联合办水利水电系的体制。

从 1972 年至 1981 年的 10 年里，我在西北农学院西安水利实验站任副站长兼水工实验组组长，除了指导水力学教学实验外，我的大部分时间都在水力试验研究中度过，共主持过 20 个试验项目。

1972 年，我主持的第一个项目是"黄河盐锅峡水电站溢洪道消能问题的试验研究"。其他的项目主要是黄河上游各梯级水电站、乌江渡水电站、安康水电站、石头河水库、二龙山水库等消能与气蚀问题的研究。1978 年，我将我们的一些试验研究成果汇总为《底孔的气蚀与防止气蚀措施的研究》，获得了陕西省优秀科技成果二等奖，该论文发表在《西北农学院学报》1979 年第一期上。

1978 年，我与另外两位老师合作招收了第一个研究生，该生于 1981 年完成了学位论文《泄水建筑物反弧段紊流边界层的试验研究》，该生顺利获得了硕士学位。为完成此后研究生培养任务，我编写了两本教材，一本是《工程流体力学》，另一本是《高速水力学》。

动力系师生设计
并研制成国内第一台
双缸发动机

从陕西机械学院到西安理工大学

　　1981 年，水利系由杨凌重返西安，归于陕西机械学院，直至 1994 年。在这十多年的时间里，前三年我任水利水电工程系教学秘书，接着任副系主任两年，1985 年 11 月任代理系主任，1986 年 5 月任系主任。直至 1987 年，水利水电学院正式成立，我被任命为水利水电学院的第一任院长，任职长达9 年。

　　做了院长，就不可避免地被行政工作占用不少时间。但十多年来，我一直坚持给本科生讲课，同时指导多名硕士生，还撰写了《高速水力学》及《水流边界层理论》两本专著及研究生教材。两个教学研究成果分别获陕西省优秀教学成果二、三等奖。

　　在陕西机械学院的 22 个年头里，学校建成了第三教学大楼（印包系）、第四教学大楼（水利水电学院）及第五教学大楼（自控系），还有西四楼学生宿舍、学生食堂及图书馆等。

　　1994 年，陕西机械学院正式更名为西安理工大学。在距今的 20 余年里，学校主要建成了第六教学大楼及 3 个科研实验楼、图书馆楼、西五楼、西六楼、西七楼等学生宿舍，以及理工大厦等。这些年间，特别是前十年，学校发展得很快，学生人数大增，金花校区已满足不了教学需求，所以修建了曲江校区。

现今的西安理工大学不仅有金花校区，还有曲江校区（经管学院、理学院、人文学院、思政部、艺术学院的本科生、研究生，以及其他学院低年级学生在曲江校区学习生活）、莲湖校区（高等技术学院）等校区，以及位于西安高新技术开发区的一个学校科技园。

1994年至2003年退休前的10年间，我还担任了水力学研究所所长，主要指导青年教师的教学与科研试验。为指导教学，通过较长时间的讨论研究，我们共同编写了一本《水力学》教材，已正式出版，其间的教学研究成果获得了陕西省优秀教学成果一等奖。我的科研成果《云南澜沧江小湾水电站的消能问题研究》获得了云南省优秀科技成果一等奖。

今蓦然回首，已60年巨变。

60年前金花校区处于城市的边缘，周围大多是农村与麦田。而今已处于二环路以内城市的中心区，紧邻主干道东二环路，周围已高楼林立。

60年前金花校区仅有本科生及专科生1000余人。而今学校不仅有普通全日制本科生18000余名，全日制专科生近3000名，还有博士、硕士研究生6500余名。

60年前金花校区只有很少的科研设施。而今科研实力持续提升，学校建有8个博士后科研流动站、27个重点科研基地，其中包括一个国家工程研究中心、一个国家重点实验室培育基地、两个教育部重点实验室、一个教育部工程研究中心、一个科技部推广中心等等。

…………

我由青年变为老年，一直在西理工金花校区这块"宝地"生活与工作，目睹了她60年来的发展与变迁，更亲眼见证了西理工"水院"60年的风雨。

见证西理工：水利系与岩土工程学科发展的故事

——谢定义教授讲述水利系与岩土工程学科的变迁发展

谢定义，是我国著名土力学专家、岩土工程专家、教授，曾任中国土木工

程学会土力学及岩土工程专业委员会常务理事。西安理工大学水利系的教师们都尊称谢老是"没有院士头衔的院士"。兹将谢老口述整理录于后。

"沈晋时期"的教育改革是水利系发展的新起点

我是研究岩土工程的。21岁那年，也就是1952年，我毕业于西北工学院水利工程系并留校做助教，算是一名"水利人"。在水利系一待就是几十年，在这几十年里，水利系到哪儿，我去哪儿。

1956年，西北工学院水利系调整到西安动力学院水利系，于是我就到了西安动力学院。可仅仅一年，西安动力学院水利系就合并到了西安交通大学水利系。1958年，我被西安交通大学外派苏联学习深造。1962年，我在苏联列宁格勒建筑学院获技术科学副博士学位回国后，西安交通大学水利系已经和其他三所院校联合成立了陕西工业大学。

1972年，陕西工业大学水利系又分到西北农学院，于是，我在杨凌一待就是8年。直到1980年，西北农学院水利系重回西安来到陕西机械学院，我才算真正地安顿了下来。

说起西安理工大学水利系，一般都从西北工学院水利系算起，最早可以追溯到西北联合大学。西北工学院水利系的第一任系主任是沈晋，他担任系主任时间最长，足有31年。沈老思想敏锐，教学、行政能力出色，他对水利系的发展起到了很大的作用。

沈晋做系主任没多久，从1953年开始，全国高校范围内就发起了教育改革运动。改革可没有小事，国家既然要求改，那就势在必行。但在国家教育改革步伐下怎样改好？怎样改法最适合本学科具体情况？这些都需要学科的领导者去决策。

当然了，当时不改革也不行。现在的学生可能很难想象，在20世纪50年代初期，水利系还用的是英语教材，写的是英语板书，可这就是我亲身经历的事实。当时的学科教育主要存在的两个问题：一个就是英语教材教授难度大；另一个是没有专业的细分，没有教学计划，甚至说老师能讲水利学科什么课，就让学生学什么课。

改革，必须改。而由沈老主持的水利系教育改革也被时间证明是成功的，这也成为水利系发展的新起点。那次教育改革可谓彻底改变了水利系的学科面貌，使教学气象焕然一新。

"沈晋时期"的教育改革主要集中在5个方面：一是正式在水利系下细分专业，设置教学计划，并逐渐采用苏联版汉译教材；二是教材改革，全力进行教材自主编写工作；三是教学法改革；四是设置实习计划；五是全面深化贯彻"教书育人"。

就在那次教育改革中，有收获，也有自豪。当时全国高校水利系通用的教材《水工建筑物》《工程地质及水文资源》《水工钢筋混凝土结构》，都是我们水利系的老师参与编写的。

还记得教学法改革的时候，学校特意成立了高教研究室，我当时被任命为研究室主任，于是就组织研究讨论了《教育质量的检测标准》的课题，还引起了不小的反响。

这场教育改革一直持续到1966年，前后历时13年之久，贯穿于西北工学院水利系到陕西工业大学水利系发展的变迁中。虽然楼还是那楼，教师还是那教师，但有了专业细分，有了教学大纲，有了汉语自编教材，学生们有了实习机会。

水利系与岩土工程学科发展的三个标志点

岩土工程学科原属水利系，我也在水利系待了将近50年。但在2011年，岩土工程学科从水利系分出去了，并联合其他四个专业系共同组建成今天的土木建筑工程学院。这样，我就又算成了一名"土木人"。

总的来看水利系与岩土工程学科发展的这几十年，我个人认为，水利系与岩土工程学科发展有三个标志点。其中的每一标志点，都是水利系与岩土工程学科奋力争取得来的，来得艰辛，来得不易。

水利系与岩土工程学科发展的首个标志点，我认为就是1981年国家审查批准了陕西机械学院的水文学与水资源专业获得国家首批博士学位的授予权。这可是个大事情，水文学与水资源专业的博士点是国家第一批，陕西机械学院也就是国家第一批博士生授权单位。

那个年代，想获得国家博士学位的授予权非常不易，因为国务院学位委员会的审核异常严格。但为了学科的发展，只能"据理力求"，我们争取的理由也很简单，因为中国西北就只有这么一个水利系，西部大开发非常需要，国家应该给予支持。

在获得水文学与水资源专业工程博士学位的授予权之后，陕西机械学院水利系又在1986年获得岩土工程博士学位的授予权。

而对于博士学位授予权的"分量"之重，没有真正参与学科建设的人很难理解。我的感触是，博士学位点对一个学校、一个学科的发展有直接的推进作用，获得博士学位授予权，学校首先就有了声誉，其次可以吸纳人才，推动学术研究与学科发展。

一个学校、一个学术研究与学科发展，不仅需要人才，在学术上还需要一定"权力"。1996年，陕西省岩石力学与工程学会由西安勘察设计研究院挂靠西安理工大学，我被推选为理事长。这便是我想到的水利系与岩土工程学科发展的第二个标志点。

陕西省岩石力学与工程学会挂靠在我校为什么这么重要？就是因为有了陕西省岩土力学与工程学会的名义，我们就能够"发号施令"，以此团结整个西北地区的岩土工程学科人才，搞好合作、加紧交流，以此扩大我们学校和学科的影响力。

可无论是人才也好，学术"权力"也罢，这都只是一个学校、一个学科的"软件"，而学术研究与学科发展更需要"硬件"。我眼中的水利系与岩土工程学科发展的第三个标志点就是这个"硬件"，那就是分别在1998年和2000年申请成立的陕西省水资源与环境重点省级实验室和陕西省黄土力学与工程重点实验室。

陕西省水资源与环境重点省级实验室是当时整个西北地区唯一的水资源与环境工程重点实验室，陕西省黄土力学与工程重点实验室更是全国唯一的一个黄土力学与工程实验室。这两个实验室的成立对我们来说不仅是学术上的肯定，更是发展上的机遇。

后来我们学校又在 2010 年的时候，挂牌成立了首个省部共建国家重点实验室培育基地"陕西省西北旱区生态水利工程重点实验室"。而这依托的就是我们学校的陕西省水资源与环境重点实验室和陕西省黄土力学与工程重点实验室的人才与创新优势。

高水平学术会议让陕机院土动力学研究名扬国内

陕西机械学院当时在全国是具有一定影响力的高等院校，她不仅为国家的机械制造和工程建设培养了大量的杰出人才，更在学术研究上做出了很多成果。学校在机械、水文水资源等方面都很有成绩，也在岩土工程学科下的土动力学方面做出了一定的成绩。

就土动力学研究来说，在我个人看来，高水平、高级别、国际性的学术会议尤其能发挥重大作用。当时的陕西机械学院岩土力学学科努力争取参加和主办这样的学术会议，这也让陕西机械学院土动力学名扬国内。

我一直认为，争取参加和主办高水平学术会议就是学习人家，宣传自己，对人家来说是交流，对我们来说是鼓舞。

要知道，在陕西机械学院的年代，诸如国际土力学与基础工程研讨会这样的国际性学术会议，对中国的学术报告的页数是有一定的限制的，中国最多的时候也就十几页而已。但就是在这十几页中，就有我们陕西机械学院的一篇土动力学论文。

等到国内土动力学与基础工程研讨会召开的时候，我们学校抓着机遇，提交了大量高质量的关于土动力学的论文。令我印象最深刻也最激动的就是宣读论文名册的时候，念完一个"陕西机械学院"又接一个"陕西机械学院"，当时有好多专家听到后感到很惊奇——陕西机械学院竟然还搞土动力学研究！

但客观而论，陕西机械学院的土动力学研究走在了中国的前列。在陕西机械学院开始研究土动力学的时候，国内的土动力学研究还处在启蒙状态。

想起我们当时很想在西安搞一些全国性的土动力学的学术会议，但我们没有钱办，碰巧机械工业勘察设计研究院的一个总工热情很高，承诺由他出钱，让我们在西安办一个全国性的土工抗震与砂土液化的学术研讨班，并由我们学校的老师担任主讲，讲一个月。

为全国的土动力学研究优秀人才讲一个月的课，而且还是新课题，难度可想而知。但机会难得，于是我就亲自领队到全国各地调研，并最终撰写了一本关于土工抗震与砂土液化的教材。

还清晰地记得开班的时候，全国水利、建筑、煤炭、矿业各个系统，还有研究单位、高等院校都来了，有好几十个单位的150多位代表。大家一听主讲是陕西机械学院的老师，又很惊讶——就是通过这样一次学术研讨会，陕西机械学院土动力学研究的影响力一下子就提升上来了。

等到1988年，我编写了一本叫《土动力学》的书，当时这本书在西安交通大学出版社印刷出版，全国发行。这是国内第一本系统介绍土动力学的学术著作，而当时系统介绍土动力学的学术著作在全世界都很难找到。

这本书成为全国土动力学研究生的统一教材，并且一度供应不上，很多学校都拿去自己复印。这一下子就让全国的土动力学研究者都知道了陕西机械学院，知道了陕西机械学院土动力学研究的成果。国内一些知名的土动力学专家亲自给我写信说："我们国家现在也有自己的土动力学教材了！"

对科技工作者的激励政策和机制

长期以来，西安理工大学为推动科研和学科发展，制定了一系列对科技工作者的激励政策，建立起了完善的促发展机制。

在实施《西安理工大学科研标志性成果培育计划项目管理办法》《西安理工大学标志性科研成果奖励办法》和《西安理工大学国家基金项目配套奖

励管理办法》的基础上，总结经验，大胆改革。为进一步调动科研人员的积极性和主动性，促进高水平科研项目、高层次科研成果的产出，不断提升西安理工大学术影响和学术地位，持续推动"四个一流"建设，促进科研工作内涵式发展，学校于2019年推出囊括以上三部分内容的《西安理工大学标志性科研成果奖励办法（试行）》。从科研获奖、SCI检索论文、专著出版、国际发明专利、国家级科研基地建设、SCI论文引用等方面继续实施奖励，以此来激励教师获取标志性科研成果的积极性和主动性，促进标志性科研成果的产出，支撑学科建设和发展、支撑人才团队建设。

为进一步深化科技体制改革，为广大教师申报国家基金提供良好的平台，充分调动教师的积极性和主动性，推动西安科技类大学整体科研实力的不断提升，西安理工大实施了《西安理工大学科研副高职岗位设置管理办法》。为提高西安科技类大学青年教师的科技创新能力，进一步加强我校科技队伍建设，激励广大青年教师为学校的科技事业做出新的贡献，又实施了《西安理工大学青年科技新星管理办法》。

为了持续提升学校的学术水平和人才培养质量，统筹校内外人才资源，发挥校内高层次人才在学校建设中的支柱作用，努力建设一批适应高水平教学研究型大学发展要求的领军人才队伍；为加速培养造就一批领军人才，积极探索以重点科研基地和重点学科为依托，以领军人才为核心，形成"学科—基地—团队—人才"一体化建设的组织模式，支持领军人才在关键领域取得重大标志性成果；坚持培养支持校内人才与引进人才并重，整合各类人才培养支持计划，突出高层次人才，统筹政策资源，加大支持力度，使西安科技类大学领军人才队伍建设实现新突破，实施了《西安理工大学重点科技创新团队建设计划管理办法》。为进一步提升西安科技类大学的科技创新能力和综合竞争实力，培养和汇聚一批优秀学术带头人，培育一批具有较强创新能力的中青年学术与科研骨干，带动学校教师队伍整体素质的提高，培育与形成学科优势和特色，实施了《西安理工大学青年科技创新团队建设计划管理办法》。为提升西安科技类大学的社会科学学术创新能力和综合竞争实力，培养、汇聚一批社会科学研究优秀学术带头人和中青年科研骨干，带动学校社会科学领域教师队伍整体素质的提高，培育与形成我校社会科学学科优势和特色，实施了《西安理工大学青年社会科学学术创新团队建设与管理办法》。

学校实施了《西安理工大学重点科研基地建设与运行管理办法》。西安理工大重点科研基地是国家、部委和西安科技类大学科技创新体系的重要组成部分，是培养和集聚创新人才、组织高水平科学研究、推动特色学科建设、促进产学研协同创新与科技成果产业化、产出标志性成果的重要依托。该办法的实施对凝聚科研队伍，培养和引进优秀人才起到了巨大的推动作用，进一步提升了学校的科技创新能力和综合竞争实力。

学校实施了《西安理工大学重点科研基地专职科研岗位管理办法（试行）》，设置专职科研岗位（包括专职科研人员岗、专职实验技术人员岗和专职管理人员岗）。对于学校急需且具有丰富实践经验的专业技术人才和高层次特殊人才，学校则相应地实施了《西安理工大学高层次人才柔性引进与管理暂行办法》。

学校相继修订了《西安理工大学知识产权保护管理办法》，出台了《西安理工大学科技成果转化管理办法》和《关于办理科技人员取得职务科技成果转化现金奖励及个人所得税减免业务的通知》，赋予了教师对持有成果的自主处置权，规范了处置流程。规定了科技成果收益权，对于科技成果许可、转让所得的收益，90% 归技术完成人所有；对于科技成果作价投资所得的股份，不低于 70% 归技术完成人持有；其余部分由资产经营管理有限公司代表学校持有，股份所得收益按上述比例进行分配。建立健全了促进科技成果转化的绩效考核评价体系，完善了有利于科技成果转化的岗位聘用、晋升培养和评价激励等制度。职务科技成果转化现金奖励个人所得税减免政策，进一步提高了广大教师进行科技成果转化工作的积极性。

第五章

西安建筑科技大学

西迁历史概况（1955—1957 年）

西安建筑科技大学（以下简称为西建大）办学历史悠久、底蕴深厚，最早可追溯到始建于 1895 年的天津北洋西学学堂。1956 年全国高等院校院系调整时，由原东北工学院、西北工学院、青岛工学院和苏南工业专科学校的土木、建筑、市政系（科）整建制合并而成，积淀了我国近代高等教育史上最早的一批土木、建筑、市政类学科精华，是新中国西北地区第一所本科学制的建筑类高等学府，我国著名的土木、建筑"老八校"之一，原冶金工业部直属重点大学，现为陕西省、教育部和住房城乡建设部共建高校。

新中国成立伊始，为了"改变目前高等学校过于集中少数大城市，尤其是沿海大城市的状况"，同时鉴于国家建设需要和国防形势，1955 年，高等教育部根据中央的决定精神调整部分高校的院、系、专业的设置和分布，并决定将沿海地区一些高校的全部或部分西迁至内地。这一次大学迁校明显带有战略转移性质。西安建筑工程学院（学校时名）就是在这一历史背景下仿照莫斯科建筑工程学院应运而生的。按照时任陕西省省长赵寿山所述，西安建筑工程学院的诞生，"为西北地区培养优秀的建筑理论和建筑技术人才提供了可靠的保证，对于更好地加速完成西部地区特别是陕西地区的建设将起到重大作用"。

西安建筑工程学院成立之初，即受到中央领导人的亲切关怀与勉励。1957 年夏，时任中共中央总书记的邓小平和中国科学院院长的郭沫若分别给学校首届毕业生题词。邓小平同志的题词是"记住毛主席的话：没有正确的政治观点，就等于没有灵魂"。郭沫若同志的题词是"请以上火线的精神，走上祖国建设的阵地，实事求是地做最大努力，坚持到底"。

西迁后发展历程

西迁并校后，学校以教学工作为主，按照实际情况开展了大量的科学研究与社会服务。特别是在20世纪50年代后期，全国统一征集通用大学教材，仅西安建筑工程学院时期主持、主编的高质量通用教材就达百余套，这在陕西高等教育事业发展进程中是前所未有的。在国家倡导开展的"教育革命"运动中，学校大搞科学研究和学术讨论，加强与其他地区有关科研机构、兄弟院校、厂矿和设计机关的密切联系，根据需要签署合作合同，互帮互助、交流技术情报。不仅如此，学生培养质量也很高，大学生注重"真刀真枪"搞设计，在老师的指导下先后设计了西安市报话大楼、西安医学院教学大楼、钢筋混凝土薄壳结构的图书馆大楼和行政办公大楼等一系列建筑；不少学生有一到两个工种达到三到五级的水平，在首钢大型轧钢厂工地进行现场教学和科学研究的56级学生为钢厂完成了400余张设计图纸。学校积极探索生产、科研、教学"三结合"的新模式，为祖国建设培养了一大批急需的高级专门人才。

当时的西安建筑工程学院不仅在科研、教学方面走在陕西高校前列，而且在文体方面成绩斐然，称雄西北。文艺方面，学校文工团在当时西北地区高校中首屈一指；体育方面，学校劳卫制①达到4个100%，很多学生运动员打破了全国纪录和省纪录。1958年，国家体委表示，西安建筑工程学院的劳卫制锻炼已达到全国领先水平。同年9月，在北京召开的高等学校体育工作经验交流会上，时任国务院副总理贺龙亲自颁发给我们"全国体育运动红旗院"锦旗，当时全国仅有5所高校获此殊荣。

1958年，时任国务院秘书长习仲勋到西安考察工作，在参观陕西地区高等学校和中等专业学校成就展览会的过程中，他对西安建筑工程学院并校以

---

① 20世纪50年代，新中国从苏联引进的鼓励民众积极投身体育锻炼的一种制度，全称为"准备劳动与卫国制度"，后演变为现在的《国家体育锻炼标准》。

来取得的成绩予以高度评价，他说："西安建筑工程学院作为一所新办起的学校，工作做得的确好，搞出了很多东西，很有成绩。"

西迁并校60余年以来，学校实力不断增强，已经成为一所以土木建筑、环境市政、材料冶金及其相关学科为特色，以工程技术学科为主体，工、管、艺、理、文、法、哲、经、教等学科协调发展的多科性大学。历届师生坚持立足西部、谋求教育振兴，为我国地方建设和发展做出了重要贡献。20世纪60年代，集学校师生之力设计的西安报话大楼，是当时西安城内最高的建筑，如今已成为陕西省重点文物保护单位。1975年学校设计的秦始皇陵兵马俑一号坑陈列馆，是当时国内单体跨度最大的拱形建筑，至今仍发挥着不可替代的保护、接待功能。20世纪90年代举全校之力完成的黄帝陵整修总体规划方案是承载中华民族久远而厚重历史的重大工程项目。2008年，汶川地震发生后，学校组建专家学者在第一时间奔赴一线开展抗震救灾，是从陕西省出发的第一支专业队伍。在脱贫攻坚的关键时期，学校组织发动2000余名师生奔赴基层农村进行帮扶建设。学校现为"国家建设高水平大学项目"和"中西部高校基础能力建设工程"实施院校、陕西省重点建设的高水平大学、教育部、陕西省和住房城乡建设部共建高校。学校被国际建筑师协会（UIA）授予"建筑教育特别贡献奖"，被国务院授予"全国就业先进工作单位"，学校党委被中共中央授予"全国先进基层党组织"称号。作为一所长期扎根地方、服务于地方建设的省部共建高校，教师及校友中至今已产生了11名院士。这些都是西建大学人以实际行动发扬西迁精神的生动体现。

科技成果综合现状

西建大现有在职中国工程院院士1名、南非科学院院士1名、双聘院士5名、"长江学者奖励计划"特聘教授3名、国家杰出青年基金获得者4名、国家优秀青年科学基金获得者1名，"万人计划"6名、"百千万人才工程"国家级人选6名、国家有突出贡献中青年专家4名、科技部中青年科技创新领军人才 3 名、中国青年科技奖获得者 2 名、在职享受国务院政府特殊津贴者 13 名、教育部"新世纪优秀人才支持计划"人选 3 名、国家青年"千人计划" 2 名、陕西省重点领域顶尖人才 1 名；拥有国家自然科学基金委创新研究群体 1 个、教育部"长江学者和创新团队发展计划"入选团队 2 个、全国高校黄大年式教师团队 1 个、陕西省重点科技创新团队 12 个；拥有西部绿色建筑国家重点实验室、省部共建协同创新中心、国家国际科技合作基地、国家级成果研究推广中心、国家级智库、国家地方联合工程研究中心等国家级平台 7 个，省部级科研平台 45 个，西安市重点实验室 7 个，甲级资质设计研究院 3 个。

"十三五"期间，学校获准纵横向科研项目和社会服务项目 9000 余项，实现科研合同额 19 亿元；获各级各类科研奖励 338 项，其中国家科技进步二等奖 2 项、国家技术发明二等奖 1 项、教育部高等学校科学研究优秀成果奖（科学技术）一等奖 2 项，教育部高等学校科学研究优秀成果奖（人文社会科学）二等奖 1 项，省级科研奖励 162 项；SCIE 收录论文 2018 篇；申请专利 4783 项，其中发明专利 2203 项；授权专利 2494 项，其中发明专利 899 项。

西建大紧紧围绕科技创新驱动和"一带一路"倡议，以科技为先导，努力服务国民经济建设。学校先后入选西安市全面创新改革试点单位、陕西省高校专业化技术转移机构试点单位，探索了基于团队控股的"研究院 + 公司"科技成果转化模式得到上级部门的认可，其中膜分离技术、装配式钢结构技术、高延性混凝土技术、智慧城市静态交通技术等一批成果先后实现转化，取得了显著的经济社会效益。

"西迁精神"的传承与弘扬

陈叔陶

陈叔陶（1913—1968 年），曾用名陈选元，浙江余姚人，著名结构工程和工程力学专家。他 1934 年考入浙江大学土木系，1943 年撰写的《空腹桁

架分析》论文在英国《土木工程学报》发表，1956 年从西北工学院土木系调入西安建筑工程学院任教。

西安建筑科技大学于 1956 年并校时，从 4 所母体院校调来近 700 名教职工，其中正教授 25 人，雄厚的师资力量在当时的陕西高校中名列前茅。25 名教授中，国家二级教授有 5 人，结构力学专家陈叔陶是其中之一。

1956 年，陈叔陶调入西安建筑工程学院任教。1958 年，经国务院批准，西安建筑工程学院与莫斯科建筑工程学院合作进行预应力钢结构的研究，陈叔陶担任课题组负责人。他从利用屋面板的压力这个角度提出预加压力钢结构的设计方案，这个方案可节约 50% 左右的钢材。同期，他在"空腹桁架的研究"基础上，又创造性地写出了《空腹拱的分析》一文。他也由此成为世界上第一位提出"空腹拱"概念的人。

1962 年至 1966 年，为了配合我国核武器的研发，国防科委下达了地下防原子弹冲击波的国防建筑课题——"地下防原子工程结构的分析"，陈叔陶代表西安冶金建筑学院参加该项研究，他领导的项目组完成了 6 篇卓有建树的论文，对厚板及厚壳在冲击荷载作用下的结构研究取得了重要成果，受到国防科委的高度称赞，评审组专家一致认为居于全国领先水平。

陈叔陶讲授的结构力学、钢结构两门课，新中国成立前一直用英文教材。20 世纪 50 年代换用苏联教材，但没有中文版本。于是他废寝忘食，每晚只睡三四个小时，很快将这两本俄文教材译成中文。

陈叔陶专长结构力学，他的学问应用于国家建设实践中，解决了诸多难题。可是他的身体"结构"，却只能用羸弱来形容。他年轻时体质就比较弱，在昆明工作期间又患上了严重的肺病，并切除了一叶肺。受当时经济条件和医疗条件限制，他的健康一直没有得到有效恢复。新中国成立后，生活待遇的提高和医疗条件的改善虽使他的病情有所好转，但他的身体仍很虚弱。

他无论身体健康条件的好与坏，始终持之以恒，数十年如一日地投身于科研、教学工作。他的女儿陈宜馥回忆："每天晚上零点以前，父亲书房中的灯光从未熄灭过,由于废寝忘食地工作,书房里的一把椅子竟被生生坐坏。"在他患病时,同事们为他的病情担忧,他却说:"假如我还能工作二十年,我一定不让时间随便浪费过去,要做出更多的成绩。"

陈叔陶对教研室学术水平的提高和青年教师的培养极为关心。他曾花了三年时间,从浩如烟海的文献中筛选资料,编著了一百多万字的讲义和几十万字的《弹性力学》教材(上、中、下三册)。这些讲义和教材内容丰富,特别是在板壳理论计算方面,具有独到见解。他以此给全校中青年教师系统讲授弹性力学,讲授时间全是利用节假日,且不要报酬,一讲就是三年。

结构力学属于专业基础课。一些青年教师对从事基础课教学的前途感到担忧,陈叔陶就鼓励青年教师:"我们不应自卑,要敢于和先进水平比,基础课也可以搞尖端,而且大有前途!"

在陈叔陶的带动下,一批青年教师的教学科研水平大大提高。他也多次被评为陕西省先进工作者,还被授予"陕西科技精英"称号。1956年,陈叔陶到北京参加了"全国先进生产者代表会议",受到毛主席、周总理的亲切接见。

陈绍蕃

陈绍蕃(1919—2017年),浙江省海盐人,中国钢结构事业的开拓者之一,美国结构稳定研究学会终身会员,我国钢结构领域专家,国务院首批批准的博士生导师。他1943年在重庆中央大学研究院攻读结构工程硕士。他曾任中国土木工程学会理事,中国钢结构协会理事、名誉理事、专家委员会资深专家。他还曾当选为第六、第七届全国人大代表,中国民主同盟第五、第六届中央委员。

1956年,因西部建设需要,国家进行院系调整,东北工学院建筑系并入新组建的西安建筑工程学院。在浩浩荡荡的西迁队伍中,陈绍蕃是其中一员。作为西安建筑工程学院并校初期的25位教授之一的陈绍蕃,参与了学校土木工程专业的创建。

20世纪50年代,国际上钢结构事业已呈蓬勃之势,但在我国,由于钢

产量的限制，钢结构建筑的研究和应用并未得到相应的重视。陈绍蕃认为，要赶上时代步伐，就必须重视对钢结构技术的研究和推广工作。

1961年，全国高等学校通用教材《钢结构》编写工作启动，陈绍蕃是主要参编人之一。1972年，陈绍蕃参加了我国第一部钢结构规范的编制工作，在规范编制过程中，他坚持借鉴和创新相结合的原则。比如，当时在理论计算过程中，他发现以苏联方法计算出的典型截面错误，系数也不符合，就结合中国实际分析制定出一个新的典型截面，求得合理系数后将其列入中国规范，从而纠正了苏联规范中的错误之处。1974年，我国自行编制的第一部《钢结构设计规范》出版，之后我国《钢结构设计规范》的历次修订工作，陈绍蕃均为主要负责人，为钢结构设计的国家标准制定与完善做出了重要贡献。1978年，陈绍蕃主持的科研项目"钢轴心和偏心压杆的计算"获得全国科学大会奖状。

陈绍蕃说："现在很多人迷信西方，说西方技术很先进。西方技术固有其发达之所在，但亦有其不完善之处。对发达国家盲目崇拜的做法当然不可取，我们应当有学术自信。"坚定的学术自信来源于扎实的学术功底和高超的学术水平。1979年，他开始培养我国第一批钢结构领域的硕士研究生，当时国内尚无专门教材，他就利用业余时间自己动手编写了30万字的《钢结构设计原理》，该教材先后被评为建设部优秀教材一等奖、"九五"国家重点教材，入选国家100本研究生优秀教材，并多次再版。

2003年，84岁的陈绍蕃从工作一线退下来以后，仍然每天在家从事专业领域的研究工作，在别人看来如同把办公室搬回了家中。2013年12月，陈绍蕃被确诊为直肠癌晚期，病情的发展让他无法久坐，每天最多只能坐在书桌前两个小时进行研究。退出一线的14年来，他在各类学报、期刊上共发表高水平学术论文38篇（英文论文6篇），其中不少研究成果都被写入了我国第四代《钢结构设计规范》中。

2017年春节之后，由于病情恶化，陈绍蕃住进了医院。即使在住院卧床期间，他对专业问题的思考也从未停止。2017年3月21日，陈绍蕃去世，在离世之前的一天，他还在念叨两篇尚未修改完成的论文，然而他的手再也握不动笔了。1982年，陈绍蕃入党时曾对人说过："为党、为人民、为祖国工作到最后一息，这就是我今后的抱负和志愿。"他以自己的行动践行了这句诺言。

徐德龙

徐德龙（1952—2018年），生于甘肃兰州，1973年考入西安冶金建筑学院水泥工艺专业，1976年毕业后留校，先后担任材料工程系主任、副校长等职务；1998年3月，任西安建筑科技大学校长、党委副书记。2003年，当选为中国工程院化工、冶金及材料工程学部院士，是我国水泥生产工艺及工程领域的第一位院士。

1952年8月，伴着黄河滚滚的浪涛，徐德龙出生在甘肃兰州西固区一户农家。雄浑的母亲河赋予了他不屈不挠、一往无前的精神，西部土地无私的奉献让他对祖国的富强怀有赤诚之心。

几十年来，徐德龙主持完成了国家自然科学基金项目等上百项科研课题，荣获"国家科技进步奖"等国家级科技奖3项，省部级一、二等奖12项，其发明创造的系列高新技术被大面积推广后，累计新增利税40多亿元。

作为一个科学家、一所大学的校长，徐德龙给业内外人士留下最深刻印象的是其勇于第一个"吃螃蟹"，并且具有锲而不舍的探索精神。

徐德龙紧盯国内外水泥生产一线的技术难题，通过理论性、前瞻性、原创性的科研成果，不断推动我国水泥生产技术革命性变革。他坦言，这样的研究碰到的困难无比巨大，资金得不到支持，科研成果企业不敢轻易使用，往往需要自己挣钱来支撑科研的进行，而原创性的技术成果在中国又最为缺乏，"第一口螃蟹不好吃，但是必须吃"，只有这样中国才能真正成为一个创新型国家。

改革开放初期，我国600多家中小水泥厂，引进的是立筒式悬浮预热分解技术。由于产量低、热耗高，企业大面积亏损，国内"枪毙"立筒窑的呼声不断。"枪毙"立筒窑，将给国家造成250多亿元的损失，造成一

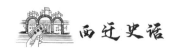

大批企业破产，职工下岗。日本一些水泥工程公司得知这一信息，抢先投入巨资攻关，企图以技术转让的形式占领中国市场。拯救国家的数百亿投资、以一己之力阻挡日本水泥企业大举进军中国的步伐，是时代赋予徐德龙的神圣使命。

科研之路的艰辛只有踏踏实实的探路者才能深知。1990 年前后，徐德龙研发的"X·L 型水泥悬浮预热系列技术"终于取得了突破性成果，必须找厂家进行应用试验。徐德龙找了好几个厂家，不是摇头就是搪塞。他听说临潼县阎良水泥厂要投资 1000 万元上一条水泥生产线，就把对方请到学校说："我可以帮助你们搞设计，但必须上全新技术。"水泥厂厂长犹豫地说："不是我们不愿采用，是心里没底，万一花那么多钱失败了，这损失谁赔？"

"我赔！"徐德龙立下军令状："如果改造后达不到设计指标要求，愿赔偿一切经济损失。"厂长被他感动了。经过艰辛数月，调试终于完成。结果产量提高了四成，能耗降低了二成，企业效益迅速好转。

科学研究，一旦形成了可推广的技术，它的力量抵得过千军万马。1991年，国家建材局组织专家进行鉴定，认为该成果居国际先进水平，具有独创性。1996 年 10 月，"X·L 型水泥悬浮预热系列技术"荣获国家科技进步二等奖。作为国家科技成果重点推广计划，该系列技术先后在近百家企业推广，累计新增产值 80 亿元。

徐德龙的科研成果将日本人的跃跃欲试挡在了国门之外，这使他亲身感受到科学技术为国家民族赢得的尊严与骄傲是那么崇高。

科技的力量就是这么神奇，掌控了它就可以点石成金、变废为宝。我国是钢铁和产煤大国，钢铁企业、煤炭企业在为国家创造巨大经济利益的同时，也破坏着生态环境。矿渣、钢渣、煤矸石、粉煤灰堆积如山，不仅占用大量土地，还形成严重污染，令企业、政府头痛不已。

徐德龙在科研工作中发现，这些工业废弃物经过一定的物理化学处理后，可以取代部分硅酸盐水泥熟料来生产水泥，他决心将这些工业垃圾变废为宝。

他带领西安建筑科技大学粉体工程研究所，经过多年研究，成熟地掌握了高炉矿渣超细粉大比例替代水泥熟料制备高性能混凝土的配比和方法，成功研发出了高炉矿渣水泥的加工工艺，将那些昔日一文不值、祸害不小的废弃物变成了发展循环经济、促进节能减排的新资源，研究水平居国际领先。

在江苏沙钢集团、山西长治钢铁集团、山东莱芜钢铁集团等钢铁企业中，由西安建筑科技大学粉体所设计建成的数十条矿渣水泥生产线，年"吞"高炉矿渣1200万吨，将其转换成低成本、高质量的绿色水泥。新技术的应用，为企业新增经济效益12亿元，还创造了年减排二氧化碳1200万吨、节煤240万吨、节电7.2亿度等喜人的环保效益和社会效益。

水泥是重要的建材产品，但每生产1吨水泥熟料的同时会排放约1吨的二氧化碳。2009年，温家宝总理在丹麦哥本哈根气候变化大会上，代表中国向世界郑重承诺："到2020年单位国内生产总值二氧化碳排放比2005年下降40%～45%。"这是一个极高的减排目标，需要中国的科学家为企业实现宏伟的减排目标提供有力的技术支持。

2010年11月5日，在全国建材工业发展战略与展望座谈会上，徐德龙底气十足地为中国水泥及建材行业的未来发展提出新定位："世界水泥产量有一半以上在中国，中国理应引领世界潮流，而且中国也有条件、有能力做成这件事情。"

实际上，在此之前，他已经为这场将从中国率先开始的水泥工艺的"革命性"变革做了充分的技术准备。

早在1983年，徐德龙经过反复的热力学理论研究，首次从数学和物理学的角度揭示了固气比对热效率的影响后，进而创立了高固气比悬浮预热预分解理论。这个理论大大超越了当时窑外预分解技术的框架，揭示了许多前人尚未认识和无法解释的规律，在国际学术界内获得高度评价。

但在此后的多年里，这个新理论在国内水泥界却并未得到足够的重视。为了将这项理论成果转化为实用技术，徐德龙和同事们坚持不懈地进行了十余年的开发研究，在山西太原钢铁公司、山东宝山生态建材集团等企业进行

了工业性试验，在此基础上开发出全系统的工业应用技术。研究成果出来后，徐德龙一直苦苦寻找放大试验的机会。

2008 年 12 月，机会终于来了。采用高固气比预热分解新技术日产 2500 吨的水泥熟料生产线，在地处韩城市的陕西阳山庄水泥有限公司投入建设。2010 年 9 月，阳山庄水泥有限公司的高固气比预热分解新技术生产线进入生产调试。按照国际惯例，生产测试连续进行了 72 小时。该窑型的标准设计产量为每天 2500 吨，熟料平均产量实际达到日产 3576 吨，使用效果表明，实际增产 43%，吨投资降低 30% 以上，综合热耗降低了 21%，电耗降低 15% 以上。特别值得称赞的是，二氧化硫减排了约 80%，氮氧化物减排了 50% 以上。测试数据显示，各项指标均居国际领先水平。

2011 年 5 月 28 日，西安建大粉体工程研究所徐德龙院士团队发明的悬浮态高固气比预热分解理论与技术，通过了由中国工程院副院长谢克昌院士担任组长、多位院士组成的专家组的技术鉴定。

专家组认为，该成果成功地实现了从理论创新到技术发明再到工业应用的原创性成果转化，实现了回转窑水泥熟料煅烧技术一次新的突破，多项指标达到国际领先水平，是具有我国自主知识产权的原创性工艺技术，对于改造现有的干法生产线，进一步提高我国水泥工业的节能减排水平，具有重大的现实意义。

徐德龙院士及其团队经过 28 年锲而不舍、曲折艰难的探索，到形成完整的系统的理论体系，并将理论应用到工程实践中，极大地推动了水泥工业的科技进步，为中国建材行业的发展做出了突出贡献。

西建大三代学人接力"温暖"雪域高原

2020 年 6 月 28 日，西藏自治区科学技术奖励大会在拉萨举行，西安建筑科技大学"太阳能建筑与环境"科研团队牵头完成的"西藏高原可再生能源供暖关键技术创新与应用"荣获一等奖。这个团队因故不能派员到达颁奖现场，决议将 30 万奖金全部捐给西藏，用于扶贫。20 年间，以中国工程院院士刘加平教授为代表的西安建筑科技大学三代学人，立志盖出"靠太阳就能取暖"的房子，相继在青海刚察、玉树，西藏拉萨、浪卡子、当雄、日喀则等地建设各类太阳能供暖试验 / 示范工程 20 余处，达 20 多万平方米，推广近千万平方米，受益人群超过 50 万人。

刘加平院士是西安建筑科技大学赴藏培养工程硕士的导师组带头人，当年，他为当地藏族人民艰难落后的生活条件所震惊：室内都要穿着厚实笨重的衣服，人畜共处，门前处处堆放着要用来取暖和做饭的牛粪、柴薪。

当年的西藏之夜，刘加平带队住进温度接近零度却没有任何采暖措施的宾馆，忍受彻夜的寒冷，次日又被艳阳沐浴而心生欢喜，心中的设想久久盘桓。"阳光之域"有全世界最得天独厚的太阳光资源，为什么不能将它有效利用呢？"我们一定要找到最合适的方法改善这里的居住条件，为当地老百姓送去温暖！"站在布达拉宫上，俯看着拉萨城边的建筑，刘院士满怀信心地对他当时的博士生刘艳峰说。

自此，他带队十几次进藏考察调研。每次都自费租车，去最偏远的地方，克服高原反应、语言不通、当地人不信任等困难。在此基础上，立足当地地理环境、地域文化、建筑风格等特殊要求，主持建立起适应当地的建筑节能与采暖的标准化体系，申报获批国家自然科学基金重点项目"西藏高原节能居住建筑体系研究"和国家 863 项目"太阳能富集地区超低采暖能耗居住建筑设计研究"，建立了与太阳能富集区被动式设计相匹配的主动式太阳能采暖系统设计方法，主编完成《西藏自治区民用建筑采暖设计标准》与《西藏自治区居住建筑节能设计标准》，被评价为"填补了当地在该领域标准规范的空白"。

西藏自治区时任住建厅副厅长田国民问刘院士："你们编制这套《标准》需要多少费用？"得到的答复是："做这号事不能要钱！"

"'暖床'既能白天当散热器，又能晚上当取暖器；墙体既能采集太阳加热空气，又能实现新鲜空气对流；除了太阳能送暖，以后还要实现送氧、送湿……我们要让青藏高原的人们生活得更幸福，要让每年数以万计奔赴此地的建设者、旅游者享受到无异于内地的舒适的室内环境。"团队负责人、

长江学者刘艳峰教授每每提到青藏满眼都在放光。

"本该属于项目组的 100 万研究经费，全部投入到了工程建设，团队的所有研究花费都是自掏腰包，我们的愿望很简单，就是要为牧民盖好房子，盖成我们想要的房子！"2008 年，刘艳峰带领团队与青海当地科研单位联合申报项目，为海北藏族自治州刚察县解决 100 户藏族牧民的定居工程提供技术支持，首次进行了规模化"工程实验"。

2019 年底，西藏浪卡子县城区实现太阳能光热集中供暖，成为中国首个整个地区完全依靠太阳能的规模化区域采暖"示范地"。该县供热中心现场负责人杨金良激动地说："特别震撼，两万多平方米的太阳能集热场一望无际，实现了不用煤、不用气、不用电就能温暖整个县城 8 万多平方米的千家万户。"

"这套系统采用主被动式相结合的原理，白天靠太阳加热墙体、窗户等收集热量，晚上把热量按照'科学配比'供给所需的室内空间，实现采集到的太阳能热量最大化利用，形成从村镇规划、建筑设计开始，到建筑保温、被动太阳能增温、主动太阳能供暖、建筑分时分区调节等成套的太阳能建筑供暖方案，可应用于大规模集中供暖，也适合一村一户。"西藏大学教授索朗白姆充满感激地说："他们甚至考虑到，我们祖祖辈辈都寒冷惯了，不能一下子供暖温度太高。所以，晚上可以只给卧室供到 12℃～15℃，甚至只给床体供暖，周围形成一道热帷幕，温度刚刚够用就好，既符合人体生理需求，又节约供暖能源。"

"怎样推进技术优化，实现多能互补、精准控制？怎样达到近零能耗运行？……这些都是我们继续深入研究的动力所在。"项目第一完成人、第三代学人王登甲教授说。王登甲跟随导师刘艳峰教授首次进藏是 2007 年 7 月，他那时还只是在读的研一学生，师徒是坐着火车从西安到拉萨的。一晃就是十多年。这些年，他频繁进藏，飞速成长——博士毕业、晋升副教授、教授，成为学校最年富力强的博士生导师。"我们走了很多的路，那时仗着年轻身体好，又是夏天，还能吃得消，后来因为研究需要，我们几乎都是冬天去，头痛、呕吐，晚上基本上睡不着党，那种感觉太难忘了。"王登甲回忆说，"2018 年，作为主办方，我们邀请英国牛津大学、帝国理工大学、清华大学、香港大学等著名学府的 70 余名知名学者，在西藏拉萨召开了'中英零碳城镇可再生能源系统研讨会'，参会者云集，交流热烈！"

"我们刚发现这一领地时，它在环境条件上是一块'穷地'，在学术上是一块待开发的'富地'，如果没本事地就荒了。但今天，很高兴看到它已经变成了一块多产的'肥地'。"刘加平院士欣慰地说。

"一个十来年过去了，我们再干个十来年，以后青藏高原地区建筑室内的温度、湿度、氧浓度，一定会非常健康、舒适，真正实现幸福宜居。"刘艳峰给团队的后继力量打气。

对科技工作者的激励政策和机制

弘扬"西迁精神"，激励科技工作者矢志拼搏

2020 年 4 月，习近平总书记在陕西考察时指出，"西迁精神"的核心是爱国主义，精髓是听党指挥跟党走，与党和国家、与民族和人民同呼吸共命运，具有深刻的现实意义和历史意义。

西迁是西建大历史中的精彩篇章，既为国家的西部开发保留并积累了科技创新的种子，也为推动中西部发展做出了重大贡献。作为"西迁"高校，在新时代下，科技工作者为学校科技事业和发展不断汇聚改革创新动能的职能和使命更加紧迫。学校通过加强与"西迁"高校、企业院所的相互交流，积极参加陕西省科协组织的"西迁精神"系列活动，邀请西迁前辈召开专题报告会等，大力弘扬"西迁精神"的时代内涵，鼓舞科技工作者接过西迁前辈不畏艰险、艰苦奋斗的思想火炬，切实担负起时代赋予的历史责任，坚定信念、矢志拼搏，让家国情怀与使命担当根植心中，让西迁精神薪火相传。

加强师德师风建设，营造良好学术生态

优良的师德师风是建设高素质教师队伍的基础，也是提高科研质量的保证。为切实提升学校师德师风建设，学校先后出台了《西安建筑科技大学学风建设实施办法》《西安建筑科技大学师德"一票否决制"实施办法（试行）》《西安建筑科技大学关于建立健全师德建设长效机制的实施意见》等规章制度，围绕"四个引路人""四个相统一"和"政治要强，情怀要深，思维要新，视野要广，自律要严，人格要正"的新要求，完善师德规范，创新师德教育，健全长效机制，推动师德师风建设制度化、常态化，引导广大教师以德立身、以德立学、以德施教、以德育德，争做"四有"好教师，为学校"创一流，建百强"目标提供精神保障。

此外，西建大陆续开展以"深化师德师风建设，造就新时代高素质教师队伍""厚植爱国情怀，涵育高尚师德，加强新时代教师队伍建设""厚植弘扬师德风尚，做新时代党和人民满意的好老师"为主题的网络培训示范班，组织"师德师风建设强化年"活动，召开"树立学术规范理念，促进科研知识创新"等专题讲座等，树立校内外先进楷模、开展典型引领，不断深化"立德树人"向纵深发展，进一步强化教师和管理人员对师德师风建设"底线思维"的认识和模范遵守职业行为准则规范的自觉性，营造风清气正的良好学术生态。

坚持成果导向和贡献导向，优化科研评价机制

西建大对各类项目、人才、学科、基地等科技评价活动中涉及的"唯论文、唯帽子、唯职称、唯学历、唯奖项"等简单量化的做法进行了清理，针对科技工作者的职称评审、岗位聘任、业绩考核等方面，坚持分类评价，完善了以成果和贡献为导向的评价体系，进一步优化了科研评价机制。

通过淡化参评成果数量、放大高质量成果的评分权重，把科研成果的经济、社会、文化等效益列为评价指标，鼓励与其他高校或不同学科间的交叉合作和协同创新等方式多样化的评价机制引导科技工作者进行成果创新；同

时倡导科研工作者将西迁的贡献精神运用到学校科研工作建设中，充分发挥主观能动性，为学校科研工作的发展贡献力量。

深化"放管服"，落实以增加知识价值为导向的分配政策

根据国家科技体制改革要求，西建大进一步深化推进简政放权、放管结合、优化服务改革，以增加知识价值为导向，在岗位设置、人员聘用、内部机构调整、绩效工资分配、评价考核、科研组织等方面充分尊重各学院和科研院所意见，使其拥有更大的人财物支配权，从而大大提升科技工作者的主体责任意识。

在赋予各学院和科研院所自我管理权限的同时，学校还注重提升其内部控制体系水平建设并健全了监督机制，促进了充满活力的科技管理和运行体系的形成，更好地激发了广大科技工作者的自觉性和积极性。

同时，学校科研、财务、人事、审计、国资等多部门协同管理，加强沟通，各司其职，强化服务意识，在形式、手段、途径等方面不断改进和创新，增强科研工作的有效性和指导性，将科研管理"放管服"工作落实、落细。

加强成果转化，提高转化收益奖励力度，激发成果转化积极性

为促进学校科技成果的应用、推广和转化，更好地服务于经济建设和社会发展，西建大坚持改革激励制度创新转化机制、搭建科研成果转化平台，增强了科技创新能力，提高了科技成果转化效率，探索形成了具有学校特色的"研究院＋公司"成果转化模式和"菜单式供给＋订单式服务"产学研对接机制。

同时，为了激发科研人员积极性，学校将成果转化收益的90%奖励给科研团队，大幅提高了科技工作者在成果转化收益中的获益比例。这一促进成果转化的创新改革，大大提高了研发团队进行成果转化的积极性，增强了科技工作者从事科研工作的动力，同时也激发了各学院和科研院所的主动性，拓宽了科技成果转化渠道。近年来，学校科研服务能力和成果转化收益连年提高。

第六章

陕西科技大学

西迁历史概况（1970—1978 年）

北京轻工业学院校门

陕西科技大学的前身为北京轻工业学院，创建于 1958 年，是新中国第一所轻工高等学校。1970 年从北京搬迁至陕西咸阳，改名为西北轻工业学院，这就是陕西科技大学的西迁历程。

西北轻工业学院校门

陕西科技大学的大学精神是以自强不息、艰苦奋斗的创业精神，求实创新、锐意进取的科学精神，扎根西部、服务社会的奉献精神为核心凝练成的"三创两迁"精神，高度概括了从北京到陕西咸阳、从咸阳到西安的两次搬迁，以及在北京、咸阳和西安的三次创业式的办学历程。

1969年10月26日，中央下发《关于高等院校下放问题的通知》。为保护科教种子，中央有关部门和北京市对32所北京高等学校做出了大批迁出北京、大批停办，只保留一小部分的决策，出现了中国高等教育史上著名的"京校外迁"现象。北京轻工业学院正是"京校外迁"的院校之一。

京校外迁的大方针确定后，学校派出多路人马在全国范围内选址。一个很偶然的机缘，负责选址的一位中国人民解放军第一轻工业部军代表在陕西出差期间，来到了筹建中的咸阳轻工业学院（现陕西科技大学咸阳校区北区）。当看到有两座大楼（一栋老地委办公楼、一栋三层教学楼，这是两栋苏式建筑，

西北轻工业学院首届硕士研究生毕业典礼合影

在当时已经是条件很好的建筑物了）、两栋家属楼和近 200 亩的建设面积时，感觉条件与北京轻工业学院条件相当，甚至还要好一点，于是回北京后即做了有关汇报。

当时学校主管部门中国人民解放军第一轻工业部经与陕西省革委会商洽形成初步意见后，1970 年 3 月 28 日，轻工部落实中央"京校外迁"指示精神，中国人民解放军第一轻工业部军代表即向国务院业务组递交《轻工部所属北京轻工业学院迁往陕西省咸阳市的请示报告》，拟将北京轻工业学院与筹建中的咸阳轻工业学院合并，整建制迁入咸阳市，改称西北轻工业学院。时任国务院副总理李先念在这份报告上批示："苏静、西尧同志审批，先与地方商量，拟可同意。先念。卅（30）日。" 3 月 30 日是李先念副总理代表国务院做出批复的日子，是国家做出北京轻工业学院西迁决定的日子，因此，这个日子也成为学校的"西迁纪念日"。时任国务院业务组成员、政工小组组长、国家计划委员会副主任苏静同志批示："同意，已列入院校调整报告。"时任国务院联络员，科教组副组长、组长（1976 年后任教育部部长）刘西尧同志批示："只要陕西同意即可同意。"按照国务院指示精神，1970 年 4 月 14 日，经轻工业部与陕西省革委会商洽，关键是征得陕西省同意，轻工业部所属北京轻工业学院将迁入陕西省咸阳市，与正在筹建的原轻工业部所属咸阳轻工业学院筹备处合并。

当年 9 月，根据国务院的决定，在轻工业部的领导下，学校在思想和组织上对搬迁工作进行了积极动员，拉开了北京轻工业学院向陕西咸阳西迁的大幕。北京轻工业学院服从国家安排，整体西迁（也就是"三创两迁"中的第一次搬迁），成立了西北轻工业学院。

截至 1970 年 10 月底，3 批教职员工 248 人及家属 67 户从北京迁往咸阳。在搬迁过程中，留在北京的同志将教学实验设备和其他物资分批装上火车，专人押送，历经困苦，运抵咸阳。先期到达咸阳的同志和原咸阳轻院筹备处的同志克服任务重、人手少的困难，夜以继日，风雨无阻，车皮随到随卸，使大批物资在较短时间内到位。但仓促搬迁中，仪器设备、图书资料和教学

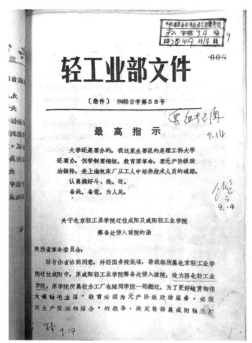

1970年9月10日，轻工业部关于北京轻工业学院迁往咸阳的文件

1970年3月28日，驻第一轻工业部军代表关于北京轻工业学院迁往陕西省咸阳市的请示报告

文档仍遭受了很大损失。

　　搬迁前，咸阳轻工业学院筹备处的校舍只有1200平方米，两栋家属楼合在一起不到3000平方米。1970年9月初，部分教职工组成的"五七"工程连先期到达咸阳，与原筹备处部分教职工组成的"五七"工程排一起，垒锅灶、搭工棚，修建了食堂、仓库和部分宿舍。全体西迁教职工继续发扬建校初期的那种艰苦奋斗、自强不息、勤俭办校的光荣传统，又一次开始了艰苦的创业历程。他们拿起工具，投入轰轰烈烈的建设中去，打土坯、挖地基、搬建材、盖土平房、拉土打碾，建设风雨操场；还要克服交通的不便，奔波于距咸阳100多公里外的彬县老虎沟，办起了"五七"农场，组织粮食和副食生产，补充教职工的生活给养。通过近两年的艰苦劳动，教职工的基本生活条件初步具备。

根据教学和科研的需要，教职工自己设计、自己施工建设实验室，自己动手安装实验设备，还一锹一锹地挖出来第一幢教学楼的地基。与此同时，学校还全面开展人才队伍的配备、教学管理文件的制定、新教学大纲的编制、新教材的编写和科研工作，为恢复招生做了必要的准备。1972 年 4 月，西迁后的第一批 189 名工农兵学员顺利入学。

截至 1976 年，学校共修建实验室和教学用房 11000 平方米、学生宿舍 4900 平方米、教职工住宅 12000 平方米，为陕西乃至大西北招收、培养了 5 届共 1200 余名大学生。

1978 年 5 月，学校的最后一批物资分 15 个车皮陆续运抵咸阳，北京留守处撤销，标志着学校西迁的最终完成。学校在逆境中艰难前行，更加难能可贵的是，西迁教职工坚持科教报国初心，在西部安心办教育，为国家培养人才，在扎根陕西、面向经济建设主战场、服务社会上做出了重大贡献。

西迁后的发展历程

1970 年，学校从首都搬迁至陕西省咸阳市，完成了第一次搬迁，开始了第二次艰苦创业。在办学条件极度困难的年代，学校教职工为服务国家战略需要，舍小家顾大家，选择扎根西部、无怨无悔。

1977 年，国家恢复高考制度，西北轻工业学院在逆境中获得新生，进入了稳步发展的新时期。

1978 年 2 月，制浆造纸、皮革、陶瓷、玻璃、轻工机械、轻工自动化、力学师资等 7 个专业招收的 319 名 77 级本科新生入学。

学校创立之初至西迁之后，我国社会主要矛盾是人民日益增长的物质文化需要同落后的社会生产力之间的矛盾。培养和造就了一大批行业人才，满足了短缺经济条件下人民群众"衣食住行"的"硬性需求"，是学校做出的时代贡献，也由此获得了与全校师生员工努力付出相适应的发展态势和相匹配的社会评价。即使身处偏远的西部非省会城市艰苦办学，学校仍于 1978 年被国务院确定为全国 88 所重点院校之一。

同年，学校黄牛面革酶脱毛、制革用酶制剂新菌种 E–166 蛋白酶的筛选与应用等两项新技术、新工艺的研发成果，获得了全国科学大会奖。1987 年，西迁前辈潘津生、魏世林、章川波等人的"提高汉口路山羊皮革质量的研究"科研成果获国家科技进步一等奖。1991 年，魏世林、刘镇华（后调入学校）、杨宗邃等人的"面粗质次猪皮制革新技术的研究"科研成果获国家科技进步一等奖。这几项科研成果，都是西迁教师艰苦奋斗的成果，也是建校以来，学校科研工作最辉煌的成就。

江山代有人才出。第一代西迁人逐渐老去了，但西迁老一辈教师培养的学生已经茁壮成长起来了。马建中、张美云等西迁传人，接过西迁的旗帜，谱写"三创两迁"新篇章，为西部大开发做出了更卓越的贡献。

1978—2002 年，学校的招生规模持续扩大，本科专业增加到 28 个；1982 年，学校开始了研究生培养工作，到 2002 年，硕士学位授权二级学科数量增长到 11 个。学校为国家培养、输送了 16000 余名毕业生（含研究生 500 余名）。科研工作全面开展，共获得国家级科技奖 14 项，其中全国科学大会奖 2 项、国家科学技术进步一等奖 2 项。在抓纵向项目的同时，学校发挥自身优势，面向企业生产实际，推广科研成果、开展科技服务，产学研合作取得丰硕成果。学科建设取得成效。1997 年，轻工机械、硅酸盐材料、皮革化学与工程、包装工程等 4 个学科被中国轻工总会确定为部级重点学科；1998 年，制浆造纸工程实验室、皮革工程实验室、应用化学专业实验室和轻工机械 CAD/CAM 工程研究中心被国家轻工业局确定为部级重点实验室（工程研究中心）。

1998 年，学校划转到陕西省，纳入中央与地方共建、以地方管理为主的体制中，学校的建设和发展从此进入新的阶段。

2002 年，学校更名为陕西科技大学。2003 年，成为博士学位授予单位。随着办学规模的逐年扩大，咸阳校区办学设施超负荷运转，办学条件的局限也日益凸显。基础条件滞后成为制约学校进一步发展的"瓶颈"。

高等教育扩招以后，为了打破学校办学硬件条件的"瓶颈问题"，全校师生不等不靠不要，2000 年 7 月，学校党委决定在西安市北郊建设新校区。2004 年 6 月 15 日，新校区建设全面启动，学校克服资金短缺、征地拆迁、工程建设时间紧、任务重等一系列难题，最多时举债达 8.9 亿元，在西安建设新校区，进行第二次搬迁，开始了第三次艰苦创业。2005 年 10 月，5000 余名新生先期入住新校区。2006 年底，西安校区主体工程竣工，学校完成主体东移，一座现代化的高校校园基本建成。

陕科大始终坚持立足陕西、面向西北、服务全国的理念，为陕西乃至西部建设发展输送了大量专业人才，在推动陕西乃至西部经济社会发展上，做出了很大贡献。

1987 年"提高汉口路山羊皮革质量的研究"成果获国家科学技术进步一等奖，图为获奖者合影留念

1978 年，陕西科技大学两项科研成果获全国科学大会奖：

1. 黄牛面革酶脱毛

2. 制革用酶制剂新菌种 -166 蛋白酶的筛选与应用

　　2017 年，国家"万人计划"教学名师、陕西省教学名师张美云教授（中）领衔的"高性能纤维纸基功能材料教师团队"荣获"全国高校黄大年式教师团队"称号

马建中教授及其获国家科学技术奖励的科研团队

在北京办学时，学校每年在陕招生数是个位数；西迁到陕西以后，更名为西北轻工业学院，服务面向由全国转为西部，在西部招生比重逐渐增大。划转陕西以后，每年在陕招生比例占到绝大多数。从 2005 年到 2019 年，学校在西部招生 50174 人，占招生总数的 70%。其中，在陕西省招生 46208 人，占比为 64%。2000 — 2019 年，学校本、硕、博毕业生在西部实现就业 26251 人，占毕业生总数的 32%。其中，在陕西省就业 22571 人，占比为 28%。研究生在西部就业 2696 人，占毕业生总数的 40%，在陕西省就业 2381 人，占毕业生总数的 36%。

学校已从草创之初的 4 个教学系发展为现在的 15 个学院（部），形成工学、理学、管理学、文学、经济学、法学、医学、艺术学、教育学等 9 大学科门类和完整的本、硕、博学历教育体系，走出了一条以工学为主、轻工特色鲜明、多学科协调的发展之路。现有博士后科研流动站 3 个，博士学位授权一级学科 4 个、二级学科 19 个，硕士学位授权一级学科 19 个、二级学科 87 个，形成工学、理学、管理学、文学等 9 大学科门类的 59 个本科专业。有陕西省"国

2018 年 6 月，我校再次荣获"陕西高等学校先进校级党委"荣誉称号

内一流大学建设高校"建设学科1个，省级优势学科6个，国家级和省部级重点实验室、重点研究基地、工程技术研究中心33个，省级协同创新中心1个，省哲学社会科学特色建设学科1个，省级研究生联合培养示范工作站6个，校级院士工作室6个。

学校始终坚持党对学校事业的全面领导，以学科建设为龙头，以教育教学工作为中心，以党的建设为保障，不断优化学科专业结构，积极推进人才强校战略，进一步加大对标志性成果的奖励力度，各项事业发展势头强劲。学校先后荣获国家级教学成果奖3项、国家技术发明二等奖1项、国家科技进步二等奖2项、何梁何利基金"科学与技术创新奖"1项等百余项省部级以上科研奖励。据ESI公布的数据，学校现有材料科学（2017年1月进入）、化学（2019年9月进入）2个学科位列ESI全球排名前1%，迈入国际一流学科行列。学校成为国家"中西部高校基础能力建设工程"建设高校，陕西省重点建设的"国内一流大学建设高校"，陕西省人民政府与中国轻工业联合会、中国轻工集团公司共同建设的重点高校，入选教育部"卓越工程师计划"试点高校。在5年一次的全省"五一"评选表彰活动中，学校成为唯一一所在2012年、2017年两次被陕西省人民政府授予"陕西省先进集体"荣誉称号的高校。学校于2014年、2018年两次被陕西省委教育工委授予"陕西高等学校先进基层党委""陕西高等学校先进校级党委"称号；连续三年在省属高校年度考核中被评为优秀等次。

作为西迁群体中的一员，学校62年的办学历程，有50年都是在祖国西部艰苦办学，为服务地方经济发展、解决中西部教育发展不平衡做出了不可磨灭的贡献。学校的"三创两迁"精神，与"西迁精神"一脉相承，是陕科大人团结奋斗最鲜明的精神坐标。西迁陕西初期的教职工，将青春和热血献给了这块黄土地，很多人现在已经长眠在为之奋斗、拼搏过的黄土地上。在长期的办学实践中，学校坚持以培养科技创新能力、积极为经济社会发展服务为导向，探索形成了"注重实践、创新教育"的人才培养模式，以"专业基础厚实、工程训练扎实、思想作风朴实"的"三实"作风为特色，培养出

图书馆

各层次毕业生，深受社会认可。师生员工也在"至诚至博"的校训的感召下，以"至诚"致"至博"，以"至博"求"至诚"。师生身上所表现出的诚实有德、博学有才的精神风貌，与党和国家关于德才兼备的人才培养要求一脉相承，成为陕科大人扎根西部、服务社会的自觉追求。

第七章

西安工程大学

西迁历史概况（1937—1978 年）

国立西北工学院纺织工程系（现西安工程大学）是我国教育历史上最早培养纺织专门技术人才的大学系科，至今已具有百余年的办学历史。从创建之日起就一直延续下来，几经艰辛和曲折，整个办学过程贯穿了"实业报国，负重奋进"办学传统，彰显西迁"教育强国""教育救国"的办学精神。

1912 年 7 月，由京师高等实业学堂（前身是京师大学堂）更名的北京高等工业专门学校筹设了机织科。后随校更名，机织科先后隶属于北京工业大学、京师大学工科、国立北平第一工学院、北平大学工学院。机织科是我国第一个高等纺织教育系科，它的创办"开纺织改良之先声"。

1929 年 8 月，机织科改为北平大学工学院机织工程系。著名的纺织教育专家罗厅余教授、张汉文教授、李充国教授相继担任机织工程系主任，以期

北平大学工学院教学楼

造就实用人才，为国家振兴百业助力。

1937 年 7 月 7 日，抗日战争爆发。8 月，南京国民政府教育部制订《设立临时大学计划纲要草案》，创办若干所临时大学。9 月 10 日，国民政府教育部发布 16696 号令，决定由京津三校（北平大学、北平师范大学、北洋工学院）筹设西安临时大学筹备委员会，实施中国高等教育大西迁计划。明确西安临时大学不设校长，以常委会代行校长职务，徐诵明（北平大学校长）、李蒸（北平师范大学校长）、李书田（北洋工学院院长）、陈剑翛（教育部特派员）等 4 人为常务委员。李书田兼任工学院院长，张汉文担任机织工程系主任。

11 月 15 日，西安临时大学举办开学典礼，正式开始上课。全校 6 大学院共 23 系，学生 1472 人，各科教授共计 105 名，分散在西安城内三院进行教学。工学院 6 个系在今西北大学太白校区。因为缺少必要的教学设备，经费也极端困难，学校没有图书馆，更没有体育场，处于一种战时流亡教育状态。

1938 年 3 月 16 日，由于战事所迫，奉国民党西安行营主任蒋光鼐之命，西安临时大学继续内迁。先是坐"闷罐"火车从西安到宝鸡，然后沿川陕公路，"过渭河、越秦岭、渡柴关、涉凤县"，经过一个多月的长途跋涉，走了千里的路程，终于抵达目的地——陕西汉中。

4 月 3 日，国民政府根据行政院第 350 次会议通过《平津沪战区专科以上学校整理方案》，教育部发布了第二道电令：将西安临时大学改名为国立西北联合大学。

4 月 10 日，校委员会决定，将全校分置于汉中三县六处。三县即城固、南郑、勉县。其中，工学院设在城固古路坝天主教堂（后又在七星寺设分校）。

5 月 2 日，国立西北联合大学在城固校本部大礼堂举行了开学典礼。西北联大仍按西安临大旧制，不设校长，校内一切事务由校常务委员会议决定。以西安临时大学筹备委员会为新的校务委员会，常委依然是徐诵明、李蒸、李书田、陈剑翛。后因陈剑翛请辞，教育部派胡庶华接任常委，同年 10 月，又派张北海任校务委员。仍设文理、法商、教育、工、农、医等 6 个学院，23 个系。共有教授 106 名，学生 1472 人（含借读生 151 人），以工学院、

文理学院、法商学院学生居多。

7月开始，机织工程系随北平大学工学院与北洋工学院、私立焦作工学院和东北大学工学院联合组合成国立西北工学院。随后，国立西北联合大学分置为国立西北大学、国立西北师范学院、国立西北工学院、国立西北医学院、国立西北农学院。至此，西北联大走完了光辉的历程，抗战时期高等教育界一颗璀璨的明星渐渐陨落。

9月，国立西北工学院机织工程系正式更名为纺织工程系。从1937年至1946年的10年间，纺织工程系始终坚守在城固古路坝艰苦办学。而古路坝文化是抗战时期中国高等教育大西迁计划的一大亮点，同时与华西坝、沙坪坝成为抗战时期全国著名的文化三大坝，为抗日战争的胜利和新中国的建设培养了大批的急需人才，做出重要的贡献。

1946年，抗战结束，国立西北工学院迁址咸阳。由于教育经费严重不足，纺织工程系的发展受到严峻考验。广大师生员工发扬西迁的办学精神，克服困难，改善条件，稳定教学秩序，赢得了发展的空间。

西北工学院全景（咸阳）

1952年，山西大学纺织系（原铭贤学院纺织系）并入西北工学院纺织工程系，师资和学生规模都得到了扩充。

1956年，国家高教部和纺织工业部同意在陕西省纺织工业局设立西北纺织大学筹建处，后由于国家经济形势发生变化，建校计划未能实现。

1957年，全国院校调整，纺织工程系并入西安交通大学，从咸阳迁至西安，师资力量也得到了加强。

1960年，陕西工业大学成立，纺织工程系是其重要的组成部分。

十年"文革"，教育事业受到严重冲击，纺织工程系在逆境中求发展。

1972年，陕西工业大学被迫解散，纺织工程系由西北轻工业学院管辖，但系址仍在西安，没有变动。规模由最初的十几名学生，发展到300余人。同年，恢复招生，招收棉纺、机织两个专业工农兵学员60名。

1978年，纺织工程系经教育部批准，成立西北纺织工学院。学校伴随改革开放的步伐，主动适应国家经济建设需要，翻开了崭新的一页。

西北纺织工学院首届开学典礼

西北纺织工学院庆祝建校二十周年活动

2001年，学校更名为西安工程科技学院，实现了由单科性学校向多科性学校的转变。

2006年2月，经教育部批准更名为西安工程大学。学校始终保持纺织服装优势和特色，得到长足发展，成为我国西部一所

2006年，学校更名为"西安工程大学"

以工学为主、文理支撑、多科性协调发展的特色鲜明的高等学校。

学校荣获 2018 年国家级教学成果二等奖

"多异多重复合化纤长丝织物理论研究及其应用"获 2001 年国家科技进步一等奖

西迁后的办学实践与发展历程

在西迁后，纺织工程系在办学实践中，逐步形成了富有特色的工程教育体系，成为当时"大后方"国立大学中唯有的纺织专业的系科，是我国培养高级纺织工程技术人员的最大的摇篮。

较为完整的学科体系

在北平大学时期，机织工程系即改两年学制为四年本科，实行美国式"学年学分制"，修业期满授予"工学士"学位。同时将纺织（包括毛纺、棉纺），分成毛纺学、棉纺学两个独立的体系。新中国成立后，纺织工程系发展到毛纺、棉纺、机织、针织等 4 个专业，同时从专业布局上改变了早期专业侧重于毛纺织、漂染整理等方面的局面，逐渐形成并巩固了棉毛并重、以毛为所长的专业特色。这种学科体制的改革，为今后的发展打下深厚的基础，也突出了自身专业特色和优势。

西迁典范——完善的课程体系

在国立西北联合大学至国立西北工学院时期，机织（纺织）工程系集合各校精粹和治学经验，统一制定管理制度，成为抗日战争时期大后方培养高级工程技术人才的摇篮。在课程体系的设置上日趋完善，主要体现在以下几个方面。

注重基础。一年级起，首先学习各基础课。将几十门课程进行重新分布和调整，不但保留数学、物理课每周4学时和实验课每周3学时不变，对数、理、化，乃至英文、语文等课程，在学分规定上也都有所侧重。同时，基础课和专业课按一定比例同时进行，还设置了应用力学、材料力学、有机化学、机动学等课程。

通识教育。将国文、英文作为全校一年级共同必修课和必开课程。开设"伦理学"等课程。选用俄文教程开设社会科学方法论、政治经济学、苏联政治等课程，后来增加了政治课作为公共必修课。还制定与抗战有关的课程，如军事、救护、技术等课外训练。此外，每个星期还邀请各界知名人士，给学生作抗日内容的报告，并领导"西北联大剧团""文艺学习社"等学生团体进行抗战文艺演出，组织学生举行国民抗敌公约宣誓和林则徐虎门销烟百年纪念集会，激发学生爱国热情。许多青年学生投笔从戎，奔赴抗日第一线。

重视实践。二年级开始完全是专业课程，毛纺、意匠等课程基本上是四年不断线。一年级实习和实修每周9学时，二年级每周高达25学时，占每周总课时的50%还要多；三年级每周实修21小时，占总课时的66%；四年级实修19小时，占总课时近70%。规定每学一门专业课后，必须在学校实习工厂里，亲自动手做一遍。正因如此，学生毕业后进入纺织工厂，很快就适应了工作要求，受到厂家的欢迎。这种注意基础、加强实践的做法，在今天仍然是值得借鉴的。

教材实用。专业课程面广繁多，课程分类更为细致。因此专业教材基本上采用了自编讲义，内容及时更新，与时代要求紧密结合。当时编写的讲义就有数十种，且都是全新的课程。基础课教材则采用国外版本，数、理、化三门课的教材全是英文版本。老师讲课用英语，讲义是英文，作业题都是英文。用自编讲义讲授专业课，改变了长期以来一直采用英、美外文教本的状况，

使学生易学实用。这在当时来讲不能不说是一种革新，一种进步。

雄厚的师资力量

抗战时期，教师工资按"薪俸七折"发放，加之通货膨胀，生活极其艰辛。在纺织工程系教师中，有许多纺织界的老前辈，他们在国家危难之时，舍弃国外优越的生活条件毅然回国，来到纺织工程系任教，带回来了先进的教育理念、教育方法和教育手段，并将先进的科学知识、生产方式和工艺技能传授给学生，对纺织工程系的发展起到了重要作用。

张汉文教授是从法国学成归国的毛纺织专家。自 1934 年起，他一直担任北平大学、西安临时大学、西北联合大学纺织工程系主任、教授，他为开创我国毛纺织工业、培养纺织工程技术人才，耗尽毕生心血，做出了重大贡献。

张朵山教授从美国罗威尔纺织学院毕业，先后任东北大学工学院纺织系主任、北平大学工学院纺织系教授。他不仅能教授纺织专业课程，而且能很好地讲授英文、物理、应用力学、机动学等基础理论课，有"万能教授"之称。

任尚武教授是从美国回国的棉纺织专家。他讲授"纺纱学""机织学""工厂设计"等课程，理论结合实际，很受学生欢迎。

麻沃畬教授是毕业于英国利兹大学制染科的染整学专家。郭鸿文教授是北平工学院机织科第一期毕业生，专讲纺织概论、织纹组合、织物分析等课程。崔玉田（昆圃）先生原是平工纺织系实习工厂主任，专授毛纺染整课程。吴文烺教授讲授纺纱学、纺纱概论、工厂会计、工厂管理等课程。孙铎教授在机织系毕业后留学英国，曾在该系担任讲师。傅道伸先生先后留学法、英、美等国，一直从事纺织技术和工厂管理工作，1948 年在纺织工程系极其困难的情况下，挑起了系主任的重担。

教师中还有起到承前启后重要作用的著名棉纺织专家李有山教授、毛纺织专家王文光教授、机织和服装专家李辛凯教授、染整专家兰锦华教授、毛纺专家仝世英教授、染整专家陆志远教授等。

从抗战时期到新中国成立，纺织工程系学生的大多数课程均由教授承担。正是得益于这支精良的教师队伍，他们造诣深厚、潜心治学，言传身教，无私奉献，对于保证教育教学质量，起到积极作用。

严格的管理体制

"严谨治学、严格管理"，是纺织工程系保持的风格和特点。在办学过程中逐步形成了"严进、严管、严出"的"三严"管理制度。

"严进"即招生入学严。抗日战争急需大批纺织工程技术人员。许多学生纷纷报考该系，还有同学改变原有专业志向，转到该系。为此，对附设大学先修班的保送生，择优录取；其他考生必须经国家大学统一考试，低于规定分数者，一律不予录取。"报考 1000 多人，只招 100 人，还坚持这样"，宁缺毋滥。

凡在该系任教的教师（教授也不例外），均须经过统一考试，按照真才实学重新定级。

"严管"即对学业要求严。对学生的请假、旷课都有详细记载，超过学校规定时间者照章办理，或者留级，或者休学。学生缺课达到一定时数，一律不得参加学业考试。

另外，考试制度严。学校考试分临时考试、学期考试和毕业考试，平时考试繁多。监考非常严格，戒备森严，考场纪律有专门规定。据毕业生回忆："学校要求非常严格。每年都有一半学生留级或补考，同学们学习非常用功刻苦"，"近似于古代头悬梁、锥刺股用功的劲头"。

"严出"指学生毕业严。学生的毕业成绩以毕业考试成绩及各学年总成绩合并核算。选修课不及格，可补考，其成绩按 80% 计算；必修课不及格，不得补考，须重修。两门功课未及格，补考仍不及格者，必须留级；三门不及格，即予以退学。一般两年预科就会淘汰一半学生，能通过一、二年级考试的学生更是幸运儿。虽然工学院每年招收的新生有一百多人，但能通过考试关口，达到最后毕业水平的并不多。

这样的严谨治学、严格管理，为当时国内同行所瞩目。正因为有严格的管理体系，逐渐被学生接受和认可，转变为自觉学习的动力，才得以形成孜孜好学的风气。

科技成果综合现状

现在，西安工程大学科研活动聚焦优势学科和特色专业，面向科技前沿、面向经济主战场、面向国家与社会重大需求，整合科技资源，凝聚学科方向，着力开展关键技术和核心领域的研究突破，在纺织材料、加工工艺、生态纺织及清洁化生产、智能化纺机装备、输变电设备监测、服装设计智能化、互联网+电子商务、时尚创意设计、商业管理等领域涌现出大批标志性科研成果，形成了稳定的研究方向、项目特色和优势领域。

2017 年，西安工程大学作为重要完成单位之一与浙江理工大学共同完成的"工业排放烟气用聚四氟乙烯基过滤材料关键技术及产业化"成果荣获当年国家科技进步二等奖。与传统技术比较，该新型材料大大提高了对工业排放烟气的过滤精度和强度，对提高我国大气污染防治的科技支撑能力、满足环保领域国家重大战略需求，具有重要意义。

2019 年，李鹏飞教授团队主持的"新型多功能圆网印花机及其产业化"项目荣获陕西省科技进步一等奖，该成果所开发的圆网连续大花回印花技术实现了印花行业的颠覆性技术突破，使得圆网印花机像平网印花机一样，可印制连续可变大花回图案，极大地提高了生产效率，属国际首创，具有高速、高精度的特点，且节能降耗减排效果明显。项目在民用市场与军需生产企业大量应用，满足了国民经济发展及部队战备需求，为军民融合做出了贡献。产品出口至"一带一路"沿线国家，为我国"一带一路"倡议的实施做出了贡献，同时彰显了中国高端纺机装备制造的实力和水平，为中国制造、陕西制造树立了新形象。

同年，刘凯旋教授团队的成果"3D Interactive Garment Pattern-making Technology（三维交互式服装结构设计技术）"荣获陕西省第十四届哲学社会科学优秀成果奖，这也是西安工程大学首次获得陕西省哲学社会科学优秀成果一等奖。

　　除此之外，西安工程大学在降低大型建筑空调能耗的基础理论、关键技术及产业化应用，棉纺织品微悬浮体染色新技术的研发及应用，集成纺丝毛蝉翼纱超薄精纺面料关键技术研究与应用，半糊化节能环保上浆及浆料制造新技术，节能低碳型蒸发冷却空调系统关键技术及在轻纺等领域应用，输电线路运行工况在线监测与故障诊断及系列产品开发，高压大功率 IGBT 模块的研制及产业化，数据驱动的棉纺质量智能控制技术及其产业化等方面完成了关键技术的突破，形成了大量高水平、标志性的科研成果。新冠疫情期间，西安工程大学科研人员参与研发的一款中药复方抗病毒口罩上市，为复工复产的广大工作者和重返校园的学子们提供了可靠防护。

　　近年来，学校承担省部级教育教学研究项目 103 项；获得省部级教学成果奖 136 项，其中国家级教学成果二等奖 1 项；出版教材 770 余部，获得省部级优秀教材 32 部；承担国家攻关项目、自然科学及社会科学基金项目、创新项目 106 项，省部级科研项目 518 项；获国家科技进步奖一等奖 2 项、二等奖 3 项、三等奖 5 项，获得省部级科学技术奖 196 项，学术论文被 SCI、EI、ISTP 收录 2400 余篇。

"西迁精神"的弘扬与传承

少年向西 满怀深情——名誉校长姚穆院士的西迁故事

　　姚穆，1930 年 5 月 13 日出生于江苏省南通市唐闸镇，从小经历动荡不安、居无定所的生活。抗战的烽火和流离失所的日子，给少年的姚穆留下了终生难以忘怀的记忆。

　　"我们的国家要强大起来才能保护自己。"身为小学教员的母亲的话，像一根钉子钉进了姚穆的心里，以至 80 多年后的今天，姚穆讲述起来，

母亲说话的样子依然像发生在昨日般清晰。在抗战烽烟里，在对日本侵略者的仇恨中，姚穆在母亲指导下自学完成了小学课程，但在战乱环境中身无分文的姚穆渴望读中学的希望却渺茫如烟。后来，因为祖父曾为家乡南通一家企业安装过设备，这家企业的厂校愿意为姚穆提供上中学的机会，并愿意免去学费和住宿费……面对山河破碎的祖国，面对社会伸出的助学之手，一颗感恩社会、报效国家的种子在少年姚穆的心中滋长。

抗战胜利后，原来战时临时组合的西安联合大学解散，教师们纷纷回到北京、上海等原来工作的地方，西安的高等教育师资出现了暂时短缺。新中国成立后，中共中央西北局到江苏动员教师们支持祖国西北的教育事业，当时南通学院的李有山等教师毅然辞掉家乡的工作，准备前往大西北。临行前，他们动员自己的学生也一起参加祖国西北的建设。

1948年，姚穆考取了南通学院纺织科纺织工程系。1950年8月升三年级时，在纺织科学界老前辈李有山教授的动员下，他和刘介诚、王鼎泓等五位同学转学至当时设在陕西咸阳的西北工学院纺织工程系（西安工程大学的前身）。在家人殷切的目光中，在老师"要为祖国服务，要为三线建设服务"的教导中，他和老师、同学踏上了西进的列车，一路高歌，来到了当时的西北工学院。

"热爱国家，回报社会，我的祖父母、父母，我的老师是我人生最亮的灯塔。"回想当年，姚穆院士饱含深情地说。

1952年，新中国成立初期，百废待兴。正逢我国第一个自己设计、自己建造的西北国棉一厂建厂，毕业实习中的姚穆一面实习，一面和工人们一起调试机器，还在工作之余发愤攻读。短短几年内，他自学了几十门基础课和专业基础课，熟练地掌握了英语和俄语，日语和德语也能顺利阅读。

留校工作后，因为西北工学院纺织工程系师资缺乏，姚穆一个人承担了棉纺织厂设计、空气调节工程、纺织材料学、棉纺学（精梳工程部分）、纤维材料实验和纺纱实验等六门课的教学任务，同时还兼任学校实习工厂负责人。没有现成的教材，他们就自己编写，油印发给学生。英国利兹大学设计学院纺织系高级讲师毛宁涛，家里至今还珍藏着20世纪50年代姚穆编著的一本油印的

《毛纤维材料学》讲义，毛宁涛说："这本讲义现在翻看，都是很经典的。它涉及的领域特别宽，弥补了我在英国研究时没有通用教材的缺憾。"

听过他的课的人无一不被他激情四射、饱含哲理的授课风格感染。"一天半夜，我仿佛听到姚老师在大声说着什么，以为是需要什么东西，起床细听，原来是姚老师在梦中正在讲课……"负责照顾姚穆的段红对记者说："我的眼睛瞬间湿润了，近90岁的姚老师可是做完手术没多久，正在家休养呢。"

1978年，"科学的春天"来了，西北纺织工学院也在纺织工程系的基础上发展成立。姚穆重新走进了他熟悉的校园和实验室，他从心里感到了一种从未有过的喜悦和轻松。他以无限的热忱和毅力，只争朝夕，踏浪前行，全身心地投入教学科研中，为国家的纺织事业贡献力量。

1980年，姚穆加入中国共产党；1982年晋升为教授；1983—1987年担任西北纺织工学院院长；1986年被评为全国教育系统劳动模范，国家人事部授予他"中青年有突出贡献专家"称号，陕西省人民政府授予他"科技精英"称号；1987年被评为陕西省劳动模范；1989年又荣获"全国纺织工业劳动模范"称号；1991年任博士生导师，同年获政府特殊津贴；2001年当选为中国工程院院士。2021年，武汉纺织大学校长徐卫林教授当选为中国工程院院士，他在读硕士和博士学位期间的指导教师都是姚穆教授。

虽已年近半百，但是凭着那股子深钻的劲头，几十年来，姚穆在服装舒适性、"军港呢"、"非典服"、纺织原料和产品测试评价、产业用纺织品创新中均取得了瞩目的成就。

开创服装舒适性研究

姚穆是我国服装舒适性研究领域的开创者。在此类研究零基础的背景下，姚穆团队与国内医科大学联合，制作了人体各部位皮肤切片300余万张，仔细分析人体各部位皮肤结构的区别及在压力、温度、湿度、刺痛、摩擦等作用下感觉神经元的种类和它们的复合作用。为了全面反映与服装舒适性相关的参数，姚穆进一步和他的研究生用自己的身体做实验，建立起了织物物理参数与暖体假人参数之间的联系。进入21世纪，姚穆在人体着装舒适性方面的研究成果，至今仍然是我国极地服、宇航服和作战服等特种功能服装面料设计与暖体假人设计等方面的理论基础。

在完成服装穿着舒适性研究定量测试的同时，姚穆还组织研制了一批测试仪器，建立了一系列测试方法。这些测试仪器有：织物透水量仪、多自由度变角织物光泽仪、织物微气候仪、织物表面接触温度升降快速响应仪与织物红外透射反射测试装置等。在这些仪器研制的基础上，陕西省重点实验室——功能服装面料实验室在西北纺织工学院诞生。

驻港部队穿上"军港纶"

香港回归前夕，中国人民解放军总后勤部军需装备研究所特聘请姚穆为军需科技发展的顾问，并交给他负责研究设计新一代军服系列面料的任务。姚穆在总结以往成果的基础上，通过研究，终于协助并参与研发了新型长丝织物——军港纶。香港回归那天，我国驻港部队穿着挺括舒适的军服，展现出中国军人的威武英姿。"军港纶"研究荣获国家科技进步一等奖。

在"军港纶"研制的过程中，姚穆努力做"团结集体中的独立分子"。新一代军服要求面料挺括透气，易洗快干，不易褪色。服装缝制要求纽扣两年内不掉落、不能有任何开缝。怎样达到这些要求？拿来主义是不行的，只能从原理入手，研制新的面料。新研制的化纤长丝反光柔和，无极光，可导汗、透湿、快干。芯部纤维的截面为圆、椭圆、多角等形状，可保证纱线有必要的刚度和抗疲劳性。这种结构的化纤长丝无法用传统纺丝工艺生产，为此他又设计了纺丝新工艺，由此才生产出"军港纶"。2001年，"多异多重复合化纤长丝织物理论研究及其应用"荣获国家科技进步一等奖。

面料问题解决了，如何确保军服从原料选择、纺纱到服装制作、穿着使用全过程的质量？如何保证每一个细节都不出错？在一年多的日日夜夜里，姚穆和他的攻关小组24小时轮流值守，没有睡过一个安稳觉。他们先后动员了40多个工厂企业，从面料的研发到服装的完成，把所有的技术变成了一个完整的系统工程，经纺、织、染、整等工序，加工出了分别适合于夏季、春秋季和冬季穿着的军服面料及配套的里料、衬料、辅料等，还设计出了包括成衣加工在内的整套加工工艺系统，保证了军需任务高质量如期完工。

突击研制"非典"防护服

2003 年，"非典"病毒肆虐，被感染人群中有 1/3 是医护人员。为了防止 SARS 病毒的侵入，在一线工作的医护人员不得不穿着不透气的防毒服工作，6 个小时下来，裤管里能出 3 公斤左右的汗水。为了研制出能够隔绝病毒的材料，姚穆与军需装备研究所的专家们加班加点，设计方案，突击试验，只用了三周时间，就研制出了医用防护服，并很快通过了国家鉴定。他们将研制成功的新型医用防护服送到了"非典"防治一线的小汤山医院、301 医院和 304 医院使用，并赠送给陕西医护人员 80 余套。

制定中国测试标准

为了对纺织原料和产品的评价更加科学化和客观化，多年来，姚穆努力在这一领域耕耘。他研制了几十种测试仪和测试标准，许多仪器和测试方法现已在国内得到广泛使用。"九五"期间，姚穆在国家重点科技攻关项目中主持了"棉花质量公证检验测试系统"项目的研究，攻克了原棉短绒率测试等技术难题；主持研制出我国第一台直接测试棉花黏性的仪器，有效地解决了棉纺织厂的配料和产品质量控制难题；多次主持起草了有关纺织纤维、纺织品等国家标准、军队标准和部颁标准。1984 年，受纺织工业部、国家技术监督局的委托，在姚穆的指导下，北京和上海先后建立了两个最高纺织仪器计量测试系统；他参加研制的 YG132 型信号发生器标准规范，已成为我国纺织专用仪器计量校准的基准。

陕西长岭纺电公司是全国乃至亚洲最大的纺织电子产品研制生产基地。企业总工程师吕志华说，在他们企业从 20 世纪 80 年代第一代国产条干均匀度仪研制，到如今多项系列产品的研制生产过程中，姚穆不知疲倦地往返两地，从任务论证、方案评审、样机研制、考核验证到设计定型，全程参与，解决了数不清的具体问题。最近几年，企业遇到难题，考虑到姚穆的年纪，实在不忍心再让他奔波，但一旦姚穆知道了，很快自己就跑来了，也不用企业接，直接就跑到实验室，一头扎进问题里，经常工作到深夜，再就近找一家宾馆

住宿。吕志华说，姚穆不迷信国外看似已经成熟的仪器和方法，而是从原理入手，仔细推敲和验证，指导研发出更实用、更精准的测试仪器，为企业成为亚洲最大的纺织电子产品研制基地做出了巨大贡献。

大力推进产业用纺织品研发

近些年，产业用纺织品在姚穆的口中是一个高频词。他分析了全球半个世纪以来纺织业的发展和未来趋势，身体力行地为产业用纺织品的发展摇旗呐喊。他说："纺织产业生产的高性能纤维及其复合材料是发展航空、航天和国防工业迫切需要的战略性材料，是发展大飞机、导弹、航天器、军事装甲、士兵防护、风能发电、海上采油、汽车轻量化和治理大气污染等方面的重要材料，也是西方发达国家对我国实施严格保密、控制和禁运的重点技术领域。我们必须加快发展。"

2009 年，作为陕西省决策咨询委员会委员，姚穆上书陕西省有关部门，提出了"重视产业用纺织品研发，迎接国际增长形势，转变单纯初加工结构模式，提升我省纺织产业水平"的建议。

2015 年，陕西省产业用纺织品工程技术研究中心在西安工程大学成立。

姚穆异常勤勉、认真，每年他都有繁重的科研任务，还有各种社会兼职，经常出差外地。列车铺位、机舱、船舱，无一例外都是他学习或构思的场所。日常生活中的每一点碎片时间，他都用来读书、看资料、记笔记。他常常不顾旅途劳顿，走下车、船、飞机就直奔工作场所或课堂。飞机延误，即使凌晨才飞回西安，他也会一大早就跑到实验室指导学生实验，解决学生提出的并不那么紧要的问题。

这样一种执着追求学术严谨、完全忘我的精神激励着几代教育人、纺织人为国家的事业艰苦奋斗。姚穆的弟子遍布天下，在他们每一个人身上，都能清晰地看到姚穆的影子——朴实、谦卑、严谨，有韧性、有情怀，认认真真做事、踏踏实实做人。

姚穆是罕有的纺织全产业链专家，精通产业链的各个环节，能将每一个环节都学深悟透。研究棉毛等天然纺织材料，他就成了农牧、畜牧专家；研究纺织机械，他又是机械制造、自动化专家；研究中国古代纺织材料或技术水平，他能学出一个文物专家；研究产业用纺织品，他又成了航天材料专家、国家战略专家；在大家的眼中，他还是化学家、光学专家、生理学家……对科学，他有一种执着的"打破砂锅问到底"的精神。他不给工作设界，不给年龄设界，也不给学术设界。

自从献身国家的纺织事业，姚穆的工作就一直处于高度饱和状态。在他的时间表里，从没有节假日。对学术的"讲究"，与对生活的"不讲究"，在姚穆身上形成了极大的反差。对学术，他从不让步。记在哪怕是一张小纸片上的笔记，他都写得工工整整；修改学生论文，"此处空半格"的批语，让学生铭记一生；要发表的论文定稿后，要等几个月的冷静沉淀过后，再重新检验修改，然后才去投稿。他一生从事纺织材料研究，但他从不讲究吃穿，衣着却永远是人群中最朴素的一个，灰蓝外套、解放布鞋，是他的穿衣"标配"；出差在外，可以住最便宜的旅馆，从来不提要求、不讲身份、不端架子，是他的一贯风格；出差自带干粮，方便面是他在办公室、实验室的日常食谱。他几乎忽略了自己在物质生活领域的需求，从不会把心放在自己身上。在朴素谦逊方面，他是一个"传奇"。

姚穆身上，体现了一种为国奋斗终身的西迁精神，他激励着几代教育人、纺织人为国家的事业艰苦奋斗，并坚定着大家在中国改革开放的浪潮中创出一番事业的激情。在他清瘦的身躯里，饱含着一位耄耋老人对纺织的深情、对教育的深情、对祖国的深情。

对科技工作者的激励政策和机制

为了进一步扩大科研人员自主权，调动教师从事科技活动的积极性，进一步规范学校科研经费管理，贯彻落实《国务院关于优化科研管理提升科研绩效若干措施的通知》《关于扩大高校和科研院所科研相关自主的若干意见》《关于提升高等学校专利质量促进转化运用的若干意见》《关于破除科技评价中"唯论文"不良导向的若干措施（试行）》等中省政策及陕九条、陕教十条文件要求，推动科技领域放管服政策落地见效，经过半年多的反复论证、多次修改，科技处制定了《西安工程大学科研经费管理办法（2020 版）》和《西安工程大学标志性科研成果奖励办法》。两个文件的出台，进一步激发师生的创新动力和创新活力，切实提高学校科研管理水平，促进学校科研事业朝着科学化不断发展。

同时，根据《关于鼓励科研项目开发科研助理岗位吸纳高校毕业生就业的通知》和《教育部办公厅关于高等学校进一步做好开发科研助理岗位吸纳毕业生就业工作的通知》以及陕西省教育厅《关于高等学校进一步做好开发科研助理岗位吸纳毕业生就业专项工作的通知》要求，科技处结合学校实际制定了学校《设置科研助理岗位吸纳毕业生就业管理办法（试行）》，充分发挥了学校在科技工作人才培养方面的积极作用。

（撰稿人：高建会、梁维国、许今燕、席天良）

第八章

西北机电工程研究所
（中国兵器工业集团第二○二研究所）

追忆峥嵘历程，坚守"西迁"初心

中国兵器工业集团第二〇二研究所，于 1957 年创建于北京，1966 年迁往包头，1969 年迁建于咸阳，是我国唯一的某行业技术总体所。60 多年来，以首任所长吴运铎同志为代表的二〇二所兵工人，积极响应党中央号召，以发展我国某行业技术、"迎头赶上"世界先进水平为己任，紧跟"把一切献给党"的精神指引，艰苦奋斗、勇于创新，使二〇二所不断发展壮大，研发水平和总体地位稳步提升，实现了我国某行业技术与装备的跨越式发展。

回顾二〇二所 60 多年的发展历程，大致可分为三个阶段。

调整——建设同步推进阶段

1957 年建所至 20 世纪 70 年代末，老前辈们肩负起建设新中国的使命，初步建成了专业设置较为齐全的综合性研究所。但这个发展阶段充满了艰辛和曲折，特别是 20 世纪 60 年代，根据国家有关部委的决定，经历了两次专业大调整和三次大搬迁。

建所之初，二〇二所的基本任务和方向是某领域各种装备的研究设计与试验。为加强常规装备研究设计工作，使其紧密结合生产，1964 年下半年开始了建所以来的第一次专业大调整，使原本已初具规模的研究所专业领域大幅缩减。1966 年 3 月，根据上级决定，二〇二所积极响应加强三线建设的号召，连同沈阳炮兵学院转来的 50 余人，共计 373 名干部，分批次由北京迁至包头。1968 年进行了第二次专业调整，专业领域再次缩小，大量科技人员被调整到其他行业，仅剩某专业。1969 年 12 月，由 393 人组成的科研技术力量从包头迁到咸阳，并争取到西藏民族学院部分校舍作为新址使用和建设。1972 年，根据中央精神，上级决定二〇二所迁出西藏民族学院校舍，在陕西省政府、咸阳市政府的大力支持下，在西藏民族学院征而未用的西北角土地上划出 95 亩作为建所新址。此次搬迁虽不是地区性的，但建设时间最长，在接下来的5年多时间里，二〇二所一边搞科研，一边搞基本建设。直到1979年初，全所从西藏民族学院校舍搬进新址，从此走上了稳定发展的道路。

历经专业调整和所址搬迁，二〇二所科研人员流散严重，科研试验器具缺乏，科研工作受到极大影响。然而，在这样特殊的历史时期，老一辈科研人员凭着对党、国家和人民的高度责任感，从实际出发，不等不靠、走自己的路。在条件十分艰苦的情况下，急战备所急、想部队所想，坚持对装备设计理论、应用基础理论和应用基础技术的研究，完成了国家交付的重点项目研制任务，引领我国某行业技术研究从仿制苏联产品逐步走向了自行设计、自行研制阶段。

1957年6月—1966年4月北京车道沟所址科研大楼

1966年5月—1969年12月包头所址科研大楼

1970年1月—1978年12月咸阳科研大楼（原西藏民族学院）

改革开放——军民结合发展阶段

20世纪80年代至90年代末，改革开放的大潮席卷全国，军工科研机构也步入军民结合发展的阶段。为适应市场经济，谋求持续发展，二〇二所在业务方向和体制机制方面积极探索，通过开拓民品市场、兴办第三产业等一系列改革举措，初步实现了三个转变，即由某技术研究所向技术研究开发中心的转变，由单一军品型向军民结合型的转变，由单纯科研型向科研、生产、经营型的转变，开拓出一条符合发展实际情况的兴所强所之路。

1983年，成立了以二〇二所为主的某行业技术研究开发中心，以建立具有中国特色的某装备系统为目标，组织指导全行业围绕科研产品的开发进行基础研究、应用研究和产品开发研究，按照产品标准化、通用化、系列化的新要求，遵循"面向现代化、面向世界、面向未来"的重要方针，开始了一期工程建设；1989年将"某技术研究开发中心"更名为"某技术研究开发中心"，明确了二〇二所在行业中的地位，并于1992年开始了二期工程建设。

随着二期工程的实施与建成，二〇二所的设计和试验能力进一步增强，逐步具备了大型复杂型号系统集成和小批量生产的能力；军品研制开始以自行研制、引进消化吸收与创新相结合；在基础理论研究、应用技术预研和型号项目研制方面取得了丰硕成果。

转型升级——创新发展阶段

跨入 21 世纪，二〇二所迎来了新的发展机遇，步入了全面建设与快速发展时期。面对世界新军事变革和我国军事战略调整，二〇二所牢牢把握国家国防建设发展的大好机遇，提出并贯彻"以军为本、军民结合、突出主业、全面发展"的办所方针，谋划开展了"一所三区"建设，不断探索适合研究所科研事业发展的体制机制，大胆推进人事制度、分配制度改革，科研生产、经营管理硕果累累，经济规模和发展质量均实现重大突破，综合实力大幅攀升，战略地位和社会影响力显著提高。通过三期国家重点工程项目的实施，二〇二所研制出了一批性能先进的新型装备，为我军装备现代化建设做出了重要贡献。

"十二五"以来，随着国防战略调整、军队编成改革及经济发展方式由规模速度型向质量效益型转变等外部环境的变化，二〇二所提出并坚持"市场先导、创新引领、精益发展"的工作主线，立足陆军，大力拓展其他军兵种领域，积极探索转型升级之路，各项工作稳步推进，"十三五"规划有序落实，技术及装备领域进一步拓展，一批核心关键技术正在或已取得突破，装备及技术发展图像逐渐明晰，产品结构逐步优化，转型升级成效显著。

近年来，二〇二所紧抓新时代新机遇，主动调研对接各军种需求，加强顶层设计、体系策划，切实履行强军首责，推动高质量发展，科技创新及各项改革体系化推进，行业地位和影响力不断提升。

聚焦主责主业，履行强军首责

二〇二所现拥有 5 个总体技术部和 6 个专业技术部，已发展成为集机械、电子、液压、自控、测试、光学、工程力学、计算机科学、智能控制等多学科为一体的大型综合应用技术研究所。建有近 20 个高科技现代化实验室，一批具有世界先进水平的实验设备和条件配备到位，核心技术研发区的功能不断完善，现代化研发体系框架基本形成。形成了支撑装备系统设计、实验、试验、测试的综合手段和能力，多项研发条件处于国内领先或国际先进水平。

作为兵器工业某技术研发中心，二〇二所紧密跟踪世界前沿技术发展，坚持各军兵种武器装备技术创新，攻克掌握了一大批核心关键技术，创新开展新兴技术、基础技术研究，多项技术取得重大突破。

"十三五"以来，二〇二所紧跟世界军事格局新变化和我国国防建设新需求，按照体系化论证、系列化发展总体思路，明确所的发展重点，并承担了包括型号项目、预先研究、基础加强和自主开发项目等科研任务 300 余项，引领我国某领域装备实现跨越式发展。

建所 60 多年来，先后取得军民品科技成果 800 余项，获国家级科学技术奖近 30 项，省部级科学技术奖近 300 项，多项关键技术填补了国内空白或处于国际领先水平。抓总研制 5 大系列 10 余型装备批量生产并列装部队，其中 8 型装备先后参加了纪念新中国成立 50 周年、60 周年，抗日战争胜利 70 周年以及建军 90 周年大阅兵。其中两个国家级重点型号项目获国家科技进步一等奖。"SR5 型多管火箭炮武器系统"获得中国兵器工业集团公司科技进步特等奖和国防科技进步一等奖。

当前累计申请专利 1300 余项，累计获得授权近 700 项，发明专利占比 90% 以上。尤其在 2016 年开展企业知识产权管理体系建设以来，专利申请量、授权量以及质量等都取得了大幅提升，科研、生产、经营全过程知识产权管理水平及科技人员对知识产权保护意识进一步增强，有力支撑了科技成果的获得与转化。

回顾 60 多年的发展历程，是二〇二所服从国家利益、服务国家国防安全、服务国家经济发展、献身国防科技的光辉历程，是"西迁精神"不断传承、不断发展、不断弘扬的卓越历程。60 多年的发展史，是一部胸怀大局、无私奉献、弘扬传统、艰苦奋斗的创业史，是务实担当、创新开拓、攻坚克难、强军报国的奋斗史。60 多年来，一代代二〇二所兵工人为了我国装备技术发展和国防建设需要，呕心沥血、鞠躬尽瘁。他们当中，有人潜心基础理论研究数十年如一日，发扬团队精神甘当配角；有人为了攻克关键技术加班加点、通宵达旦，大江南北辗转往复，冷落了家人、缺席了陪伴；有的为了项目试验，长年累月出差在外，草原荒野、大漠戈壁、雪域高原、酷暑岛礁，处处都有他们奔波的身影……正是这样一支生生不息、能打硬仗的队伍，数十年来团结拼搏甚至流血牺牲，使二〇二所不辱使命、保军强军，使我国某行业技术与装备研发事业快速发展。

轻以待己、重以报国。"西迁"是一代骄子把美好年华留在异乡、奉献祖国的历史见证，为西部地区发展奠定了深厚扎实的科研基础，更磨砺铸造出了"胸怀大局，无私奉献，弘扬传统，艰苦奋斗"的"西迁精神"，激励着一代又一代的科研知识分子，争做国家和民族脊梁。习近平总书记指出，弘扬、传承好"西迁精神"，抓住新时代新机遇，到祖国最需要的地方建功立业，在新征程上创造属于我们这代人的历史功绩。60 多年来，二〇二所始终是西迁历史的见证者和参与者，更用兵工人独有方式弘扬和继承着"西迁精神"。

看齐"西迁"典型，做好精神传承

艰苦创业保家国，凝聚合力获硕果

——讲述二〇二所老一辈科研人员参与完成某高炮研制任务的故事

1965年美帝国主义悍然扩大侵略战争，出动大批飞机狂轰滥炸越南北方，也严重威胁着我国的领土安全，我国决定派出高炮部队，出国作战，执行抗美援越任务。为加强中高空的防空火力，国防科工委紧急立项，以二〇二所为主承担了国家重点项目——某高炮研制任务。各级领导对该项目研制十分重视。所内许多老同志参加项目研制并亲历了全过程。几十年过去了，项目会战的艰苦岁月和参研人员奋力拼搏的奉献精神，令人难以忘怀。

当时，二〇二所技术力量相对薄弱。虽有1965年毕业的一批大学生为生力军的科研力量，但他们刚刚参加工作，缺乏经验，加上体制调整，按专业划分建立科研院所，人员迟迟难以到位。为加强研制力量，上级发文，从院校、工厂抽调技术人员到包头参加研制工作。炮兵副司令孔从洲得知二〇二所的情况后，心急如焚。1967年11月，他冒着严寒风雪来到包头，给全所职工做报告，讲部队的呼声，传达毛主席"七七"指示："要成为世界革命的兵工厂……要减轻重量，提高质量，增加数量。"在很短的时间内，太原、重庆等地的技术人员来了，大学的师生来了，从部队抽调的干部、技师也来了，四面八方的力量会聚包头。他们舍弃舒适的生活环境，告别家庭，急部队所急，奔赴科研前线，形成了"三结合"的会战队伍。1967年11月会战组成立，会战正式打响。会战过程中，孔副司令多次来到会战现场，深入车间、试验现场，贴近参研人员，面对面谈话，仔细听取意见，鼓励大家努力工作，早日搞出来并装备部队。

二〇二所原副所长兼总工程师李近仁同志，工作一丝不苟、精益求精，更是一位身先士卒的老专家。他精通技术、有着丰富的生产经验，虽已年过半百，仍然冲锋在前，亲自布阵点将，以部件划分小组、确定职责，按系统方案分配任务，率领会战组开展艰苦的研制和设计工作。技术人员张肇铭同志挑起了总体方案，论证设计的重担。他克服种种困难，一心扑在工作上，白天构思各部件的设计方案，晚上撰写报告，按各部件总体指标要求，对重量、体积等设计进行反复计算，攻克了一道道技术难关，使总体设计有条不紊地进行。太原机械学院讲师赵通善同志，是 1953 年从北京工业学院毕业的高才生，为了会战，当时已经 30 多岁的他推迟婚礼，来到包头；为了不影响工作，他又给未婚妻写信，请她来到会战组举行了简单的婚礼……

那年冬天，刚下过大雪，为配合测合机设计，会战组借用了某厂的履带运输车，去靶场进行引信测合机摸底试验。试验完毕已经到了晚上，在将装备拖回库房时，大雪托住了履带车的底部，履带在雪地上打滑，用不上力。于是大家铲雪垫木，增加履带摩擦力。虽然天气很冷，大家却累出了一身汗，费了九牛二虎之力，才将装备倒着推进了库房。第二天，在由靶场回单位的路上，车在山道上行驶，路被风卷起的厚厚的大雪覆盖着，好在履带车越野性能好，有个坑坑坎坎的也不影响行驶。车辆行驶过程中，有同志发现履带上有个白色亮影，赶忙停车下去检查，发现是履带销跑出了，于是用榔头打进去再上路，履带销又跑出来，就再打进去……就这样折腾一路，天黑才回到单位。

一次，司机师傅开着"大蒙天"卡车去靶场往回牵拉试验用的高炮。去时走的是西线，有很长一段沿河公路被洪水冲垮，汽车只能在碗口大的卵石河滩上行驶。人坐在驾驶舱里上下颠簸，头顶直碰驾驶舱盖，撞得眼睛直冒金星。回来时走的是东河线，路遇 20 多米高的大沟坡，不到 8 吨的"大蒙天"卡车下坡顶不住 9 吨重的高炮。大家就用土办法——司机师傅在车上用拉绳辅助手刹，其他同志在地上用三角木轮换垫掩炮车轮，和司机用汽车刹车配合，一点一点地慢慢往下滑行，用了近一小时的时间，有惊无险地下了沟坡……

为了早日完成任务，会战组全体同志克服种种困难，全身心地投入技术攻关中。有的同志把医生开的假条往口袋里一塞，一声不响照常上班；有的

同志中午顾不上吃饭，啃着馒头继续工作；许多同志没有休过周末，甚至有的同志春节也不休息，每天都工作到深夜。就这样全员奋战，不到三个月，就提出了方案论证报告，完成了第一阶段任务。

1968 年 2 月，某会议在北京如期召开，与会代表（特别是部队代表）对方案比较满意。一是设计方案充分考虑了部队对制式高炮的使用要求；二是为提高战技指标，采用了许多新技术。同时，会议也指出所有这些技术，有待通过技术设计，试制试验后，加以验证确定。按照研制程序，装备总体设计完成后，需要结合工厂的工艺设备等实际情况进行技术设计。1968 年 3—4 月，会战组先后由领导小组组长张连岐和技术负责人刘忠亮带领分两批下厂，技术人员带着图板、绘图仪器、办公桌椅和行李来到太原，吃、住和工作在部队营房。

当时的伙食几乎天天是炒南瓜，人们很少吃上青菜；主食常常是高粱米、小米做成的"二米饭"。那些在沥青马路上晾晒过的东北高粱面做的窝头，闻起来汽油味很浓，很难下咽。加上设计工作劳累，会战组不少人得了腹泻，到后来每天都有几个人躺倒在招待所用木板搭成的通铺上，上不了班。上级领导得知这种情况后，调来几麻袋大米，大家用饭盒盛着大米蒸着吃，才化解了这场危机。

即便在这种危险而艰苦的条件下，会战组全体成员也没有一个人叫苦，没有一个人打退堂鼓。他们以顽强的拼搏精神，夜以继日地工作。到 1969 年 7 月，会战组转战上海时，5000 余张图纸，已出图 3000 多张，为该项目后续研制奠定了坚实的基础。

1970 年 9 月，两门新研制的高炮由上海运往白城定型。该炮完全立足于国内，是一种射速高、威力大、重量轻的大型防空武器，有力地推动了我国高炮技术向着国际先进水平不断迈进。

千方百计选所址，艰苦付出求发展
——讲述二〇二所老一辈领导班子为所区建设呕心沥血的故事

"从国家的战略布局出发，从国防事业大局出发，从兵器事业的长远发展出发。"二〇二所的老兵工们积极响应党和国家的号召、衷心拥护党和国家的部署，领导干部身先士卒，精心策划组织，全力以赴实施搬迁。

李润生是 20 世纪 70 年代二〇二所（总后 412 部队）所长兼党委书记。他高瞻远瞩、胸怀家国，为二〇二所的建设呕心沥血，披肝沥胆，做出了积极贡献。

1970 年，二〇二所从包头迁到咸阳，进驻西藏民族学院（以下简称民院）。当时民院在林芝办学，二〇二所与民院达成共识，签署了"双方各半，两家使用"校舍的协议。为了规划所的建设和发展，李所长带领大家"劳动建所"，挥锹抡镐挖沟，砌起了板，打土围墙。但不久，中央下达通知，要求部队退出"文革"中占用的民房。当时二〇二所对外为总后 412 部队，需要退还占用的民院校舍。为了选新所址，李所长带选址人员，统一身着军装，不辞辛苦地在陕西省内进行考察。按照省里提供的备选所址，李所长和工作人员跑遍了咸阳、韩城、兴平等地，都因当地条件太差而放弃。

当时的选址原则是：坚持考虑科研生产条件的同时，也要照顾职工的生活方便，不能远离市区。由于条件所限，在几乎走投无路的情况下，李所长下决心越级给党中央、毛主席写了一封求助信，还派专人乘飞机送往北京。最后，陕西省按审批权限从民院划出 95 亩地给二〇二所使用。说是 95 亩地，实际是 1955 年民院建设校舍时烧砖瓦掘土而留下的大坑和民院医院倾倒医务废物用的垃圾场。要建设办公楼、厂房和家属楼，需要把坑填平。当务之急是清除垃圾，拉运大量黄土，工作量十分巨大。在运土、填平、夯实基础的日日夜夜里，李所长白天头戴一顶草帽，夜晚披一件军大衣，昼夜坚守现场，为了加快速度，他与拉土车司机和推土机司机交了朋友，陪伴司机们在工地上，亲自给他们递烟、倒茶。司机们感动地说："所长，您放心，您指到哪儿，我们就干到哪儿；需要多少土，我们就拉多少土；运来多少土，我们就推平

多少土。"就这样争分夺秒，清运了垃圾，填实了大坑，保证了工程建设按计划施工。

进入 20 世纪 80 年代，改革开放的大潮席卷全国，军工科研机构步入军民结合发展的阶段。为了肩负起党和国家赋予二〇二所的神圣使命，完成好各项国防科研任务，所按照国家对国防科技体制改革的总要求，1988 年围绕"建立军民结合的新体制"，二〇二所又进行了一系列的整顿改革。为使科研适应国防科研试制费拨款办法的改革，实行了指令性计划下的合同制，改革了军品科研运行机制和管理办法，既为国防建设服务，又为经济建设服务，二〇二所的科研工作纳入了有计划的商品经济发展轨道。在此期间，为适应市场经济，谋求持续发展，研究所在业务方向和体制机制方面积极探索，对科技体制、经营机制、经济运行机制及三项制度进行大胆改革，开拓民品市场，兴办第三产业，推行二级核算制。通过一系列改革举措，二〇二所走过一段军民结合发展之路。

胸怀大局谋创新，敢闯敢试真英雄

——讲述以中国工程院李魁武院士为首的防空团队的故事

1999 年，李魁武出任二〇二所的所长，上任后的第一件事，就是提出设想：研制新一代自行高炮武器系统。这个提法让全所上下无不为此而担忧——技术上，国内关键技术尚未突破；资金上，所里更是困难重重。大家甚至认为，研制开发这一武器系统，是建所以来最大的风险之一。

这一点，李魁武心里也明白，可他坚定地认为，这个风险依然得冒，因为，随着科学技术的迅猛发展，战争的模式、空袭的武器和方式都在发生着很大的变化，特别是武装直升机、巡航导弹等小型空袭武器被大量而频繁地使用，对防空武器提出了严峻挑战。发展威力更大、性能更加优良的新一代自行高炮武器系统是进一步加强我军野战防空能力的重要手段。在李魁武的一番游说下，所里决定自筹资金，组建队伍，进行先期开发，提前开始了武器系统的实物论证和重大关键技术的攻关。两年后，项目正式立项，李魁武担任项目总设计师。

李魁武大胆提出使用双向供弹自动炮，同时采用总线网络和信息管理技术。对于这一想法很多专家都不予支持，认为技术太新、投资大、风险高。李魁武带领团队技术骨干进行了大量的理论分析和实验，开展了严谨的技术攻关。为了进一步坚定大家的信念，李魁武还语重心长地开导大家："我知道，你们对一次采用这么多新技术产生疑问。但是，要使我国防空高炮达到国际先进水平，就必须勇于创新，要用好的东西、新的东西。我想对大家说，不必担心，尽管放手去干，失败了，责任是我的，成功了，功劳是大家的！"一番肺腑之言，将大家心中的疑云驱散开来。

果不其然，短短几个月后，总线网络系统工程应用成功。实践证明，总线网络和信息管理系统技术在自行高炮装调试验、问题排查与解决、信息化性能提升等方面产生了重要作用，对装备信息化发展产生了巨大的推动作用。

在项目研制过程中，团队成员辗转于寒区、热区各试验基地，辗转于陕西华阴、云南、四川、甘肃、内蒙古阿拉善、吉林白城、广东湛江等多个试验地点，仅在白城一个地方出差总时间就超过 4 年。在白城，通常清晨 6 点天还没亮，项目人员就要起床，草草洗漱后，7 点左右就要到达现场开展试验，一口气干到晚上九、十点钟。在外场进行动态飞行试验时，为了不影响军用机场正常训练，部队给项目组试验用的飞机架次通常安排在很晚或很早两个极端时间段内。有时，早班架次排得更早，就得 4 点起床；晚班架次更晚，那就要晚上 12 点左右才能回到住处，吃饭全是在现场解决。

在白城飞雪肆虐的苍莽荒原上，李魁武和他的项目团队，成了茫茫天宇中的一道独特风景：一队人马裹着大衣，迎着零下几十度的透骨酷寒，每天在露天的荒原上工作。他们忙碌穿梭，风餐露宿，与天地相搏，将多年凝成的心血结晶，放在这黑土地上接受着严寒的考验。

李魁武和他的团队勇于探索、无私奉献，完美演绎了兵工人对兵器事业的忠诚与热爱。在李魁武院士的带领下，新一代防空团队正聚焦新时代强军使命，策划研制新型系列化防空装备及空降型防空装备等国家急需的作战力

量。同时，着眼长远引领行业发展，为应对未来新的作战需求和技术发展出谋划策。

一心为国填空白，开疆拓土勇担当

——讲述以中国兵器首席科学家、总工程师许耀峰为首的火力打击团队的故事

20世纪90年代，国家列入对俄引进备忘录的迫榴炮迟迟没有进展，由于外方提出的苛刻要求最终导致引进计划的失败。对方断言，中国不可能研制出迫榴炮。外方的傲慢态度刺痛了从事研发工作的许耀峰的心。他深知要打破被动局面，必须走自主研发的道路。这不仅关系到企业的发展兴衰，更关系着国家国防安全。因为之前在苏联做过访问学者，其间学习过迫榴炮，又懂俄语，许耀峰便主动请缨，带领团队自主研发迫榴炮技术。

研发前期，许耀峰找了一个常年不用的小会议室，埋头开始了设计工作。没有电脑，就借来木头图板画图；自己找资料、算数据，化了整整7个多月的时间，终于完成了迫榴炮方案和关键部件的设计图纸。1999年的冬天来得特别早，12月已经是寒冷刺骨，许耀峰和项目组没日没夜地奋战在装调一线。一天晚上，闭气炮闩怎么也装不好，项目组反复检查、调试，直到凌晨1点多，终于查出了问题。当时电话少，没办法联系，许耀峰叫人连夜敲开了试制工厂厂长的家门，请他找来工人，现场修改尺寸，重新加工零件。项目组工作状态最疯狂的时候，连续加班三天两夜，不回家、不休息。累了、困了就在厂房眯瞪一会儿。就这样连续通宵干了几个晚上，最后终于调试通了。那一刻，就连在现场的老同志都激动得又蹦又跳。

在项目攻关期间，由于长时间作息不规律，从未住过医院的许耀峰因胃出血剧烈疼痛被紧急送往医院住院治疗，稍有好转的他不顾医生和家人的劝阻，急匆匆回到工作现场。两个月后，他的胃再次出血，同时伴随剧烈的疼痛。"身体是革命的本钱！不保护好身体，以后怎么工作？"家人语重心长地提醒他。在多方的"压力"之下，许耀峰开始配合医生调理，就连外场试验也带着药罐子，每天一边熬中药，一边坚持工作。经过长达半年的调理，他的

身体才逐渐恢复。

1999年12月20日，在兵器工业集团某试验靶场，中国迫榴炮成功打响！具有中国完全自主知识产权的迫榴炮样机试验成功，标志着我国一个新的炮种——迫榴炮成功诞生。我们把迫榴炮核心技术牢牢掌握在自己手中，许耀峰也被专业同行誉为"中国迫榴炮之父"。

迫榴炮从无到有系列化发展，型号研制一个接一个立项，迅速填补我军机械化部队装备空白。正如许耀峰和其团队一开始论证的迫榴炮"五型系列化"发展思路，时至今日，轮式、履带式迫榴炮已装备部队近千门。2009年，轮式自行迫榴炮方阵参加了国庆60周年阅兵典礼；2015年在某"国际军事比赛"中获得单炮赛第一名，壮了军威、扬了国威，创造了巨大的经济、军事和社会效益。

30多年来，团队初心不改、脚踏实地、孜孜不倦地耕耘在开拓创新的沃野上，填补了我国某行业技术多项空白，为军队现代化转型建设、武器技术跨代升级、赶超世界先进水平做出了重要的贡献，同时，也培养出一批又一批专业人才。

体系化推进科技创新，提升核心竞争力

习近平总书记深刻指出，创新是企业的动力之源。多年来，二〇二所积极探索多元化激励方式，逐步推进以创新、质量、贡献为导向的科技人才评价和价值分享机制建设。持续提升科技人员薪酬待遇，加快科研人才薪酬与市场水平对标步伐，保障和提供技术研究项目科研人员待遇水平，让科技人员感到有地位、有奔头、受尊重。

"十三五"以来，二〇二所认真学习贯彻习近平总书记关于科技创新系列讲话精神，深入落实集团公司"科技创新二十条"和"关于进一步加强科技创新的措施意见"，顶层谋划、先行先试，体系化推进科技创新工作，有力促进了"十三五"规划落地和核心技术攻关。

实施以科技创新为导向的组织变革

对研究所来说，科技创新是根本，管理创新是保障。随着军品竞争性采购的深入推进，型号研制周期进一步缩短，实物竞标、跨界竞争成为常态，加快科技创新成为提升核心竞争力的迫切需要，但对原有组织管理体系的"修修补补"已不能解决管理内耗大、效率低、科技创新动力不足等突出问题，因此，二〇二所在深入一线、面向所内外开展数月调研摸底的基础上，全面筹划实施了组织变革，着力构建"服务主业、归口明晰"的职能管理体系、"项目与技术协同创新"的研发设计体系、"提升试制效率并反哺创新设计"的试制生产体系、"主辅分离、提质增效"的服务保障体系，构建重点实验室运行体系，对机器人中心、装备建设与保障事业部实施模拟法人制运行。为科技创新提供全面、高效的组织管理保障，突出对接军队需求，突出提高管理效能，突出专业技术发展，突出资源有效利用。在此基础上，精简中层干部队伍，优化年龄、专业和学历结构；修订了《员工内部退休管理办法》《人员流动中心管理办法》等，进一步优化员工年龄和知识结构，初步解决了人浮于事、动力不足等问题。

深化科技创新激励机制改革

二〇二所先后制定了《关于加强科技创新若干重大问题的决定》《关于完善科技创新机制的决定》，明确了科技创新改革的方向。优化整合科研制度体系，建立了层次明晰的三级科研管理制度体系，科研管理更加规范化、科学化。新修订的《军品科研管理办法》将科研项目管理的具体要求体现在管理流程中，提高了制度流程体系的运行质量和效率。出台了《科学技术贡献奖励管理办法》《竞标项目风险金管理办法》等科技创新激励制度，突出项目全周期激励和重点竞标项目、利益共享、风险共担等原则。连续两年召开所科技大会，系统谋划部署科技创新工作，分批奖励一线科技创新共计约1650万元，强化了鼓励创新的鲜明导向，有效激发了竞标项目团队潜能和积极性。

建立以专业技术团队推进技术创新的新模式

二〇二所出台了《专业技术团队管理办法》，按照技术领域，设立了 50 个专业技术团队，与科研项目团队交织存在、互相促进，形成了装备研发和技术研究的组织力量保障。科研项目团队主要通过项目实施、完成装备研制，满足装备研发需求；专业技术团队通过项目研制和技术上的创新，带动新产品、新技术的产生，从而支撑项目研发。通过设立研究部发展基金，重点支持专业技术团队技术研究，形成了集团、所、研究部三个层级自主开发支持渠道，有效支撑了关键技术研究。

加强军工核心能力与协同创新平台建设

两期某研发平台建设有序实施，数字化建设趋于完善，多项核心研发数字化业务系统完成开发，多种数字化设计仿真工具相继投入使用，形成完整覆盖工程设计领域的集成化研发数字化平台，基本实现了工程设计、工艺设计、试验测试以及科研项目管理的电子化流程支撑与数据集中管理。某武器装备创新技术"院士专家工作站"通过"陕西省首批省级院士专家工作站"认定并授牌运行，某工程技术创新中心设立申请已由集团公司正式上报科工局，将汇聚国内产学研优势资源联合创新。

大力推进科技创新人才队伍建设

依托"院士专家工作站"新引进两名院士，并分别成立技术团队，明确了研究方向。李魁武院士等 4 人入选装备发展部装备发展专业组。引进国内知名专家钱林方同志来所担任总工程师，有力助推技术创新与装备研发。近几年先后引进重点高校硕士以上人才近 200 人。逐步形成了以 1 名院士、7 名特聘院士 / 高级专家、15 名兵器首席科学家 / 科技带头人、14 名院级科技带头人为核心，专业齐全、素质较高的科技创新人才队伍。

持续培育创新文化、营造良好创新环境

大力弘扬吴运铎同志"把一切献给党"的人民兵工精神，专注营造崇尚创新、尊重人才、尊重创造、鼓励探索、开放融合的创新环境，构建富有活

力、坚守职责、强化担当的创新生态。二〇二所自筹资金建成的吴运铎纪念馆被评为"国防科技工业军工文化教育基地""陕西省科普教育基地"和"咸阳市爱国主义教育基地"。

随着体系化推进的加快，二〇二所科技创新能力得到显著提升。在"十三五"预研项目竞标中，竞争到了某行业领域的几乎全部预研项目，跨领域立项实现历史性突破，项目数量较"十二五"翻了一番，科研经费大幅度增长，一批关键技术攻关取得新突破，科技人才队伍充满活力并进一步壮大，有力提升了行业引领能力、科技创新能力和价值创造能力。

"西迁精神"是科研知识分子继往开来的持久动力。兵器"西迁精神"的最大特色是以人民兵工精神为底色。二〇二所首任所长吴运铎"把一切献给党"的精神是人民兵工精神的核心要义，也是兵工"西迁精神"的动力源泉。二〇二所将始终紧握老一辈兵工人传递的接力棒，在坚定不移履行强军首责、建设国际一流研发中心的时代征程上，不断丰富、发展、弘扬"西迁精神"，将以吴运铎精神为代表的人民兵工精神和"西迁精神"深度融合，为我国国防装备发展、国家国防安全做出新的贡献！

第九章

中国兵器工业集团第二〇四研究所

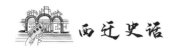

中国兵器工业集团第二〇四研究所概况

中国兵器工业集团第二〇四研究所1948年创建于东北，1957年由沈阳迁至西安，是三军武器装备共用基础平台，主要为我军武器装备高效毁伤、远程打击提供能量之源和动力之源，先后为解放战争、抗美援朝战争和我国第一颗原子弹成功爆炸做出突出贡献。

经过73年发展，研究所现已成为我国规模最大、以火炸药、动力及毁伤技术研究为主的综合性科研机构，建有氟氮化工资源高效开发与利用国家重点实验室、国家含能材料产品质量监督检验中心、燃烧与爆炸国防科技重点实验室、国防科技工业火炸药一级计量站等一批在国家和行业具有重要影响力的创新实验室和研究测试平台，拥有四大核心专业，设有1个院士工作站、3个学科硕士点及1个应用化学博士点和1个博士后科研工作站，建立了一支由双聘院士、兵器首席科学家和科技带头人领军的一流创新团队，形成了"一所六区"的发展格局，先后获得国家和国防重大科技成果500余项，国防专利申请授权数量始终稳居国防军工科研院所前列。

引领火炸药行业发展，以技术报国强军，始终是二〇四所的追求。近年来，研究所先后突破了一大批核心关键技术，覆盖陆、海、空、火箭军主战装备需求，技术集成和验证结果达到甚至部分超过美军现役装备水平，为我军建设世界一流人民军队做出了重要贡献。

党的十八大以来，习近平主席高度重视国防和火炸药装备建设，并做出重要批示，将火炸药提升到前所未有的历史高度。二〇四所党政领导班子不忘初心、牢记使命，顺应时代发展和国家安全需要，战略性地提出"打造火炸药科技硅谷，让中国的火炸药再次引领世界"宏伟目标，吹响了新长征的号角。目前，研究所上下正在习近平新时代强军思想指导下，不忘初心、牢记使命，奋力朝着建设国际一流火炸药科研机构的宏伟目标阔步前行。

二〇四所科技大楼

办公楼外景

西迁历史概况（1956—1957年）

二〇四所建所 70 多年来，始终秉持"把一切献给党"的兵工传统，为我国原子弹研制成功和火炸药及毁伤事业发展做出了不可磨灭的贡献，得到了党和国家领导人刘少奇、朱德、陈毅、邓小平等同志的亲切关怀。发展过程中，研究所坚持军民融合发展战略。

回顾 70 多年的历程，从白山黑水辗转 1700 多公里西迁至古都西安，二〇四所与共和国同呼吸共命运，每一步的发展进步都闪耀着"西迁精神"的光芒，每一点每一滴的成就都诠释了"西迁精神"的丰富内涵和实质。与西安交通大学西迁"学术报国"一样，二〇四所的历史就是一部兵工人西迁入陕和科技报国的奋斗史、拼搏史。

胸怀大局，服从国家战略调整

"胸怀大局""国家利益至上"是二〇四所人的基本政治品格。1957年7月，遵照第二机械工业部指示，研究所干部职工舍小家为大家，千里西迁，从沈阳到西安，第一次用实际行动诠释了什么叫"胸怀大局"；1962年3月至5月，按照中央调整重组决定，包括所长肖淦在内的 230 余名科技骨干及各种仪器设备、技术资料调整给国防部五院，重新组建新的研究机构；1964 年 10 月，根据中央决定，研究所引信专业两个研究室及与引信有关的 310 余人和 1000 余台设备又调整出去单独成立引信研究所；1976 年 11 月，五机部下发通知，研究所火工室、理化分析室人员及其家属等 97 人调整到陕西应用物理化学研究所，研究所再一次以国家利益为重，牺牲小"我"支援国家整体战略调整。可以说，在研究所几次分合调整中，处处闪现了"西迁精神"胸怀大局的首要内涵。坚决听党话、永远跟党走，始终是二〇四所人不变的信仰和追求。

无私奉献，坚持"把一切献给党"

人一生最宝贵的是生命，而国防军工事业因为其特殊的行业性质，危险

1948 年东北旧址

1956 年新址筹建处同志在西安南院门留影

20 世纪 60 年代，参与原子弹用高能炸药研制人员合影

离沈留念

性远超其他行业,军工人的"无私奉献"是包含随时有可能付出生命在内的"无私"。从中国的"保尔·柯察金"、兵器元老吴运铎,到第三代坦克总师、"独臂英雄""用特殊材料制成的人"祝榆生,把"一切献给党"始终是几十万兵器人恪守的核心价值理念,这种理念也贯穿于中国兵器工业集团第二〇四研究所70多年的发展历程之中。从1951年职工石文珍(女)在科研过程中遭遇爆炸导致双目失明开始,为了新中国的火炸药和毁伤事业追赶超越世界先进水平,研究所几代人无私奉献、忘我工作、探索拼搏,有的甚至付出了生命代价。这种精神可歌可泣、感天动地,是研究所宝贵的精神财富。全国"五一劳动奖章"获得者,代表研究所参加1978年全国科学技术大会的方二伦,全国第六届、第七届、第八届人大代表朱春华,全国五一劳动奖章获得者张双计,都是中国兵器工业集团第二〇四研究所"无私奉献"的杰出代表。2007年,研究所被中华全国总工会授予"全国五一劳动奖状"。"无私奉献"已经成为二〇四所最重要的文化基因。

弘扬传统,使兵工传统薪火相传

二〇四所隶属于中国兵器工业集团公司,是人民兵工的一分子。人民兵

朱春华(居中)进行科学实验

工是我党领导的最早的军事工业部门，发源于星火燎原的中央革命苏区，成长于艰苦卓绝的敌后抗日烽火和波澜壮阔的人民解放战争，壮大于新中国成立后的建设和改革时期。90多年来，在党的领导下，人民兵工历经无数战火洗礼，从无到有、从小到大，从弱到强，走出了极不平凡的伟大历程。一代代兵工人前仆后继、浴血奋战，在历史中用鲜血和生命铸造了"把一切献给党"的崇高信仰和"自力更生、艰苦奋斗、开拓进取、无私奉献"的优良传统。

艰苦创业图

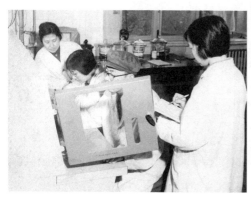

科研图1

科研图2

近年来，二〇四所坚持弘扬和传承，在职工中开展固"根"聚"魂"工程，"始终听党话、坚决跟党走"，大力弘扬兵工传统，传承优良作风，固牢姓党姓国之根本，聚紧"把一切献给党"之魂魄，创新拼搏、锐意进取，开拓了创新发展的良好局面。

艰苦创业，展现家国情怀担当精神

研究所在东北建立之初，"连张办公桌都没有，试验室空空如也，看不到一架天平、一个烧杯和一根试管"。抗美援朝战争爆发后，干部职工自力更生、艰苦奋斗，在国内率先建立了火炸药及常规弹药技术发展体系，为抗美援朝战争胜利立下卓越功勋。1957年迁址西安后，干部职工每个周末都义务劳动，进行后期建设，清理建筑垃圾，打扫厂房环境，过了将近一年，才完全进入正常科研阶段。改革开放后，研究所响应国家"以军为主、军民结合"的方针，依托军工技术优势，率先探索走出了一条军民融合发展之路，成为陕西省氟化工工程技术中心、陕西省军民融合重点企业。进入21世纪以来，研究所又站在国家战略需要最前端，突破并解决了一大批核心关键技术，覆盖陆、海、空、火箭军等军兵种主战装备需求，为我军武器装备更新换代和转型升级做出了杰出贡献。纵观研究所70多年的发展，正应了那句话，"艰难困苦，玉汝于成"。

沈阳所区

20 世纪 80 年代研究所大门

1978 年荣获国家科技术进步奖（特等奖）照片

"西迁精神"的传承与弘扬

李上文：我一定要为国家和人民做点事！

李上文，二〇四所研究员，中共党员。1937年5月生于福建福州，1959年毕业于北京工业学院化学系，后在哈尔滨和沈阳从事国防军工研究近10年。1969年12月底，他根据国家安排，奔赴大西北进入二〇四所工作，一直从事火箭固体推进研发工作，享受国务院政府特殊津贴。因在专业领域的特殊贡献，他被陕西省授予"突出贡献专家"称号，荣获国家科技进步二等奖1项以及省部级奖若干。

1937年5月23日，李上文出生在福建福州南台岛一家英国人办的医院，刚刚满月不久，震惊中外的"七七事变"爆发，中国陷入水深火热的战争熔炉。从记事起，李上文便跟着父母逃难于闽北各地，在兵荒马乱的年代备尝战争煎熬。也就是在这个时候，让中国强起来，让中国人民不再受外敌欺凌的想法，逐渐在李上文幼小的心灵中生根发芽。抗战胜利后，解放战争旋即爆发，福州虽然不是解放战争的中心战场，但物价飞涨、民不聊生、特务横行的苦难生活，仍给李上文的童年生活留下了不可磨灭的记忆。

1949年8月17日，福州解放，12岁的李上文和家人终于迎来了久违的和平。那天，他格外兴奋，自发加入人群，和欣喜的群众一起打着腰鼓，唱着"解放区的天是明朗的天"，欢迎解放军入城。

"雄赳赳、气昂昂，跨国鸭绿江……"1950年，朝鲜战争爆发，当时，已经加入中国第一批"少年儿童队"（少年先锋队的前身）的李上文，踊跃参加社会上捐献飞机大炮的运动，课余时间上街卖纸扇，然后把全部收入上缴国家，用实际行动支援抗美援朝战争。虽然这样的做法效果微乎其微，但李上文心里很开心，因为他也可以像个大人一样为国家做点事情了。

抗美援朝战争时，中国人民志愿军在武器装备远远落后美军的情况下，靠着大无畏的牺牲精神和顽强的精神意志，在冰天雪地里靠着一把炒面一把雪的艰苦条件，与武装到牙齿的美军进行顽强抗争，书写了可歌可泣的英雄赞歌。但我军武器装备始终不如外敌的残酷现实，再次深深刺痛了李上文。

"我一定要为国家和人民做点事！"从那一刻开始，李上文像变了一个人。他如饥似渴地学习科学文化知识，不断充实强大自己。1954年，李上文加入中国共青团。参加高考时，他毫不犹豫地报考了"特种工业"（国防专业），并以优异的成绩被北京工业学院（现北京理工大学）录取。

李上文

我的祖上以造船为业，是造船世家，我小时候最大的梦想就是学造船，既传承祖业，又能为我们这个海洋大国增添力量，但抗日战争的烽火硝烟，抗美援朝战争的艰苦卓绝，让我充分认识到了拥有强大国防对一个国家一个民族的重要性。因此，高中毕业，我毅然决然地选择报考了北京工业学院（现北京理工大学），选择了国防专业，把自己的一生献给了中国的火炸药事业，真正做到了不因虚度年华而悔恨，不因碌碌无为而羞耻。

——李上文

　　大学五年中，李上文废寝忘食学习专业知识，同时积极参加各种社会实践活动。那时，一些同学思想有波动，学校专门邀请兵工界老前辈、中国的保尔·柯察金——吴运铎做报告。吴运铎身上展现出来的"把一切献给党"的崇高品质和奉献精神，深深感染了李上文。李上文说："我一定要像吴运铎一样，把一生献给国家、献给人民，献给国防工业。"

　　1958年夏，在一次下厂的科研试验中，5名参与试验的同学全部牺牲，作为试验组长的李上文因学校安排的其他工作不在现场，幸免于难。同年10月，学校重组试验，危险面前，李上文想都没想就主动请缨，作为组长继续参与试验。他瞒着父母和家人奔赴试验场，并出色完成了任务。在后来的回忆中，李上文说："那时真是视死如归。"

　　大学期间，李上文和同班同学陈莹丽相识相恋相爱。1959年9月大学毕业后，他们在北京海淀区领取了结婚证。不久，还没来得及充分享受新婚的甜蜜，根据组织安排，李上文就被分配到哈尔滨工作，妻子陈莹丽则留在北京工作，而且必须在国庆节前到单位报到。考验面前，国家利益高于一切，李上文和妻子商量后，没有向组织做任何要求，毅然于9月28日含泪分别，李上文踏上了北上哈尔滨的列车。

　　在哈尔滨和沈阳，李上文整整工作了10年，期间参军，被授予炮兵中尉军衔，妻子也在北京被授予技术中尉军衔。"我们一定要在部队这个革命大熔炉中锻炼成长，为祖国的国防现代化献身"，这是他们当时共同许下的诺言。

　　1970年，根据组织安排，李上文原所在单位整体西迁至西安，李上文也在这一年正式进入二〇四研究所工作，在固体火箭推进剂研发领域一干就是49个年头，把一生最美好的青春和年华都献给了祖国的火炸药事业。

　　1970年，我所刚刚恢复火炸药研究工作，之前建有的火炸药工房都已荒草遍地，李上文面临的首要任务就是重建实验室。当时所里还处在"文革"斗争中，重启科研工作困难重重。但李上文一心想赶紧把实验室建起来，早一天让科研工作动起来。为此，他和同事排除一切外界干扰，自力更生，艰苦奋斗，没有条件创造条件，在荒草满地的工房披荆斩棘。他们自己动手安装水、气管道和实验设备，半年时间，就把试验台、工艺和测试设施安装就绪，为下一步科研工作的开展奠定了坚实基础。

在二〇四所，李上文终于实现了他"一辈子要为国家和人民做点事"的初衷和誓言，先后承担了国家多项重点科研项目，攻克了多项核心关键技术难题，填补了国内空白，荣获国家科技进步二等奖一项（排名第一）；因在专业领域的突出贡献，他本人享受国务院政府特殊津贴，被陕西省授予突出贡献专家；先后任二〇四所某研究室主任、所科技委委员、燃烧与爆炸国防科技重点实验室学术委员会主任等，被北京理工大学、南京理工大学、西北工业大学等知名大学聘为兼职教授，主编和合作撰写学术专著多部。

1998年，已到退休年龄的李上文放不下心爱的科研工作，继续工作至2002年才正式退休。退休以后，他仍然心系火炸药事业，积极参与多种学术会议，为国防事业发挥余热。

李上文的身上，尽显爱国、奋斗、奉献的崇高品质。他和夫人伉俪相携，同为军工人。他的儿子、女儿也深受影响，先后投身国防事业，就连儿媳和女婿也同在国防系统工业，真是一生军工情，一家军工人。

"一辈子能为国家和人民做点事最重要！"

李上文是这样想的，也是这样做的，他用自己的一生诠释了"把一切献给党"的人民兵工精神，同时也用行动践行了自己的初心和誓言。

朱春华：把一生奉献国防事业

朱春华，二〇四所研究员、博士生导师、国内硝基化合物合成学科学术带头人，全国第六、第七、第八届人大代表，享受国务院政府特殊津贴。朱春华出生在旧中国，成长在新社会，将自己的青春热血都奉献给了国防事业，是新中国第一代国防科技工作者的典型代表。

1932年，朱春华出生在辽宁辽阳。这一年正是"九一八"事变的第二年，日本帝国主义已经控制了我国东北全境。她的童年、少年时期经历了抗日战争、解放战争和新中国的成立，见证了我们国家一步一步走向繁荣、稳定。

20世纪50年代，朱春华获得了上大学深造的机会，对她这样一个出生

朱春华（左一）

和成长在战乱年代的青年，备感机会难得。1956年，她顺利地从大连工学院化工系染料及中间体合成专业毕业。当时，我国各个行业广泛与苏联合作，大批技术人员受国家委托赴苏联学习，朱春华也获得了这样的机会。那时候的她顾不上苏联路途遥远和异国他乡生活上的不适应，一心只想着为社会主义新中国学到有用的技术和知识，在很短时间内就完成了在北京外语学院、天津大学等学校外语及专业实践方面的培训，于1959年由教育部派往苏联留学。留苏期间，朱春华刻苦攻读，1963年由苏联列宁格勒化工学院染料及中间体合成专业研究生毕业，获化学副博士学位。回国后面临的是工作分配，当时对她来讲有三个方面的选择，一是继续从事研究生时期学习的专业领域；二是去爱人所在的武汉大学工作；三是为国防建设服务。为了祖国的需要，朱春华毫不犹豫地放弃了学了七年的专业方向和地处江南山清水秀的鱼米之乡且又是全国重点高校的武汉大学，毅然来到黄土高原的大西北，参加核武器与常规武器所需含能材料的研制工作。

火炸药对朱春华来说是十分陌生的，既没学过专业的理论知识，也没有实践经验，又存在诸多未知的危险性。怎么办？困难面前，祖国需要是第一位的。朱春华没有逃避，她选择了迎难而上。知识缺乏，那就想尽办法学习补充；很多东西不懂，那就主动向老同志、老专家请教。硬是拼着一股子拼劲和韧劲，朱春华很快就挑起了课题负责人、组长的重担。当时我国在单质炸药合成领域与国外相比尚存在很大的差距，但由于保密原因，可以获得的相关资料少之又少。在这种条件下，只能独立自主、自力更生，外国有的我们要有，外国没有的中国也要创造。20世纪60—90年代，30多年间，朱春华一直从事军品及国家自然科学基金课题的研究，先后担任20多项研究课题的负责人，出色完成了任务，取得了很多优秀的学术成果。她带领的课题组研制出的两种高能单质炸药，达到了当时的国际先进水平，1978年获得全国科学大会奖。

紧随国际先进武器装备的发展，朱春华及时掌握国外动态和国内本专业发展趋势，提出研究方向，不断开拓新的研究领域。在专业方面，由有机化学中的芳香族、脂肪族、氮杂单环、螺环、小环多硝基化合物，到无机化学的新系列化合物合成研究，朱春华的研究几乎涉及有机化学的大多数类型和反应，同时进一步探讨了炸药分子结构与性能的关系。完成科研任务的同时，朱春华笔耕不辍，撰写了近百篇的学术论文、科研报告和学习用书，其中参编的《炸药合成化学》（缩合反应）一书，把有机缩合反应在炸药合成中的应用进行了理论联系实际的总结，具有较高的学术价值，受到主编和读者的好评，被评为优秀教材；她参编的《兵工科技辞典》获陕西省兵工局科技进步一等奖。

20世纪90年代，根据国家大力发展民品的要求，朱春华又带领和组织课题组积极开发民品，为国民经济建设服务，研制并取得了"立体印花浆""覆铜箔板脱膜剂""农用杀菌剂"等成果，填补了国内空白，获得了良好的经济效益，其中两项还通过了省级鉴定。

朱春华热爱祖国，热爱党的事业，始终拥护党的方针政策，并能模范执行，无私奉献，科研工作中成绩突出，加上她为人谦逊谨慎，群众关系好，1983—1997年被选为第六、第七、第八届全国人大代表。任期内，她积极履

行人民赋予的职责，很好地发挥了人大代表的作用。

20世纪80年代以后，作为党培养多年的老知识分子，朱春华深感培养人才的重要性，唯有培养出一支水平高的科技人才队伍，才能把国防科研工作继续发展下去。1986—1995年，她被推选为国务院学位委员会第二、第三届学科评议组成员，为建立和完善中国学位制度做出了积极的贡献。1986年，经过国务院学位委员会学科评议组的审议，她被批准成为应用化学专业的博士生指导教师，先后培养了7名博士生，数名硕士生。1988年，朱春华被聘为北京理工大学兼职教授、博士生导师，协助二〇四所建立了5个硕士学位和一个博士学位授权点。1998年，被陕西省教委、学位委员会评为优秀博士生导师。在职期间，她还兼任中国兵工学会理事、高等工业学校火炸药专业教学指导委员会委员、国家自然科学基金委员会专家库成员及"含能材料"编委等职。

朱春华退休后继续返聘于原一部多年，其间指导和参与课题组研究项目多项，并孜孜不倦地向年轻同志特别是新入所的员工传授所学，继续发挥余热。

老一辈兵工专家的一生是为国防事业奉献的一生，朱春华老师是这些老专家中的杰出代表，她的精神时刻激励着我们年轻一代不断前进、攀登科学高峰！

田清政："能为国防做点贡献，我很自豪"

田清政，二〇四所研究员，1936年生于湖北武汉，1958年毕业于北京理工大学炮弹专业，是中国力学学会爆炸物理委员会委员、中国弹药专业教育指导委员会委员、中国空气动力学学会常务委员，英国剑桥"世界前500人"金质奖章获得者，美国传记学会荣誉证书金牌奖获得者。1995年，他被北京理工大学聘为兼职教授，享受国务院政府特殊津贴。

20世纪50年代，新中国刚刚成立，百废待兴。为了巩固新生的人民政权，同时打破西方大国的核威胁、核垄断，党中央做出了发展核工业的重大决定。1962年，年仅26岁的田清政光荣地加入了原子弹用炸药性能评定小组。在极端艰苦的条件下，他与同事们克服一个又一个困难、攻克一个又一个难关，为罗布泊上空那朵举世瞩目的蘑菇云的胜利绽放做出了自己的贡献。

科学研究必须具备先进的条件和手段，田清政深深明白这个道理。1965年，他在二○四所从无到有地设计建成了2.6公斤爆炸塔，配置了高速摄影仪及苏制高压示波器等一批先进设备，使这里成为当时全国最大的爆炸实验室。实验室率先开展了破片战斗部毁伤机理、爆轰传播机理等一系列爆炸物理前沿课题研究，吸引了一大批著名科学家来此，郑哲敏、白以龙等国内知名爆炸力学专家均在此开展过大量的爆轰实验研究工作。

20世纪70年代，由于特殊的历史原因，田清政被迫退出了自己正在负责的课题，但他并未因此心灰意冷。怀着对国防事业和科学研究的极大热情，他转而又开始了激光测速仪研究，即后来我们广泛应用的柱面镜法布里－珀罗激光干涉仪。因为没有光学知识基础，田清政就从零开始、从头学起，遇到不懂的问题，他就不辞辛苦多方请教，甚至千里迢迢赶赴外地向专家登门求教。

光学仪器精密复杂，对于样品的任何细节问题，田清政都一丝不苟、精

田清政

益求精。当时我国的机械制造工艺还十分落后，很多精密的部件只能由经验丰富的工人师傅手工打磨，为此他几乎跑遍了国内所有的相关部件加工打磨单位。由他发明的柱面镜法布里－珀罗激光干涉仪从根本上解决了测量爆轰压力的理论和技术问题，达到了国际先进水平，因此获得了国家科学大会奖；在日本国际高速摄影大会上，他研制的柱面镜法布里－珀罗激光干涉仪也获得了美、日、法、德、英等国科学家的好评。

1978年十一届三中全会以后，我国各项事业步入正轨，科学界也迎来发展春天。田清政特别珍惜来之不易的良好科研环境，从那一刻开始，他几乎将自己所有的时间和精力都投入爆炸力学基础理论研究方面，在国内率先将柱面镜法布里－珀罗激光干涉测速仪应用于爆轰反应区宽度及高应变率下材料动态性能等领域的研究，获得了大量前沿性成果，在国内外发表论文近百篇，并著有《爆炸物理测试技术》和《低压雨贡纽曲线测量》两本专著，受到国内外同行广泛关注。

20世纪70年代，军工行业普遍发展艰难，很多人选择了离开。但田清政始终坚持理想，奋战在兵工科研一线。1996年，田清政光荣退休，但他舍不得放下心爱的工作，继续在爆炸物理专业探索前行，不求回报、孜孜以求。

2005年，所里邀请田清政继续回所工作，当时他已年近70，但他义无反顾地接受了返聘，并毫无保留地将自己的知识和所学传给了年轻人。实验现场，他经常与年轻同事一起摸索仪器，探讨问题。2011年，考虑到他的身体状况，所里没有再继续返聘，但田清政的心却一直没有离开所里，没有离开爆炸物理专业。所里的各类评审会、讨论会依然可以见到他的身影。只要工作有需要，田清政总是随叫随到。可以说，他把自己的一生都奉献给了二〇四所，奉献给了我国的国防事业。

田清政一生潜心学术，经历"文革"风雨却始终初心不改，致力国防，用丰硕的学术成果、卓越的科研成就为我国的国防事业做出了积极贡献。他历任中国力学学会爆炸物理委员会委员、中国弹药专业教育指导委员会委员、中国空气动力学学会常务委员，荣获英国剑桥"世界前500人"金质奖章及美国传记学会荣誉证书金牌奖。

田清政常说："能为国防做点贡献，我很自豪。"拳拳赤子心，殷殷报国情，都浓缩在这短短的 12 个字当中。

刘子如：皓首践初心，一生为国防

刘子如，中共党员，二〇四所研究员、博士生导师、国内含能材料热化学和热分解化学动力学研究的先行者和奠基者之一。他 1940 年生于福建福安，1964 年毕业于中国科学技术大学高速反应化学动力学专业，后在中科院兰化所和二一四所工作 20 年，1984 年进入二〇四所，获全国科学大会奖 2 项，1992 年享受国务院政府特殊津贴。

1940 年夏，刘子如出生在福建福安一个普通的农村家庭。少年时候，父亲便早早离开了人世，弟弟妹妹尚且年幼，一家人的生活十分艰难。为了减轻家庭负担，刘子如小学六年级便孤身寄住在他人家中，并独立料理个人生活。高中三年，依靠国家助学金，刘子如顺利完成了所有学业。在党和政府的资助和培养下，刘子如心中从小就播下了报效国家的种子。

20 世纪 60 年代，新中国各项事业百废待兴，对人才的需要相当迫切。刘子如响应国家号召，高中一毕业就报考了中科大化学物理系高速反应化学

刘子如

动力学专业。该专业是当时专门为"两弹一星"培养人才设立的专业之一。大学期间，刘子如有幸聆听了系主任郭永怀和钱三强关于核武器事业发展的报告，深入研读了"中国导弹之父"钱学森为化学物理系开设的课程，系统掌握了广博扎实的专业知识。科学巨匠的启迪和感召，再次激发了他强烈的爱国情怀。毕业分配填报志愿时，刘子如毫不犹豫地选择了"国防科委"，积极投身国防事业。谁知，这一投身，便是一生。

20世纪60年代初，核武器用高能炸药研制成为科研工作的重点，一切都是白手起家，人手又不足，刘子如就和大家一起，常年倒班加班。为了工作，他长达18年吃住在工作实验楼，虽然条件艰苦，但科研工作的每一点每一滴进步都让刘子如获得极大的成就感和满足感。在此期间，刘子如提出了以分解反应规律是否改变来评价相容性的观点，并成功评价了两代高能炸药的热安定性和相容性，为核武器用高能炸药安全研制与应用筑起了第一道安全屏障，使得某高能炸药配方通过鉴定并成功应用于核武器。1978年，刘子如获得国家科学大会奖。

热分析领域是火炸药研究的基础领域，研究者需要具备深厚的专业功底和耐得住寂寞的执着坚守精神，刘子如数十年如一日往返于实验室和简朴的住所之间，两点一线孜孜以求。他对物质要求极少，但对热分析研究却如痴如醉。有年轻同事不理解，问他："刘老师，您图什么？"刘子如听后总是哈哈一笑，也不去解释什么，然后回转身继续伏案工作。

从1973年进入二一四所及1984—2003年在二〇四工作直至退休，刘子如在从事业务工作的同时一直担任研究室副主任、主任。1994年，他参加筹建了燃烧与爆炸国防科技重点实验室，并在实验室筹备完成后长期主持开展了多项热分解化学研究工作。

在岗37年、返聘10年，这近50年的科研生涯中，刘子如勤勤恳恳、兢兢业业，在热分析领域一路跋山涉水、攻城夺寨，用实际行动诠释了对火炸药热分析事业的痴迷与热爱，先后突破了热分解反应控制步骤判定技术，形成了获取反应机理函数和动力学参数的方法体系；基于"成核"与"核成长"

理论阐明了晶体完整性对热安定性的影响，开辟了热安定性改善的新途径；首次提出了典型含能化合物晶体固态分解局部化学理论，突破了分子间炸药配方和工艺关键技术并实现应用；国内首创了原位红外热裂解技术研究分解热过程，构建了一种研究含能化合物热分解机理的基本方法……在火炸药热物理特性研究领域，首次建立了线膨胀系数、导热系数、玻璃化温度等检测方法，在全国推广并实现标准化；构建了动态热机械分析的模量与定应变速率力学性能之间的定量关系，建立了以动态力学性能模量预估推进剂寿命的方法……这些成果，为先进火炸药研制积累沉淀了科学的理论依据和技术支撑。他先后发表学术论文 400 余篇，其中 80 多篇英文论文发表在有关国际刊物和国际会议上，SCI 收录 30 余篇，EI 收录 60 余篇，引起国际同行广泛关注。1980 年，美国国家标准局专家蔡锡年博士来华访学，特邀刘子如前往北京探讨有关学术问题。1997 年，印度 P.N.Rai 博士也渴望来华与刘子如一起从事结晶与多元相图研究。因在专业领域的突出贡献，1992 年，刘子如成为享受国务院政府特殊津贴专家。

人才是科研持续发展的关键。从 1987 年二〇四所设立硕士点开始，刘子如先后为国防工业培养研究生和博士生十余名，这些人大都成了相关领域的科研骨干或学术带头人。

2008 年，凝结了刘子如毕生心血的热分析领域著作——《含能材料热分析》一书出版，成为行业教科书，也指引后来的学者不断砥砺前行。时至今日，刘子如仍然笔耕不辍，将毕生的学识经验凝聚于笔端，传诸后人。

人非草木、孰能无情？在投身国防、孤身在西北工作的 50 年时间里，刘子如和妻子及 3 个儿女常年两地分居，每年只有春节期间才能返乡探亲一次。在常人眼里，他不是一位称职的丈夫，更不是一位合格的父亲，但他舍"小"家为"大"家，以孺子牛的执着与坚忍，呕心沥血，屏弃"常"情，在热分析领域开疆拓土，填补了我国多项技术空白，用行动践行了自己的无悔初心。

皓首践初心，一生为国防。

这就是刘子如，一个真正的国防科技工作者。

胡荣祖

胡荣祖：热化学热分析五十余载，初心依然

胡荣祖，1938年生，江苏无锡人，浙江大学工程力学系毕业，随后进入二〇四所从事材料热化学热分析研究工作，曾任"国际热分析与量热学协会"理事（1998—2000年），J.Therm.Anal.Cal.[1]中国区编委（1993—2000年），中国化学会化学热力学与热分析专业委员会委员、副主任委员（1994—2002年），陕西省学位委员会学科评议组成员，西北大学化学系、曲阜师范大学化学系、中国工程物理研究院化工材料研究所等高校和研究所兼职教授，主持和参加了多项基金项目，发表研究论文420余篇，是我国该研究领域的著名专家和学者，为含能材料热化学、热分析研究做出了积极贡献。

1962年，新中国刚刚成立十余年，各项工作百废俱兴，社会主义事业蓬勃发展，年轻的胡荣祖笃定而自信，立志要在建设新中国的洪流中为国防事业做出一番成绩。在留苏副博士松全才教授的指导下，他组建了含能材料热化学热分析实验室。当时我国的核武器研制工作正如火如荼，实验室围绕董

①分析化学子行业杂志。

海山院士领军的研发任务，出色地完成了8种高能炸药的热行为评估工作，同时移植、构建了布鲁顿镰形玻璃薄膜压力计量器试验系统、爆发点测试系统、凝聚态炸药热爆炸实验系统等，研究了等温热分解动力学，提出了评定混合炸药组份配伍性原则……为高能炸药的安全生产提供了必备的基础科学数据。

随着工作的逐步开展和深入，1966年，在所长于峰教授、室主任吕平教授的直接领导下，胡荣祖和同事们开始了火炸药加速老化试验，他们想尽办法从国内外引进了兵器首套热分析系统，用于评估火炸药的组份相容性和接触相容性。当时所里科研任务相当繁重，且时间节点又都紧迫，加班加点那是常事。回忆起那段岁月，胡荣祖说："当时一天时间都是干两天的工作。"可是没有任何人抱怨条件的艰苦和奋斗的艰辛，大家凭着对建设强大国防的如铁信念和绝不辜负祖国人民信任与重托的坚强意志，胡荣祖率领团队圆满完成了各项艰苦卓绝的工作，为中国兵器工业集团第二〇四研究所含能材料热化学热分析研究奠定了深厚的基础。

在长达15年的研究中，胡荣祖和同事们坚持对科学真理的追求，不断挑战和突破自我，成功攻克了多项国家急待解决的科研难题，为我国核爆用高能炸药评判和火炸药相容与寿命评估等关键技术突破做出了积极贡献，获得1978年全国科学大会奖。

可能在大多数人看来，数学推导枯燥而乏味，但胡荣祖却乐在其中。办公室、实验室里，同事们最常看到的都是胡荣祖伏案推导公式的身影。他在成堆的草稿中推演了百余种含能材料放热分解反应机理函数和速率方程，建立了热分析第二类动力学方程。同时，成功在西北大学数学系和计算机系的帮助下解决了热分析动力学七参数估算这一国际难题，得到了国内外专家学者的广泛关注。

科学研究，最吸引人的永远在未知和远方，这也是科学研究的魅力所在。在热化学热分析的道路上，胡荣祖从来就没有停歇过。20世纪80年代，他成功地推导出适用于200多种含能材料的热分解反应活化能计算数学方法，该成果极大地丰富了热分析动力学理论，为含能材料受热后变化规律的揭示

和定量描述提供了大量基础科学数据。90 年代，他又提出了 31 种 NTO 盐的热分解机理，揭示了 NTO 金属盐热分解过程受成核和核生长反应机理控制的机制等，成果获得陕西省科技进步奖。这些成就，每一个都是了不起的科学进步。翻看中国热化学和热分析的历史，胡荣祖睿智且深刻的思想在其中熠熠生辉。

在坚守科研之余，从 20 世纪 90 年代末，胡荣祖开始与各方学者通力合作编写《热分析动力学》专著。本来艰深晦涩的专业推导，在胡荣祖他们的共同努力下被编写得引人入胜，2001 年出版后广受兄弟院校和科研院所学者专家和科研人员的好评，一度脱销。紧跟国际热分析动力学发展动向，2007 年该书完成再版，内容扩展修订到 13 章，被列入了"十一五"国家重点图书规划项目"现代化学基础丛书"系列，成为热分析领域的经典之作。

2011 年，胡荣祖再度书写经典，出版《量热学基础与应用》一书。该书共 24 章，近 700 多页，汇集了近 70 年国内外微量热学研究的学术成果，再度列入"十一五"国家重点图书规划项目"现代化学基础丛书"系列，成为量热学领域的"标准"。

在长达 55 年的科研工作中，胡荣祖始终扎根在中国兵器工业集团第二〇四研究所这片军工热土之上，专注于热化学热分析领域，先后组织、主持、完成了 20 余项"含能材料热化学、热分析、热物性"课题研究，获全国科学大会奖 1 项、省部级科技进步奖 11 项，其中一等奖 1 项、二等奖 3 项、三等奖 7 项和光华科技基金奖三等奖 1 项；制定国家军用标准 6 项，出版学术专著 4 部；培养和联合培养硕士、博士研究生 20 余名，多数成为行业杰出和领军人才。

1993 年，胡荣祖获批享受国务院政府特殊津贴；2010 年，荣获陕西省学位及研究生教育贡献奖；2012 年，被中国化学会化学热力学与热分析专业委员会授予"化学热力学和热分析杰出贡献奖"。

2011 年，胡荣祖正式离开了工作岗位，但他始终坚持"退而不休"，每天工作 6 ~ 9 小时，每天早晚阅读一篇英文文献，并且笔耕不辍，坚持著述。

他为人诚恳谦虚、和蔼可亲、平易近人，对含能材料热化学热分析领域学科建设和人才培养十分重视，十分喜欢和年轻一代交流。退休以后，他经常进所为年轻科研人员指导工作并答疑解惑，对于年轻同志的虚心求教，从来都是知无不言，言无不尽，毫无保留。

如今，胡荣祖已经离开了我们，但他对火炸药事业的热爱，对科研工作的痴迷与执着，将永远激励着后来者继续为国防事业奋斗拼搏。

张双计：一心扑在事业上的劳动模范

张双计，二〇四所研究员，全国"五一劳动奖章"获得者。他是河北正定人，1941 年 5 月生，1965 年 7 月毕业于太原机械学院（现中北大学）化学工程系，同年分配到二〇四所工作，历任研究组组长、研究部部长、燃烧爆破工程公司经理、总工程师等职务，2002 年退休后返聘工作至 2017 年。

张双计出生于革命家庭，父母都是老党员，抗战时期父亲曾担任过河北省正定县武工队队长，母亲担任区妇救会主任。父母的言传身教，从小就在张双计幼小的心灵深处播下了为革命事业奋斗终身的种子。

1965 年，张双计被分配到二〇四所工作。当时所里正承担某重点型号装

张双计

药研究任务，张双计就跟随老兵工郑世宗同志搞科研。为了尽快将成果应用到生产上，张双计他们排除来自外界的各种政治干扰，不辞辛苦往返于研究所与工厂之间进行科研试验。那时交通不便，去趟工厂往往需要 2 ~ 3 天，汽车、火车又十分拥挤，没有座位是经常的事，有时吃饭喝水都几乎没有着落。就是在这种极端艰苦的条件下，他们一年往返数十次，最终使项目顺利通过国家靶场验收，科研任务全部完成。

在从事军品科研的 20 多年中，张双计先后担任"注装炸药""破甲后效战斗部""高威力炸药"等项目组副组长及组长职务。他善于学习、吃苦在前，跟随当时的老专家高锐、甘振国、吴雄、刘北锁等学到了许多的知识和本领。在这期间，他还担任了国家多项军品任务的负责人，其研制的产品均达到战术指标要求，得到上级表彰认可，并获得多项奖励；特别是某战斗部研制、张双计担任主装药项目研发负责人，历经 8 年研究，最后使产品定型，获得兵器工业总公司科技进步二等奖。

改革开放后，由于军品任务减少，二〇四所在国家"保军转民"方针指导下，先后成立"三厂一公司"（农药厂、医药厂、化工厂和燃爆公司），把军工技术优势转化为民用并推向市场，开辟了二〇四所发展的新方向。

燃爆公司成立之初，班子老中青结合，张双计主持工作。公司审时度势，迅速确立发展方向，成立了 8 个业务组，分别开展油田"射孔""压裂""复合射孔""套管整形""爆炸切割"等研究任务。为了开拓市场，张双计亲自带领人员奔赴全国八大油田跑业务、谈合作、推技术，签订了多项生产、施工和研究项目合同。经过四年的努力，燃爆公司获得兵器工业总公司科技进步一等奖 2 项、三等奖 1 项、国家科技进步奖 1 项，产值由成立之初一年不足 100 万发展到 1997 年的近 3000 万，利润逐年翻倍提升。

张双计身体力行、以身作则，深入一线做科研，从产品设计、实验到应用，事无巨细，始终和员工战斗在一起。他为胜利油田研制的油管切割弹系列产品，从陆地油田用"油管切割弹""钻杆切割弹""套管切割弹"到海上油田平台用"桩腿切割弹""导管架切割弹""遗留井口切割弹"共 6 个系列，近十几种产品，每一种产品都要进行地面试验、井下试验，工作十分繁杂艰巨。一次海上施工中，突遇八级大风，海浪汹涌澎湃，施工船在海上就像一片孤叶随时可能翻船，船长下令快速撤离危险海域。撤离后大家都呕吐不止，十分难受。有的人晕船反应强烈，几天不能进食、饮水，但大家都毫无怨言，台风过去后，张双计第一时间带领大家继续奔赴现场进行作业，最后成功完成了海上施工任务，项目获得国家科技进步三等奖。他的务实作风和实干精神，得到了同事的一致认可。1997年，他被陕西省授予劳动模范称号，1998年，荣获全国五一劳动奖章。

2002年，张双计光荣退休，同年被返聘到燃爆公司继续工作。为了开拓公司科技研发新领域，他担当重任，接受了武警部队"反恐攻击"项目的研究任务，经过十多年的科研攻关，和武警部队共同研制成功了"飞机舱体聚能切割装置""防盗门切割装置""大巴车玻璃聚能切割装置""墙壁聚能切割装置""翻转罩杀伤弹"等5个系列产品，其中两个产品获得中国人民武装警察部队科技进步一等奖和三等奖，产品被装配到我国31个省市自治区的武警部队和公安特警支队中，得到公安系统和武警部队的广泛好评。

在52年的工作经历中，张双计先后编写著作两部，为后来者提供了学习和参考资料。由于多年辛勤劳累，他患上了高血压、糖尿病、静脉炎等多种疾病，但只要一到科研岗位和施工工地，他就立刻像变了一个人似的，病痛的折磨似乎与他丝毫无关。

这就是张双计，一位一心扑在事业上的老兵工人，一位值得我们学习和看齐的劳动模范。

孟燮铨：献身国防、无怨无悔

孟燮铨，二〇四所副研究员，1938年生于山西介休，1959年毕业于山西太原第一工业学校，是中国兵工学会会员、南京理工大学和二一〇所兼职研究员、华北工学院（中北大学）名誉教授、西北工业大学航天工程学院兼职副教授，事迹被列入《中国专家名人辞典》，其论文曾被编入《中国军事文库》。

20世纪50年代中后期，二〇四所响应国家号召西迁，千里迢迢从沈阳

迁至西安，当时研究所还是弹药总体设计单位。1960年1月，孟燮铨怀揣强军报国梦想，一从学校毕业就进入二〇四所从事导弹自动驾驶仪研究工作，同年前往宝鸡跟随苏联专家学习陀螺仪设计。后研究所主要研究方向调整，该专业被撤销。但因参加过陀螺仪设计工作，孟燮铨深知作为陀螺仪动力源的燃气发生剂的重要性，且国内还没有该技术研究，孟燮铨决定挑战自我，研发洁净燃气发生剂。从机械设计到火药配方调试，从总体到配套，这不仅是一次专业的跨越，更是一次心理上的挑战。当时二〇四所刚从东北迁来，科研条件简陋，大家一边建设一边科研。孟燮铨白天从事生产劳动，晚间潜心研究，认真钻研火药配方设计。其间，他喂过牲口，赶过大车，但他从未放松过学习，一有时间就积极到总体单位进行技术沟通与对接。经过艰苦的努力，1962年，孟燮铨成功研制出第一个螺压清洁燃气发生剂，并成功将其应用于武器型号，荣获国家科技进步二等奖。

我国的双基推进剂基础配方来自苏联，推进剂能量较低。1985年，某装备导弹要求发动机装药必须具有高能量、低特征信号等特点，但具备该性能

孟燮铨

的推进剂研究在国内尚属空白。通过查阅资料，孟燮铨了解到只有改性双基推进剂才能满足要求，但当时国内改性双基推进剂研究刚刚起步，技术成熟度较低，安全风险很大。

某装备导弹发动机装药尺寸较大，内孔形状复杂，无论是配方还是工艺，对研制团队都是很大的挑战。科学研究从来就没有坦途。面对挑战，孟燮铨带领攻关团队迎难而上，凭着对专业知识的不懈追求和对技术问题的一丝不苟，查阅大量文献，不断完善方案，在"发现问题—解决问题—发现新问题—解决新问题"的循环往复中逐步推动项目向前发展。攻关过程中每天要装卸200多公斤重的模具多次，孟燮铨常常累得腰都直不起来，但他还要给同事打气，鼓励大家不要松劲。从1985年到1997年，经过12年艰苦攻关，孟燮铨带领团队突破了烟雾、能量等六大参数之间相互制约的关键技术，攻克了螺压成型关键工艺技术，在国内首次利用螺压工艺制备出了某型改性双基推进剂，性能满足导弹使用要求，综合性能达到国际先进水平。1997年，该装药通过部级技术鉴定，同年批量生产，装备部队；1998年，荣获兵器工业部级科技进步二等奖；1999年，装备有该装药的导弹作为国产高新武器参加国庆阅兵，这是对孟燮铨及团队十几年呕心沥血辛苦工作的极大肯定。

孟燮铨常说，国家的需要就是我们努力的方向。正是在这种信念的支撑下，凭着对技术的执着和对国防事业的热爱，孟燮铨克服一个又一个难题，不断地在科学研究的道路上攀登前行。

火药作为一种特殊的化学动力能源，在航天火箭发动机的姿轨控、星箭分离等系统中发挥着不可替代的作用，安全、准确、高可靠性，是航天产品永恒不变的主题。1987年，孟燮铨再一次知难而进，开始主持航天运载火箭的点火及侧推火箭、反推火箭用螺压无烟推进剂装药研制。任务刚一开始，航天产品的高标准、严要求及紧迫性就向孟燮铨提出了严峻的考验和挑战，巨大的责任与压力，伴随着产品研制的始终。当时，该运载火箭将用于我国首颗通讯卫星的发射，若反推发动机不能精准正常工作，卫星不能到达预定轨道，会造成重大的经济损失不说，还会给我国带来很多负面的国际影响。

无论如何也要拿下这险隘难关。国家荣誉面前，孟燮铨无比坚定。当时，该项技术一直作为核心关键技术被西方国家所垄断。孟燮铨翻阅分析国内外大量资料，通过反复试验验证，摸清了不同催化剂体系对改性双基推进剂燃烧性能的影响规律，经过三年奋战，顺利破解了燃烧性能、能量性能、力学性能等方面一个又一个技术难题，完成了 30 余项系统性能试验验证，对每一个参数、每一项指标都反复演算、试验与验证，确保每一个数据都客观、真实、可靠。就这样，凭着扎实的基础研究和大量的试验验证，孟燮铨成功为我国的通信卫星发射研制了高可靠性推进剂。1990 年，该推进剂通过部级技术鉴定，被应用在火箭点火及反推火箭发动机上。

该推进剂是我国首个通过部级配方设计定型的螺压无烟推进剂，由于其优良的低特征信号和燃烧性能，在随后的年月中被多型运载火箭和武器装备发动机装配。推进剂也荣获部级科技进步三等奖。

1998 年，孟燮铨光荣退休，多家企业和研究机构高薪聘请他出任技术顾问，都被他婉言谢绝。他利用退休时间对自己毕生的研究成果进行整理总结，绘制图谱，编写书籍，并在建所 70 周年之际将这些宝贵的资料无偿地捐献给

所里。

孟燮铨内秀于心，外毓于行，一生扎根科研一线，在螺压双基和改性双基的推进剂配方、工艺设计、综合性能调节等方面潜心研究，主持研发的产品广泛应用于三军及航天多个领域，为螺压推进剂技术发展打下了坚实基础。

孟燮铨常说："献身国防，无怨无悔。"

他也常常告诫年轻同志："工作中要放下身段，扑下身子，忘记学历，忘记身份，成绩都是干出来的，科研工作来不得半点花拳绣腿。"

他是这样说的，一生也是这样做的。他用自己的实际行动，生动地诠释了一个老兵工人献身国防的无悔初心。

首届科技大会

第十章

中国科学院西安光学
精密机械研究所

　　中国科学院西安光学精密机械研究所（以下简称为西安光机所）创建于1962年，是我国为发展"两弹一星"而建立的光学技术专业研究所，由我国光学事业创始人之一——著名光学专家龚祖同任首任所长。经过50多年的创新历程，现已发展成为一个以战略高技术创新与应用基础研究为主的综合性科研基地型研究所，是中国科学院在西北地区最大的研究所之一。

西安光机所所景

西迁历史概况（1962 年）

20 世纪 50 年代中期，党中央和毛泽东主席做出了要研制原子弹的决策，当时的总方针是"自力更生为主，争取外援为辅"，主要依靠自己的力量研制原子弹，同时也要争取苏联的援助。1959 年中苏关系恶化，9 月苏联撤走专家，带走资料，致使正在进行的原子弹研制受到很大的影响。

1960 年，党中央和毛主席从国家战略安全出发，决定完全靠自己的力量，自力更生研制原子弹。为了加强领导，1962 年党中央决定成立中央专门委员会，统一领导"两弹一星"研制工作。专委会由周恩来总理任主任，由 7 位副总理和 7 位部长组成。1962 年前后，我国原子弹研制进展顺利，为核爆炸服务的光学测试和观察设备如高速摄影机的研制提到议事日程。经由我国著名科学家钱三强、王淦昌建议，并经过中国科学院党组和二机部党组联合决定，在西安成立西安光机研究所。1962 年 2 月，中国科学院新技术局局长谷雨在北京主持会议，讨论成立西安光机所事宜。长春光机所领导和原陕西分院应用光学所、机械所有关领导同志参加，经商定由长春光机所派遣俞焘副研究员等十余人急赴西安抓紧筹建工作。

经过紧张的筹建，1962 年 3 月 27 日，中国科学院以〔62〕新字第 141 号文宣布成立"中国科学院光学机械研究所西安分所"。由原中国科学院陕西分院管辖的应用光学所、机械所、原子能所、科仪厂及长春光机所派遣来的骨干等人员组成西安分所。由原长春光机所副所长龚祖同研究员任所长，并派中科院新技术局副局长苏景一同志任副所长兼临时党组书记。

1962—1965 年期间，先后有清华大学、哈尔滨工业大学、浙江大学、北京工业学院、长春光机学院、西安交通大学、西北工业大学、西北大学、吉林大学、四川大学、兰州大学、中国科技大学和天津大学等高校毕业生 100 余人分配来所，1963 年研究所合并西安钟表厂，全所总计 400 余人，已初具规模。

　　所里先后组建了第一研究室（光学纤维／光学材料研究室）、第二研究室（光学设计研究室，包括光学设计、光学检测和光学镀膜）、第三研究室（电子学研究室）、第四研究室（精密机械研究室）和第五研究室（电真空器件及变像管高速摄影技术研究室），并建立了一个光、机、电及装校车间工种齐全的附属工厂，初步形成了精密机械设计及实验研究和生产制造的综合性研究所。其器材采用被列为国家计划户头"04单位428部"专用章。

西安光机所第一任所长龚祖同

西迁后的发展历程

1962年中科院〔62〕新字（141）号文，指出西安光机所的研究方向为"以原子能工业、原子能科学研究所需要的光学仪器为主要任务"，包括核反应堆所需要的光学观测设备、核化工厂遥测设备、爆炸物理试验观测仪器和核防护光学材料。1963年中科院又以〔63〕科发秦字〔62〕文，进行研究方向调整，提出仍以原子能工业、原子能科学研究所需光学精密仪器为主要方向，以高速摄影机的研究试制为重点，取消216天文望远镜试制，增加纤维光学研究。

1962年建所时，正值我国经济困难时期，国外帝国主义对我国实行经济上的封锁禁运，想把我国核武器研究扼杀在摇篮里。国内正遭遇困难，人民生活十分艰苦，粮食和物资十分短缺，人们只能维持简单生活。在工作条件十分简陋的情况下，全所职工在"边建设、边工作、边学习"和"任务带学科、任务带培干、任务带研究室建设"的办所方针指引下，自力更生、艰苦奋斗，同心协力。

第一阶段：20世纪60—70年代

为满足我国发展核武器的重大需求，西安光机所开展了防辐射玻璃、高速摄影机、光学纤维等设备和材料的研究，确立了高速摄影技术、特种光学材料、纤维光学、梯度折射率光学和超快诊断等学科方向。

西安光机所在高速摄影研究方面处于国际先进行列，光机式高速摄影频率从每秒几十幅到两千万幅，变像管高速摄影机时间分辨率从微秒到皮秒。西安光机所为"两弹一星"提供了关键技术与设备，打破了西方的技术封锁，在建所初期为我国"两弹一星"等重大科研任务做出了重要贡献。

代表科研成果

一、单片克尔盒高速摄影机、ZDF-20转镜等待高速摄影机1964年6月研制完成，1964年10月16日参加我国首次原子弹爆炸试验，成功拍摄记录下原子弹爆炸初期火球扩展系列照片，获得核爆早期火球温度变化和火球半径变化等重要数据，圆满完成测试任务。

二、ZDF-250转镜等待高速摄影机1966年11月研制成功，1967年6月17日参加我国第一次氢弹爆炸试验，获得核爆早期火球温度变化和半径变化与一些特殊发光现象照片和重要数据。

参加我国第一次原子弹爆炸试验的单片克尔盒高速摄影机

参加我国第一次原子弹爆炸试验的ZDF-20转镜等待高速摄影机

第二阶段：20世纪80—90年代

在侯洵院士的倡导下，集中开展了光电子学技术的研究工作，在超快现象探测技术和装备研究方面做出了显著成绩，并成立了瞬态光学技术国家重点实验室。学科建设迅速发展，研究领域不断拓宽，逐渐形成超短激光脉冲与超快诊断技术、光电测控设备与系统、特种光学材料等自身特色，发展成为以高技术创新与应用基础研究为主的综合性科研基地型研究所。

到20世纪80年代中后期，西安光机所先后成功研制数十种各类型高速摄影机、测量判读仪、小型光电经纬仪，参加了核武器空爆试验和地下核试验，为火箭、导弹和卫星发射与回收试验记录测试，取得了举世瞩目的成就。西安光机所研制成功的各种类型高速摄影机和测量判读仪器，经不完全统计近90种，其中间歇式高速摄影机13种、棱镜补偿式高速摄影机10种、鼓轮狭缝高速摄影机5种、转镜式分幅和扫描高速摄影机11种、变像管高速摄影机 7 种、全息高速摄影机 15 种、高速摄谱仪 5 种、克尔盒高速摄影机 5 种、胶片判读仪 17 种。所用胶片规格分别为 16 毫米、35 毫米和 7 毫米，拍摄频率从每秒几十幅到每秒 2000 万幅；变像管高速摄影机从无到有，时间分辨率自微秒（10^{-6} 秒）、纳秒（10^{-9} 秒）、皮秒（10^{-12} 秒），跨越了 7 个数量级。响应波长从可见光向两端延伸到近红外和 X 射线，为我国国防建设和科学研究做出了重要贡献。

代表科研成果

一、电视—变像管高速摄影机 1982 年 4 月研制成功，1983 年首次在 21—94 地下核试验中获得圆满成功，用于拍摄地下核试验早期爆炸现象。这一研发打破了西方国家对我国的技术封锁，独立自主完成了用于测试地下核试验的成套设备，为射线照相、监视产品活性区的状态提供了一个有效的诊断方法。

二、飞秒激光技术。陈国夫研究员 1986 年在英国获得 19fs 激光脉冲（当时世界最短），1990 年在国内基于国产元器件研制成 CPM 激光器，获得未经压缩的 21fs 激光脉冲，脉冲宽度连续可调，最短脉宽到 320fs 以上，中心波长 628~629.3 纳米，平均功率达 2.5 毫瓦以上。

科技成果综合现状

科研现状

西安光机所抓住创新机遇，凝炼学科、夯实基础、提升能力，面向需求、面向前沿、相互衔接、特色明显的学科布局日渐形成。研究所以改革创新、服务发展，建设创新型国家为己任，承担并圆满完成探月工程等多项国家重大任务。

西安光机所在基础光学领域主要研究方向为瞬态光学与光子学理论与技术，在空间光学领域主要研究方向为高分辨可见光空间信息获取和光学遥感

技术、干涉光谱成像理论与技术，在光电工程领域主要研究方向为高速光电信息获取与处理技术、先进光学仪器与水下光学技术。

研究所科研体系分为四大研究部，分别是基础科研部、光电技术部、空天技术部、先进制造部，下设26个研究单元。现有瞬态光学与光子技术国家重点实验室、中科院超快诊断技术（国防）重点实验室、中科院光谱成像技术重点实验室、中科院空间精密测量技术国防科技创新重点实验室（2019年获批）；现有在职人员914人，高级科研人员364人，其中正高127人，中国科学院院士1人，国务院特殊津贴专家14人，各类国家级人才12人。著名科学家龚祖同、侯洵、薛鸣球、牛憨笨等院士均出自西安光机所。2016年，西安光机所被科技部评为国家创新人才培养示范基地，同年荣获院"十二五"人事人才工作先进单位称号；2018年，被科技部批准为"国家引才引智示范基地"。

西安光机所获国家科技进步特等奖4项、一等奖1项、二等奖4项、省部级奖36项。2010年2项成果入选"中国航天遥感领域十大事件"，2011年研究所获中科院杰出成就奖，2012年1项成果入选"中国十大科技进展"。2010年，赵卫研究员获得国际高速成像和光子学领域的最高奖"高速成像金奖"（High-Speed Imaging Gold Award），这是继龚祖同之后，时隔29年，中国科学家又一次获得该项奖，充分表明西安光机所在高速成像和光子学领域所具有的国际影响力。2021年11月25日，陕西省科技创新大会在西安召开，西安光机所侯洵院士荣获2020年度陕西省最高科学技术奖，是研究所历史上首位获此殊荣的科学家。

代表科研成果

1. 探月工程——嫦娥系列卫星载荷

2007年11月，嫦娥一号CCD立体相机为我国获取了世界首幅全月立体图，干涉成像光谱仪在国际上首次采用干涉光谱成像技术探月，获取的数据成功反演了月表矿物成分。

2010年10月，嫦娥二号CCD立体相机获得了国际上首幅分辨率优于7

米的全月图及 1 米分辨率的虹湾地区照片，为落月着陆场选取提供了最直观的影像信息。

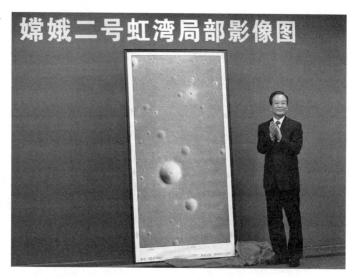

嫦娥二号 CCD 立体相机拍摄的虹湾局部影像图

2013 年 12 月，搭载于"玉兔号"巡视器上的嫦娥三号全景相机顺利实现了"两器互拍"，见证嫦娥三号圆满成功并首次实现月表巡视观测；月基光学望远镜为世界首创，实现了依托地外天体平台的天文观测。

2019 年 1 月，嫦娥四号全景相机得到了月面巡视区的全景三维立体图像，顺利实现"两器互拍"，实现巡视区月表的三维光学成像、地形地貌研究、撞击坑调查与研究、月球地质构造解析和综合研究的科学目标。

2020 年 12 月，嫦娥五号全景相机在月球表面环拍，完成采样区月球表面的全景成像和和月面国旗成像。远摄相机和表取采样装置图像处理单元相互配合，助力着陆器精准完成月球土壤取样。

2. 环境卫星超光谱成像仪

HJ-1A 超光谱成像仪于 2008 年 9 月发射，是我国首台星载高分辨率、宽谱段高光谱成像仪。图像清晰，图谱合一，空间分辨率 100 米，光谱分辨率 5 纳米，是民用在轨分辨率最高的光谱成像仪。其为我国环境与灾害监测提供了全新手段，使我国星载高光谱遥感技术跨入世界先进水平，目前已在轨运行 11 年。

HJ-2A 高光谱成像仪作为 HJ-1 卫星后续项目，是面向国家减灾与环境应用需求的星载宽覆盖、高分辨率高光谱成像仪载荷。指标全面提升，用以

支持我国环境监测、防灾减灾、国土资源调查等业务工作，同时为国土资源、水利、农业、林业、地震等多个领域提供卫星数据资源支撑和业务化应用服务。目前 A、B 两台光谱仪已交付总体，计划 2021 年发射，设计在轨寿命 5 年。

3. 载人航天系列箭载摄像装置

主要用于监测运载火箭在发射飞行过程中的关键分离动作和重要部位的工作状态，并提供实时直播的视频画面。见证了长征五号、长征七号等重点运载火箭首飞；见证了我国宇航员首次出舱活动以及太空行走的伟大壮举，见证神舟八号、神舟九号与天宫一号，神舟十一号与天宫二号交会对接的历史性时刻。

4. 天体导航星敏感器光学系统

研制的高精度导航星敏感器光学系统被称为星光导航的"眼珠"，应用于航天领域卫星、飞船等姿态调控，是我国该领域核心骨干单位。

目前在轨应用了 9 大类共 210 多套，装备了包括嫦娥 –1—4 号、神州 –8—11 号、天宫 1—2 号、天舟 1 号等系列；资源 –3 号、高分 –2 号、环境卫星、海洋卫星、嫦娥 5 号飞行试验器等至少 100 颗不同型号的卫星，占国内空间敏感器光学产品的 90% 以上。相关研究成果长期出口加拿大。

5. 超快诊断技术与科学仪器

超快诊断是西安光机所的特色、优势学科，是我国超高时 / 空诊断技术领跑者。在以龚祖同院士、侯洵院士、牛憨笨院士等为代表的著名专家的带

高性能系列条纹相机

领下，我国高速摄影技术得到了全面的发展，不仅提出了大量开创性理论，还开展了许多卓有成效的实验研究，设计并研制出了不同类型的条纹相机。

2018年5月22日，西安光机所研制的系列高性能条纹相机顺利通过国家重大科研装备验收，极大提升了时间分辨率、动态范围和同步频率三个主要技术指标，将条纹相机的核心技术提升到国际先进水平，部分技术达到国际领先水平，对我国精密测量仪器水平的提高及打破国际封锁、实现超快诊断相关技术与仪器的自主研制生产有重要的推动作用。

6. 结构光照明显微成像技术

西安光机所开发的具有自主知识产权的基于数字微镜器件（DMD）和LED照明的结构光照明显微成像技术，使用高空间频率的结构光场对样品进行照明，分辨率达到90纳米，不仅可以获取生物样品的二维超分辨图像，还可以获得样品的三维层析图像和彩色图像，是传统光学显微镜在照明方式上的一次重要的革新，已在PRL、PRA、OL、OE[①]等国际知名期刊上发表了200多篇研究论文。该研究对大尺寸昆虫的高分辨三维定量分析具有重要的参考意义，在生物医学、仿生学、古生物学、材料学和工程学等领域具有广泛的应用前景。

7. 超快激光精密制造技术与装备

西安光机所依靠30余年的技术积淀及储备，近年来围绕超快激光精密制造技术与装备，突破了自检测、自诊断、自反馈及自主决策等加工与控制的关键技术，在国内率先研制出四轴、五轴、六轴等系列化超快激光极端制造装备，实现了多种材料表面完整性良好的高精度微结构加工。该成果已在国产大飞机航空发动机涡轮叶片、燃料过滤器等相关重件加工方面得到成功应用并实现产业化，助推了国家空天领域技术提升发展。其中适用于空天推进系统的加工装备部分核心指标达国际先进水平，打破了国外垄断，填补了国内空白。

---

①期刊名的中文翻译，分别为《物理评论快报》《物理评论A》《有机化学通讯》《光电科学》。

超快激光加工设备

8. 全海深高清光学成像及影像处理系统

西安光机所成功研制我国首套全海深高清相机——海瞳，解决深海高压环境下高清视觉信息获取的难题，攻破了全海深干舱密封、水下光学像差校正、色彩复原、水下图像增强等关键技术，相关技术指标达到国际先进水平。该系统于 2017 年 3 月跟随"探索一号"完成了马里亚纳海沟科考任务，作为主相机最大潜深达 10909 米，共采集到 12 小时高清视频，在我国深海科考史上首次完成全海深的高清视频获取，并首次记录了位于 8152 米深处的狮子鱼影像，为海洋生物、物理海洋等多学科研究提供了重要数据。

2020 年 11 月，西安光机所研制的全海深高清相机，在"奋斗者"号深海科考任务中经受住了极端环境考验，圆满完成视频采集任务，为全球首次万米载人深潜电视直播提供了技术支持与保障。

9. 第三代核电同步测量制造技术

研制成功多排密集孔 CCD 推扫测量系统，是我国大型先进压水堆及高温气冷堆核电站重大专项"CAP1400蒸汽发生器研制"四大创新技术之首。该关键设备为上海电气、东方电气等研制成功8种光电测量设备，成功应用于三代核电站主设备蒸汽发生器的深孔加工和支撑板安装制造等在线测量，解决了多项关键技术难题，测量精度和生产效率得到极大提高。

产业发展

近年来，西安光机所坚持面向世界科技前沿、面向国家重大需求、面向国民经济主战场，以创新驱动发展，大胆创新科技体制机制，拆除"围墙"、开放办所，探索"人才＋技术＋服务＋资本"四位一体科技成果产业化及服务模式，创办了专业从事高新技术产业孵化＋创业投资的国家级一站式硬科技创业投资孵化平台——中科创星；发起设立国内第一家专注于硬科技成果产业化的天使基金——"西科天使"基金；创建了国内第一家专注于"硬科技"的光电产业孵化器；发起创办了专注于硬科技创业者的硬科技创业营。2014年中科创星被科技部认定为"国家级科技企业孵化器"。2015年，中科创星在全国608家国家级孵化器考核中被评定为A类（优秀），并被媒体评为"2015年度特色孵化器Top10"之一。2016年，中科创星被科技部认定为创新人才培养示范基地，首批国家专业化众创空间。2017年中科创星与长征五号、天宫二号共同获得央视《科技盛典》2016科技创新团队大奖。目前形成了高端装备制造、光电芯片、民生健康、军民融合等产业集群，增加社会就业2万余人。

2016年7月，陕西省政府制定并印发《2016年西安光机所西北有色院创新模式复制推广工作方案》，《方案》指出在全省推广复制中国科学院西安光学精密机械研究所和西北有色金属研究院创新模式（简称"一院一所模式"）是省委、省政府确定的重点任务，将在全省确定"一院一所模式"试点单位30家。2017年，研究所被列为"国家第二批双创示范基地"，基于研究所提出的"硬科技"概念，西安市成功举办"全球首届硬科技大会"，"硬科技"已成为西安市打造科技之都、全面实现追赶超越的城市新名片。

"西迁精神"的传承与发扬

西安光机所建所50多年来，一代又一代西光所人与党同心、与国家同行、艰苦奋斗、接续前行，以科技工作者们的聪明才智和取得的科研成果，为党的事业发展、国家的强盛做出了铭记史册的贡献。

1962年至20世纪80年代中期，以龚祖同先生为代表的老一辈科学家，肩负党和国家重任，受命在祖国西北建立了西安光机所。建所初期，老一辈科学家发扬自力更生、艰苦奋斗的精神，以"边筹建、边科研、边培干"方式，开启并圆满完成研究所艰苦创业历程，为国家的"两弹一星"试验做出了突出贡献。

1962年，因"两弹一星"研制任务需要，中科院决定调龚祖同到西安筹建光学精密机械研究所西安分所。一向以国家需要为己任，加之青年时期曾以原子核物理为研究方向，龚祖同虽已58岁，仍毫不犹豫"西迁"就任，开始了为中国高速摄影事业建功立业的征程。

已近花甲之年的龚祖同领导当时刚刚走出校门的年轻科技工作者奋战一年，为反应堆研制了堆顶和热室潜望镜，为中国首次核试验研制了3台克尔盒多幅高速摄影机和3台转镜式等待型分幅高速摄影机。在此后的岁月里，在龚祖同的领导下，他们又陆续研制成功速度从每秒几十幅到2000万幅的间歇式高速摄影机、棱镜补偿式高速摄影机、等待型转镜高速摄影机、同步型高速摄影机、狭缝式高速摄影机及不同时间分辨率的转镜型扫描高速摄影机和小型电影经纬仪等。

从1964年起，龚祖同又组织力量开展了变像管高速摄影技术的基础性研究，包括光电阴极的研制、宽束电子光学的研究、变像管的设计、制造以及控制电路的研制。陆续研制成功短磁聚焦的高速摄影变像管、长磁聚焦电偏转的扫描管、静电聚焦电偏转的扫描分幅两用管、皮秒时间分辨率的扫描管及磁聚焦的多级串联像增强器与静电聚焦级联像增强器等。

1978年，在东京举行的第十三届国际高速摄影与光电子学会议上，龚祖同发表了《锥形自聚焦光纤在高速网格摄影中的应用》一文，受到与会同行的高度重视。1981年10月，龚祖同被授予国际勋誉——美国电影电视工程学会"福托－苏尼克斯"（PHOTO-SONICS）金质奖章。从此，中科院西安光机所以高速摄影技术和光子学研究的完整性和先进性闻名世界。

20世纪80年代后期至新世纪开启之时，以侯洵院士、赵葆常同志为代表的西光所人，服从国家经济优先发展战略，发扬不畏困难、奋发有为的精神，坚守事业，潜心致研，培育学科特色，形成科研优势，推动研究所发展成为应用基础研究与高技术创新并进的综合性科研基地型研究所。进入21世纪以来，以相里斌、赵卫同志为代表的西光所人，解放思想、转变观念、创新发展，带领研究所开疆辟土，跻身国家航天领域，圆满完成"探月工程""载人航天"等十多项国家重大任务，并开创了研究所创新、创业、融合发展的新局面。

对科技工作者的激励政策和机制

科研人员创新激励制度

近年来，西安光机所对标国家科技创新重要部署，对标中国科学院战略举措，对标西安市创新改革试点实际要求，对标科技创新对发挥人才作用的迫切期望，深入检视问题，全面施策、系统破解。

研究所成立人事人才领导小组、工作小组，建立健全工作体制；召开全所人事人才工作会议，系统谋划人事人才工作；强化继续教育和培训，建立学习型组织，促进全员能力和素质的提升；梳理出重点关注人才名单（70余名），党政班子成员分工联系，谈心谈话，加强对各类人才的政治引领和关心关爱。制定了高端人才引进计划14条，提出解决住房、薪酬、子女入学、爱人工作等方面政策举措，真心实意吸引凝聚高端人才；新建、完善、修订政策制度累计50余项，涉及研究所改革的各个方面，特别是在人才创新激励、分类评价方面实施了新制度，具体如下。

分类实行更加灵活的薪酬分配制度

在薪酬方面实行岗位绩效工资制和协议薪酬并行的薪酬体系。对重点和关键人才，实行协议薪酬，根据个人能力、贡献，参考市场薪酬水平协商确定；对一般科技人才实行岗位绩效工资，个人工资水平与个人工作任务完成情况挂钩，与职称等脱钩。岗位绩效工资坚持以岗定薪、岗变薪变、注重绩效、突出贡献的原则，将绩效工资和绩效考核结果挂钩，依据绩效目标完成情况确定绩效工资发放额度。

对应用基础研究、工程技术研发及支撑和管理岗位的人员实行有针对性的绩效工资结构。对从事应用基础、支撑保障和管理工作的人员，绩效工资着重体现保障功能，并适度体现激励功能。对从事工程技术工作的科研人员，绩效工资更多地体现激励功能，与个人工作量和工作实绩挂钩，体现即时激励。

加大创新创业科研人员奖励，促进科技成果转化

2019 年，修订《中国科学院西安光机所科技成果转化管理办法》，明确提出"科技成果转让或者许可他人使用，该项科技成果转让净收入或者许可净收入中成果完成人、所在研究室、研究所按照 70%、10%、20% 的比例分配"；"以科技成果作价入股实施成果转化的，取得的股权 50% 奖励给成果完成人"。将科技成果转让净收入或者许可净收入中成果完成人的分配比例由原办法中的 50% 提升至 70%。通过制度，明确了科研人员成果转化的收益分配机制、比例等，调动科研人员面向市场做科研的积极性。研究形成了"西光所产业发展知识产权战略"，2020 年拟形成"西光所知识产权三年行动方案"，以技术转移、转化为目标，通过产业发展和市场需求作为牵引，指导所内技术领域的专利布局，并进行高价值专利的培育。

科技成果转移转化的改革创新

西安光机所紧密围绕党中央的国家战略要求，坚持问题导向，提出西安光机所高质量发展思路。科研与产业、研究所与地方，互相促进，融合发展，成为下一步研究所的基本指导思想，在"西安光机所创新发展模式"基础上，

着力探索实践西光模式 2.0 版本。

盘活存量科技资源，坚持科研与产业协同发展

一是研究所设立专业的技术转移岗位。进行市场需求对接、技术成果挖掘、高价值专利布局、知识产权运营相关法律支持等专业工作。

二是搭建技术转移平台，引导研究所科研成果中试熟化。搭建研究所、政府、企业共同参与的中试平台，根据企业和市场准确需求，进行成果的进一步开发。

三是释放研究所存量资源，探索创新创业发展新路径。进一步探索成立与研究所紧密合作的混合所有制企业，将批量化生产、服务等业务市场化，实现"小核心，大协作"，研究所更加聚焦核心技术研发，企业做一般性生产配套，降低成本、提高效率。同时，组建光电测控、环境试验运营公司，将研究所仪器设备向全社会共享共用。

西科控股公司实施股权多元化改革

在平等协商、战略合作的基础上，引进国科控股、农银资本、国开科创等战略投资人，通过多元化重组共聚各方资源、实现合作共赢。投资孵化平台以新型研究机构为载体，率先布局粤港澳、津京冀、长三角等重点区域，逐步向上海、成都等重点城市扩展，将科技成果产业化模式在全国范围内复制推广，将西科控股打造成中科院科技成果转化平台，将"西光模式"向更高层面、更大范围推广，更为有力地助推国家经济社会高质量发展。

与西安高新区融合发展，共同打造优势产业集群

研究所与西安高新区制订了融合发展实施方案，将建立硬科技创新研究院、硬科技产业集团和硬科技产业（并购重组）基金。通过优势资源的整合，构建形成以"西安光机所创造，西安高新区推广"为特色的"政、产、学、研、用、金、介、才"全要素创新创业生态体系。通过资本整合产业链上下游，形成合力，助力企业做强做大，支撑区域经济高质量发展。发挥科技智库功能，积极为国家、地方经济发展建言献策。"研究所＋天使基金＋创新平台＋产业集群"

生态体系建设报告被选为国家首批"军民融合典型案例"（陕西共两例）。为陕西省多个部门提供了科技体制创新探索和军民融合发展的建议报告。

2015年2月15日，中共中央总书记习近平视察西安光机所。这是建所50多年来国家最高领导人首次莅临，给予研究所无尚荣耀。习近平总书记察看了研究所面向国家需求的创新成果及面向经济主战场的成果转移转化与产业工作成效，认为"西安光机所在科技成果转化方面做了有益的探索和尝试"，并指出，核心技术靠化缘是要不来的，一定要自力更生。勉励研究所认真贯彻创新驱动发展战略，为实现"两个一百年"目标做出新的贡献。

党中央带领中华民族踏上实现第二个百年奋斗目标的新征程，科技创新必须成为第二个百年目标实现的战略支撑。作为国家科技创新的生力军和骨干力量，西安光机所将按照习近平总书记的要求，进一步解放思想、凝聚力量、深化改革，按照中国科学院新的办院方针，作为"国家队""国家人"，心系"国家事"，肩扛"国家责"，强化创新责任和创新自信，为建设科技强国，实现高水平科技自立自强贡献新的力量，为建设创新型国家，实现两个百年目标和中华民族伟大复兴的中国梦继续奋斗。

第十一章

中国航天科技集团有限公司第四研究院

第四研究院概况

中国航天科技集团有限公司第四研究院（航天动力技术研究院，以下简称为四院）成立于 1962 年 7 月 1 日，主要承担运载火箭、战略战术导弹、卫星、载人飞船等航天产品固体发动机的研发、设计、生产和试验任务，以及该领域内的重大技术创新和预先研究任务，是我国水平最高、规模最大、实力最强的固体发动机专业研究院。

四院大楼

创业历程

筚路蓝缕，玉汝于成。从 1962 年成立起，为了祖国航天固体动力事业的创立发展，四院根据国家战略需求、国际形势变化，考虑当时的气候、环境等因素，多次搬迁，先后转战北京东山沟、四川泸州、内蒙古呼和浩特、宁夏银川、湖北襄阳、陕西西安蓝田和灞桥等地，足迹遍布祖国大江南北，被称为"搬家院"，历经三次艰辛创业。

1956 年 10 月 8 日，国防部第五研究院宣布成立，在北京东山沟，开始了复合固体推进剂的艰难探索。

1958 年 7 月，我国第一根复合固体推进剂药条点燃。

1962 年 7 月 1 日，四院的前身——国防部第五研究院固体发动机研究所在四川泸州高坝正式成立。

1963 年，筹建内蒙古基地（5024 工程）。

1963 年 12 月，改称为国防部五院四分院——固体发动机研究设计院。

1965 年 1 月 22 日，改称为第七机械工业部第四研究院。

1965 年 7 月，四院开始由四川省泸州市向内蒙古呼和浩特市搬迁。

1966 年 6 月，陕西蓝田基地（063 基地）开始建设。

1978 年 11 月 24 日，中央专委发出 4 号文，决定撤销第四研究院，将其一分为二，成立内蒙古七机局和 063 基地。

1981 年 5 月 13 日，国防科委发出 289 号文，批准恢复七机部第四研究院（固体发动机研究院）。

1989 年 7 月 28 日，四院开始分批从西安市蓝田县向灞桥区洪庆镇田王搬迁。

第一次创业

航天固体动力事业从无到有（1954年10月8日—1982年10月12日）

四院人在"我们也要搞固体导弹"的政治感召下，以国家强盛、民族希冀为己任，舍弃城市繁华、不计个人得失，义无反顾献身航天固体动力事业，从北京东山沟到四川泸州高坝，从塞外朔漠到秦岭脚下，多次辗转迁徙，足迹踏遍大半个中国，从"中国固体第一芯"到《东方红》旋律响彻寰宇；从人拉肩扛第一台直径300毫米发动机研制成功，到1982年巨浪一号蛟龙出海，谱写了中国固体火箭事业自力更生、艰苦奋斗的壮丽凯歌。

固体启航

1956年10月8日，中国第一个导弹研究机构——国防部第五研究院成立，钱学森任院长，标志着中国航天事业的创建。

国防部五院一分院六室的固体推进剂小组，在北京云岗地区的东山沟一带建起了一批简陋的实验室，开始了复合固体推进剂的探索工作。

艰难探索路

固体火箭发动机作为导弹武器及航天运载动力的独特用途，决定了这必然是一条自力更生的艰苦奋斗之路。我国相关领域一片空白，而国外对固体火箭发动机技术作为最高级军事机密严加封锁，而研究探索困难重重。固体推进剂小组成员都是刚出校门不久的大学生，从有限的公开资料寻找蛛丝马迹，凭着"复合推进剂""贴壁浇注""星形内孔"等简单词组，逐步摸清了固体燃料发动机的基本特性。

1960年7月，苏联专家准备撤回。五院同志在问及有关复合固体推进剂和固体发动机问题时，苏联专家竟讽刺地说："我们没有研究。如果中国研究出来，我们向你们订货。"这更加激发了研制人员自力更生发展固体事业的决心。

1962年，钱学森在五院党委常委扩大会议上传达聂荣臻元帅指示时指出，世界各国搞洲际导弹均从液体发动机开始，但固体发动机是方向，我国搞洲际导弹，一定要把大型固体发动机研制出来。

固体第一芯

1958 年，初步合成液态聚硫橡胶黏合剂，打响了新型固体推进剂研究的第一炮。

同年 7 月的一天，在国防部第五研究院一分院"庆祝献礼大会"上，第一根钢笔大小的复合固体推进剂药条被点燃，照亮了中国航天固体动力事业的前进之路。

固体发动机研究所在四川泸州成立

1961 年 12 月 26 日，国防部五院向国防科委、国防工办报告，要新建一个归属五院的固体发动机设计研究所。决定建立固体发动机研究所后，总参给出新的番号：中国人民解放军总字 750 部队。钱学森非常关心固体发动机研究所的筹建工作。1962 年 2 月 8 日，他亲笔给研究所的领导路九牧、肖淦、李乃暨写了信。

1962 年 7 月 1 日，国防部第五研究院固体火箭发动机研究所在四川省泸州市远郊高坝成立，中国航天固体动力事业迈出了历史性的一步，这一天也被作为四院建院纪念日。

第一座固体火箭发动机试车台

泸州地区工作条件差，研究人员在走廊尽头的隔离小屋做实验室。发动机室要做点火试验，就在野外建起 1 吨简易试车台。科研人员自己动手和泥、搬砖、吊线，又在院子内一个土堆旁垒起一间三堵墙的小瓦房，面积只有一张双人床那么大，人们幽默地给这间特殊的小屋取名为"土地庙"。房内用水泥砌了一个长约 70 厘米，高、宽各约 40 厘米的小墩子，如农家小锅台。试车时，就把发动机"脚"朝上、头朝下，埋在土堆里点火试车，这就是我国第一座固体火箭发动机试车台。

广纳贤才

20 世纪 50 年代末到 60 年代初，在国家的高度重视下，积极向新组建的国防部五院四分院调配各方面所需人才，其中不仅有学者、专家、军队指战员、

高级技术工人、大中专毕业生，还有很多留学归国人员。

留苏学生是祖国送出培养的优秀科技和管理人才，从20世纪50年代末到60年代初，他们先后学成归国，其中分到四院工作的就有12名。

1957年11月17日，毛泽东主席在莫斯科大学接见中国留苏学生时发表了《希望寄托在你们身上》的著名讲话，这些学子现场聆听："世界是你们的，也是我们的，但归根结底还是你们的。你们青年人朝气蓬勃，好像八九点钟的太阳，希望寄托在你们身上。"这段振奋人心的传世名言给了这些学子巨大激励，他们用实际行动践行领袖教诲，都在各自岗位上做出了突出贡献。

第一台直径300毫米固体发动机的研制

直径才300毫米的固体发动机，是一种小型的、简单的无推力控制的固体发动机，但是研制过程却十分艰辛，在研制过程中，科研人员先后解决了药柱裂纹、不稳定燃烧等问题。在34台地面试车成功的基础上，进行了冲击、振动、运输、贮存等试验。试验证明，发动机结构可靠、工作稳定、重现性良好，是装有复合固体推进剂的发动机发展史上第一座里程碑，为研制大中型发动机打下了坚实基础。

人拉肩扛发动机试车

人拉肩扛发动机试车

没有试车台，也没有交通工具，科研人员就人拉肩扛、蹚河过沟，把发动机抬上秦岭山中的一个山沟里，把山崖作推力座，用附近一座山神庙的废墟做测试房，进行试车。

搬迁内蒙古

四川的湿度对于固体推进剂的研制极其不利，考虑到当时国内的工业技术水平，科研人员建议不在西南建设固体发动机研制基地，国家尊重这一意见。按照毛主席"一切要抢在战争前面"的指示，从 1965 年 7 月开始，党叫四院人去哪儿他们就去哪儿，背起行囊就出发，由南向北迁，搬迁到内蒙古呼和浩特市。

严峻的风沙考验

当时的呼和浩特南地只是一片黄沙中点缀着几处空壳厂房，再加几栋单身宿舍和一个用芦席搭成的食堂。在"先生产、再生活"的基建方针下，部分职工借居在南地村农村缺门少窗久无人住的农舍中。吃的主要是窝窝头、玉米面发糕加土豆、白菜，大家在四处漏风的芦苇席就餐，还没等吃完饭，饭菜就冻硬了。更难以忍受的是风沙肆虐，每天午后总刮大风，刮得睁不开眼，起风时人的鼻孔、眼轮、耳蜗都灌满了沙土。

在这种恶劣的条件下，四院人依旧精神饱满、斗志昂扬，有职工作诗表达了这种豪迈的心境：

南征只为把喜报，北移何须怕微劳。

为将硕果酬壮志，云山万里蒙古包。

蓝田（063 基地工程）基地建设

1964 年，党中央做出了"调整一线、建设三线、改善工业布局，加强国防，进行备战"的重大决策，决定集中力量建设内地，在人力、财力、物力上给予保证。蓝田山区地形复杂，山高、树密、沟深、隐蔽性好，符合"靠山、分散、隐蔽"的选点方针。按照 "先工业、后民用"的基建方针，建设者头

顶青天、脚踏荒野，住帐篷、睡地铺、饮溪水，工作、生活条件十分艰苦。

蓝田位于秦岭北麓，自古据秦楚大道，有"三辅要冲"之称，是关中通往东南诸省的要道。这里山缓林密，气候凉爽，适宜分散、隐蔽的三线建设要求，经前期多方勘察，四院新址就选定在蓝田境内的秦岭北麓。

大庙精神

四院三线建设是航天传统精神真实而生动的写照。

蓝田县普化公社河湾，王顺山脚下，有一座著名寺庙"水陆庵"。1970年初，四院"7417"工程的第一批先遣队员在寺庙里安下了大营。由于房间太少，一间厕所用土填平后住上了人。为了不损污、毁坏文物，队员们还用木桩和席子竖起一道屏障，将四周的彩色塑像保护起来。空山大庙，前不着村、后不着店，交通不便、条件艰苦，职工生活和工作所必需的物资运输，需要人力蹚过这条山涧急流，一件件从很远的地方一步步扛到山里的庙内。劳动工地上不分男女老少，没有职务高低，一派热火朝天的景象。

当年水陆庵门上的对联"身在大庙胸怀全局，脚踏青山放眼世界"，表达了当时创业者们的豪迈和风貌。

当年的水陆庵曾经是四院某所设计人员办公的地方

推举"东方红"

1957 年 10 月，苏联发射了第一颗人造卫星。毛泽东主席做出了"我们也要搞人造卫星"的伟大指示，东方红一号卫星研制计划正式立项，代号"651"工程。1967 年新春，上级正式向四院下达为发射我国第一颗人造地球卫星"东方红一号"的运载火箭"长征一号"研制第三级发动机的光荣任务。这也是固体发动机首次承担国家重大任务。

1969 年，科研人员开始发动机正样研制。从 300 毫米发动机一下跨越到 770 毫米，这是一项空前的挑战。那时正是"文化大革命"狂飙最厉害的年月，研制工作困难重重。研制队伍既要解决技术难题，又要排除人为干扰，最终如期向总体提供 3 台发动机，在全箭联合试车中全部合格。

1970 年 4 月 24 日晚 9 时 35 分，长征一号运载火箭冲向云天，四院研制的第三级固体发动机关键时刻用力一推，让东方红一号卫星成功入轨、巡天遨游，东方红乐曲响彻寰宇。

固体英烈

固体发动机因为火化品的特性，具有强烈的危险性。在固体动力技术探索研制过程中，不少人员致伤致残，甚至献出宝贵生命。

1962 年 12 月 6 日，300 毫米发动机药柱装药时，203 公斤辗片投入 500 升混合机后突然爆炸，陈素梅、韩玉英两位女同志当场牺牲，王增孝、刘恩科两位同志因伤势过重，送医院抢救无效后也献出了宝贵生命。

1974 年 3 月 16 日，四院内蒙古 389 厂装药车间 6 名操作人员在工房使用卧式混合机混合推进剂。第一锅药混合正常；12 时 15 分投入第二锅料，开车 3 分 17 秒，操作人员离开现场到隔离间清理料盆时，混合间发生爆炸，爆炸的气浪将隔离间的防爆门推倒，工房设备被炸毁，王林同志不幸身亡……王林同志家里的桌上有这样一张纸条：药已喂，水已挑，粮和衣未办，请原谅，我上班了。这是他临走时留给家人的最后一句话，他就这样无声无息地走了。为了尽快拿出型号产品，为了追求他从事的航天事业，王林同志献出了宝贵的生命，那年，他年仅 36 岁，是那么的年轻……他的热血洒在祖国航天事业

在艰苦的条件下进行发动机装药

的基地上，放射出异彩，永远激励后人。

1979年7月11日，在高性能推进剂配方的研制中，推进剂突然爆炸，戴学华和杜品芳两位同志当场壮烈牺牲。在清理爆炸后的废墟时，人们找到了烈士的遗物—— 一块上海牌手表。表针因强烈的爆炸冲击深深嵌入表盘中，永久定格在那个悲恸时刻—— 8:34。

正是这些不惧艰险的老一辈航天人，用他们的生命为我国固体发动机装药摸索出安全可靠的生产工艺，今天固体发动机装药混合岗位实现了远距离操作，确保了安全。

第二次创业时期：乘势扶摇谱壮歌
——航天固体动力事业从小到大（20世纪80年代中期至2011年）

20世纪80年代中期，四院人紧紧抓住国家三线调迁、型号技术改造等历史机遇，集智攻关、奋勇登攀，迈开了第二次创业的坚实脚步。从直径1.4米到2米，从中能到高能，从研制到批产，从建院初期以战略为主，到战略、战术、宇航型号并举，固体发动机技术快速发展、应用领域不断拓宽。从单纯完成型号科研生产任务，到航天技术应用产业和航天服务业快速发展，形成军民融合的发展格局。一个国内最大、水平最高的现代化固体火箭发动机研制生产试验基地、一座欣欣向荣的航天新城在西安浐灞之滨崛起。

三线调迁

随着固体动力技术的发展进步，063基地研制生产条件暴露出许多问题：

已建工业项目不能适应固体发动机新技术发展的需要，亟待解决研制短线；缺乏配套条件，不能满足型号任务批量生产的需要。三线建设难以克服的问题日渐突出：钻山沟太深、布点过于分散和偏僻，山洪等地质灾害对企业威胁较大，交通不便，信息闭塞，难以吸引并留住人才。国家批复 7063 工程，1989 年 7 月 28 日，四院决定从当年第三季度起分批从西安市蓝田县向灞桥区田王搬迁，三线调迁开始启动。

四院主体挥师田王

三线脱险调迁，犹如给四院插上了腾飞的翅膀，对改善四院固体发动机研制条件，加速我国新一代固体导弹的研制进程，稳定科技队伍，吸引高层次人才，巩固三线基地等起到了重要作用。四院人实现了几代人搬出大山的梦想，为四院产业结构调整创造了条件，初步形成了地域集中、配套完整、水平先进的发动机研制基地，大大提高了四院整体竞争力。

重剑砺程

四院从 1979 年开展 2 米综合试验发动机预研后，经过全院各部门通力合作，到 1983 年 2 月，重点攻克了柔性喷管等推力向量控制技术。1983 年 2 月 4 日，首台直径 2 米的综合试验发动机，装药量高达 22 吨，点火试车成功，标志着四院步入能够研制 2 米直径发动机的历史阶段。12 月 25 日和 28 日，直径为 2 米的金属壳体和玻璃纤维缠绕壳体发动机获得圆满成功。

时任中央军委秘书长的张爱萍将军听到这一喜讯，1984 年 1 月 15 日专程来到四院观看试车录像和试车后的发动机部件，欣然题词"攻克险关、才智无穷"。

在第二代固体战略型号研制初期，一台即将试车的发动机出现大面积脱粘。为了彻底查清疑点，确保研制进度，四院领导和专家基于当时的研制条件，经过慎重权衡，做出了"就地挖药，查探修复"的决定，一个由 10 多人组成的挖药突击队迅即成立。直径 2 米的发动机，药柱芯孔仅能容人身体。队员们便轮番钻进装满几吨药柱的发动机燃烧室，抠挖已经固化的药层。当时，稍微操作不当就可能爆炸起火，3000 多摄氏度的高温把钢铁都能熔化，然而

四院参与研制的某新型战略导弹亮相国庆阅兵

在责任和使命面前，突击队员们没有丝毫犹豫。每次最多挖四五克药，每人每次只能干 10 分钟，在挖出 300 多千克药后，终于找到了发动机脱粘原因，修复后的发动机试车圆满成功。

2009 年 10 月 1 日，中国新世纪第一次大型阅兵式在天安门广场隆重举行。四院参与研制的多种型号新型导弹武器方阵盛装亮相，中国再次向世界展示了维护国家主权与领土完整的决心与实力。

能力拓进

在我国载人航天伟大工程中，四院承担了飞船逃逸救生系统的研制任务。逃逸救生系统又叫"逃逸塔"，在火箭的顶部。塔高 8 米，像是火箭的避雷针。在运载火箭发射升空的过程中，一旦发生危及航天员生命安全的故障，逃逸系统能够迅速将载有航天员的飞船舱体带离危险区域，帮助航天员瞬间逃生，因此被誉为航天员的"生命之塔"，也被形象地称为火箭上的"救生艇"。

逃逸系统发动机、飞船舱体密封件和航天员医监生化检测装置的研制生产任务，分别应用于"神九"的箭、船、航天员三大系统，伴随飞船与航天员完成发射、飞行、试验等各阶段任务，全程为"载人航天任务"护航。

1984 年 4 月 8 日，我国第一颗试验通信卫星东方红二号在西昌基地发射成功。4月10日，四院研制的"FG-15"发动机在地面测控站发出点火指令后立即启动，成功把卫星送入远地点为36000公里的转移轨道。"FG-15"发动机从1975年10月开始方案论证后，到1978年完成模样制作，1980年完成初样研制，1982年完成性能精度试验，1983年完成正样研制。

2004年10月19日，我国在西昌卫星发射中心成功发射了风云二号气象卫星C星。这次用于发射风云二号卫星C星的远地点发动机，是在四院荣获国家质量金质奖章的东方红二号通信卫星远地点发动机的基础上研制成功的。随后，四院研制的远地点发动机运用风云多个型号。

2010年7月2日，四院研制的固冲发动机试验取得圆满成功，发动机工作时间创下四院固冲发动机工作时间新纪录。四院申报的973课题某型号燃烧基础研究顺利通过国家总装重大基础研究项目顾问组复议评审，为四院占据国内固冲发动机制高点奠定了坚实基础。

2010年10月1日，嫦娥二号卫星飞向茫茫太空，由四院下属的四十四所研制的星载压力传感器成功用于卫星推进分系统之上，成功测量了卫星高压氦气和推进剂贮箱压力，为嫦娥二号成功绕月探测任务全程监测生命体征。2011年9月29日晚，"天宫一号"目标飞行器成功发射升空，开启了我国首次空间交会对接任务。四十二所则为"天宫一号"专门量身定做了全套的结构密封系统，为未来航天员在"天宫"工作生活打造了一套可靠的安全屏障。

2002年9月4日，7414厂四车间联合井式电炉一号变压器，因设备老化、"先天不足"和长期使用超负荷运行而发热起火，国家急需的重点型号的大件热处理工序陷于瘫痪，全员乃至整个型号系统研制生产和计划进度链条被拦腰斩断。全厂连夜制定抢修具体方案和实施计划，不舍昼夜地加紧抢修，行业权威人士认为最少需要一个半月甚至两个月时间才能恢复正常生产的设备，10天后便恢复到了调试运行的状态。

1998年3月22日，决定某重大型号发动机能否转段的联合试验正在航天四院四〇一所进行。点火瞬间，发动机爆炸，翻滚的浓烟和四射的火焰将试车台防暴屋顶掀上了高空，试车架、试验调车前台的测试仪器、测试线缆

和录像设备全被烧毁，就连两块砖厚的铁门也被扭成了麻花……面对一片狼藉的试车台，面对技术定位明确后马上要进行的新一轮试验，面对资金短缺的经济现实，面对时间紧迫、责任重大、没有退路的严峻形势，四〇一所向职工发出筹款倡议，在三天内筹集资金近 20 万元，为重大型号赢得了宝贵的时间。2 号试车台提前一个月恢复了试车条件，这次重大型号研究史上独一无二的壮举，向人们展示了四院人一切为了重大型号、热爱航天、无私奉献的精神风貌。

高能精神放光芒

经过 12 年攻关，面对简陋的条件，面对重重危险，广大技术人员克服重重困难，进行深入研究探索，为推进剂工艺扩大奠定基础，面对混合硝酸酯和黏合剂制备的危险，一线人员不顾个人安危，发扬"蚂蚁啃骨头"精神，连续作战，顺利完成了任务，推进剂某大尺寸发动机演示试验取得成功，使我国成为世界上第二个拥有能量水平最高、综合性能最佳的高能固体推进剂国家。

第三次创业

——铸剑为国航天梦（2011 年 9 月至今）

2011 年 9 月，四院召开第六次党代会，做出了"积极实施具有战略意义的第三次创业，做强做优四大主业，谋求四院跨越发展"的重大决策，迈开了固体动力事业的第三次创业新征途。

第三次创业启动以来，四院重大飞行任务连战连捷，多型号、多批次、大批量交付列装部队，产品型号领域不断扩大，由单一的固体发动机产业向全应用领域固体发动机、组合与能量管理发动机、武器系统集成、配套军品和军贸产业全面发展转型，固体运载助推及武器系统等新领域取得新突破。

四院大力推动了我国固体导弹事业和航天工程发展，为圆满完成以"两弹一星"工程、载人航天工程为代表的国家重大武器装备提供了强有力的动力支撑。四院的固体火箭发动机如今已逐步形成了覆盖战略、战术、防空以及宇航等全应用领域、多尺寸、宽射程、系列化的产品体系，有力支撑和促进了我国洲际、中远程、近程地地弹道导弹，海基潜射战略导弹，以及防空反导导弹等一大批体现国家意志、民族尊严的先进现代化固体导弹武器系统的投入使用，为我国构筑起"三位一体"核战略的国防安全基石和空中、陆上、水下全方位的"钢铁长城"。

战略导弹是支撑强国梦、强军梦的坚强实力，是维护和平、捍卫和平的坚强盾牌。在历次大阅兵中，四院参与研制的多种新型导弹武器方阵盛装亮相，成为阅兵式中光彩夺目的焦点，振奋了民族精神，展示了中国力量。

拓展宇航运载应用领域

四院致力于固体动力技术的领域拓展，在我国载人航天伟大工程中，四院参与研制的飞船逃逸救生系统先后参加了多次无人和载人航天飞行，以及交会对接任务，次次不辱使命，被誉称为"宇航员的生命之塔"。四院瞄准宇航运载和商业航天，研制的新型固体120吨大推力发动机关键技术考核地面热试车在国内率先取得圆满成功，分段对接演示验证发动机地面热试车取得成功，在国内首次成功验证了固体火箭发动机分段对接技术，为后续大型固体发动机分段对接技术的发展奠定了基础。

固体运载火箭发动机运往试车台

空间探测大有作为

此外，四院承担了"神舟""天宫""天舟"舱体密封系统、"飞天号"舱外航天服橡胶件、"玉兔"月球车防尘密封圈及航天员医监生化检测组件等系列宇航工程相关技术和产品的研制生产任务，涉及火箭、飞船、空间实验室和航天员四大系统，确保了历次飞行任务的圆满完成。四院特种电机、压力传感器、复合材料等固体动力技术及相关产品空间站建设、探月工程、火星探测等航天重大工程任务。

四级发动机助力我国首型全固体运载火箭

长征十一号运载火箭是我国长征系列火箭家族第一型固体运载火箭，也是目前我国新一代运载火箭中唯一一型固体型号，具有机动灵活、快速响应、可靠性强等特点，全部四级主发动机都由四院研制提供。自 2015 年首飞成功以来，长征十一号全固体运载火箭已完成多次陆上和我国首次海上发射任务，将 30 多颗卫星成功送入预定轨道。

分段对接技术为 CZ-6A 火箭提供固体助推

2019 年 11 月 20 日，由四院研制的我国新一代中型运载火箭固体助推发动机首次同步性考核地面联合热试车取得圆满成功，该发动机直径 2 米，采用分段对接技术，是目前国内装药量最大、推力最大、工作时间最长的具备工程化应用的分段式固体发动机。采用捆绑固体助推的我国首枚新一代中型运载火箭长征六号甲立项并即将首飞。

捷龙一号固体火箭发动机进军商业

"龙"系列是首个"纯商业"的运载火箭系列。捷龙一号火箭总长约 19.5 米，箭体直径 1.2 米，起飞重量约 23.1 吨，是我国体积最小、重量最轻的运载火箭，也是我国运载效率最高的固体商业火箭。四院承担了"捷龙一号"全部四级主动力系统的研制任务。2019 年 8 月 17 日，四院提供全部四级固体火箭主发动机的捷龙一号首飞成功，标志着中国航天国家队"龙"系列商业运载火箭从此登上历史舞台。

四院提供四级主发动机的长征十一号运载火箭

四项法宝助力长征五号成功飞天

长征五号大型运载火箭是我国目前研制的起飞规模最大、技术跨度最大、运载能力最大的运载火箭。四院研制的正推火箭、消氢点火装置、星载压力传感器、碳碳密封环等多项产品全力护航长征五号火箭成功发射。正推火箭是火箭飞行过程中为实现芯一级、芯二级可靠分离而研制的分离发动机，为级间分离提供动力的装置。消氢点火装置能在火箭氢氧发动机工作前的两三秒内，点燃火箭发射的"第一把火"，利用喷射的高温、高速燃气金属粒子流，将发射前排出的大量氢气在其未达到可爆炸最低浓度前先行消除，以保证运载火箭发射的安全性。

天雷导弹察打一体

为适应无人机、直升机挂装小型空地导弹进行察打一体作战以及反坦克作战需求，四院开展了以特种固体动力为特色的小型精确制导武器研制，形成了以天雷（代号 TL）系列为代表的轻型空地导弹和反坦克导弹武器系列产品。四院作为总体研制的天雷系列三型空地导弹相继获得国家军贸立项，天雷二号签订多个订单。

天鹰探空型谱发展

依托丰富的型号资源优势，按照"模块化、通用化、标准化"设计理念，成功研制开发了多系列 20 余个型号，形成了天鹰（代号 TY）系列化探空火箭型谱，圆满完成了我国多项重大工程飞行任务保障及科学探测试验。天鹰火箭具有成本低、研制周期短、发射时间受限小等优点，在高空科学探测、高空气象探测、空间微重力和空间物理实验等领域发挥了重要作用。

引领固体动力技术前沿

四院建立完善了以国防科技重点实验室、各级研发中心、工程中心为平台，产学研结合、开放合作的军民融合创新体系。瞄准国际前沿和我国航天重点工程与重大背景型号需求，加大创新力度、完善创新手段，承担了国内固体动力技术领域绝大部分国防基础科研及预先研究项目，相继突破了以新一代先进大型固体洲际战略导弹、未来防空反导导弹，以及固体运载火箭等为背景的高能固体发动机、高速高加速发动机、大推力及分段对接固体发动机等多项固体动力关键技术；积极推进以固体冲压、超燃、多脉冲、变推力等为代表的新型特种动力、组合动力以及能量管理动力前沿技术的研究，为推动固体动力技术的跨越发展和我国导弹武器系统的升级换代，为加速固体动力在民用航天、深空探测、临近空间快速响应等新领域的拓展应用奠定了坚实基础。累计获得国家级、省部级以上奖励 1000 余项，拥有 5 项国家科技进步特等奖，累计申请国防核心技术专利 600 余项，确立并持续巩固了四院作为国内固体发动机先进技术的引领者和行业领跑者的地位。四院在多项国家重大工程研制中受到党和国家的嘉奖。

为功勋碑再添光彩

2014 年 3 月 3 日，7416 厂三车间 T316 厂房在生产过程中突发设备爆炸事故，主要工房倒塌、设备损毁。事故发生时，近在咫尺的某大型立式混合机正在作业，危险组分已经加料完毕，设备紧急停机，一个装有药浆的混合罐吊在半空，异常危险。为避免次生灾害的发生，应急救援指挥机构立即组织进行应急抢险工作。可究竟谁去排险？现场的危险程度有多高？操作设备是否会造成二次伤害？一切都是未知！三车间混合组组长曾勇主动请缨排险："我是混合组组长，现场我熟悉。如果发生危险，要牺牲就牺牲我一个。"包括曾勇在内的三名员工冒着生命危险来到排险现场，借助手电筒微弱的灯光，转移周边的危险品。混合锅平稳地从设备上降下，排险工作完成。他们尽最大努力把事故可能给院、厂带来的损失和影响降到了最低。

企业文化

伟大事业催生伟大精神，伟大精神推动伟大事业。在航天固体动力事业的发展实践中，四院坚持和弘扬航天精神，形成了以"国家至上、争创一流"为核心，以"责任、创新、精诚感恩"为支柱，以安全、质量、创新、保密等为系列专项，以"共赢共享"为努力方向的四院特色文化体系，推进企业文化和科研生产、经营管理有效融合，广泛开展特色主题文化活动，引导职工坚定航天报国志向、航天强国信念，造就有理想守信念、懂技术会创新、敢担当讲奉献的职工队伍，为航天事业发展注入了强大动力。

在圆满完成宇航和导弹武器型号任务的基础上，四院依托固体动力核心技术优势，积极推进航天动力技术成果转化，广泛应用于临近空间探测、防灾减灾、能源安全、安防等国民经济建设领域，为国家经济社会发展做出了积极贡献。同时，四院积极开展脱贫攻坚、志愿服务、捐资助学、环境保护等活动，有力地履行了国有企业的社会责任。

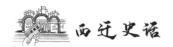

人才济济

人才是航天事业发展的发动机，四院始终坚持"人才的高度就是事业的高度"发展理念，把人才资源作为第一资源，着力打造规模适度、结构优化、素质过硬、对党忠诚的人才队伍，为事业发展提供了不竭的动力。

目前，四院设有 14 个职能部门，下属单位有 6 家研究所、2 家生产工厂、18 家专业民品公司。全院在职职工 1.2 万人，其中中国科学院院士 1 名、中国工程院院士 1 名、国家突出贡献专家 4 名、新世纪百千万人才工程国家级人选 7 名、省部级专家 84 名、享受国务院政府津贴人员 200 余名；拥有博士后科研工作站 2 个、硕士学位一级学科授权点 5 个；获省部级以上成果 1000 多项，其中特等奖 4 项、国家级奖 59 项。

第十二章

中国航天科技集团有限公司
第六研究院第十一研究所

西迁历史概况（1964—1996 年）

1956 年 10 月 8 日，为发展我国的导弹、火箭工业，党中央决定成立国防部第五研究院，为中国人民解放军部队建制，聂荣臻元帅批准五院的编制，地址在北京西郊。同年 11 月 23 日，五院成立第九研究室，为我国第一个火箭发动机研究室，主任为梁守槃（中国科学院院士、我国导弹与航天技术重要开拓者）。1957 年 11 月，九室划归新成立的五院一分院，改名称为四室，主任为任新民（中国科学院院士、"两弹一星"元勋、我国液体火箭发动机技术奠基人），四室下设推力室、涡轮泵和自动器三个专业组，全室共 30 余人。从 1958 年开始，五院进行了苏制导弹发动机的仿制工作。为使研究机构适应仿制工作，1958 年 4 月 2 日，火箭发动机研究室（四室）改为国防部五院第三设计部（十一所前身）。自此，在一座废旧的飞机库里开始了我国液体火箭发动机的早期研究设计工作，这一天也成为十一所的建所纪念日。

为加强党对科研工作的领导，五院从部队抽调一批得力干部来研制单位担任各级政工、行政领导。他们坚决贯彻党的知识分子政策，努力为科研事业和技术干部服务，创造了较好的工作环境条件和生活条件。

自行研制初期，正逢国家面临经济困难和自然灾害，但党中央为加强尖端技术的发展，对五院的干部特别予以关怀。聂荣臻元帅专门从海军及各大军区商调了一批副食品、水果支持五院。党中央的关怀极大鼓舞了发动机研制人员的工作热情，为自行研制打下了较好的思想基础和物质基础。

正当发动机研制工作进入关键时刻，由于中苏意识形态的分歧，苏联突然单方面撕毁合作协议，撤走专家，使得发动机研制工作遇到很大困难。但是，技术人员发扬"自力更生、奋发图强"的精神，独立承担起发动机的研制任务，以钱学森、任新民、李伯勇（原十一所所长、国家劳动部部长）、张贵田（中国工程院院士、原十一所所长）为代表的中国航天液体动力的开拓者们，在极其艰苦的工作环境中，克服重重困难，成功研制出东风一号、东风二号等优质液体火箭发动机。

"东风"系列发动机相继研制成功，使十一所人练就了自主研制液体火箭发动机的本领，培养了一支既有理论水平又有实践经验，具备自主研发能力的研制队伍，建成了比较完整而协调的研制基地和国内科研、工艺、器材大协作网，建立了一套比较先进的科研管理制度，表明我国液体火箭发动机的自主研制走上了正轨，研制体系完成，技术基本成熟，可以为中程、中远程、远程、洲际弹道导弹和运载火箭提供更为先进的发动机。

20世纪60年代中期，我国根据当时严峻的国际形势，为了改善工业布局，应对可能发生的侵略战争，保卫国家安全和经济建设，做出了"搞好战略布局，加强三线建设"的战略决策。1964年9月7日，国防工办召开会议传达毛主席关于"备战、备荒、为人民"和三线建设要抓紧等紧急指示。9月9日，五院召开干部会议，传达毛主席"准备打仗、准备早打、准备大打"的重要指示，决定组织10个勘察小组，到川、陕、甘、青等三线地区选址建设国防工业大后方战略基地。

1956年初创之期，在飞机仓库开展发动机研制

经过几个月艰苦的勘察，液体火箭发动机三线基地被选在陕西凤县境内建设。1965 年 1 月 11 日，为确定地地导弹液体火箭发动机三线建设地址，七机部一院派第三设计部主任任新民、政治委员马云涛（原航天工业部政治部主任）带队到陕西省凤县的凤州和河口两个公社进行实地踏勘。经反复讨论，确定河口公社的寺沟、青崖沟、大木厂沟一带为建设地址。4 月 15 日，七机部部长王秉璋亲临凤县，听取了有关同志的汇报，经过认真研究讨论，决定在安河两岸建设基地各单位。十一所安排在上至下坝，下至烧锅村的 17 公里长的沿河两岸。

1965 年 8 月 9 日，中央专委第十三次会议批准在陇南地区建设地地导弹研制生产基地。11 月 25 日，国家建委主任谷牧、副主任谢北一，中联部副部长王力，西北局计委主任宋平，西北局建委主任刘昌汉，陕西省计委副主任任钧等到达凤州看点和检查工作。12 月 3 日，七机部下文：成立〇六七指挥部，即〇六七基地。十一所名称仍为"七机部一院十一所"，但隶属于〇六七基地直接管理，科研、经费、行政管理、干部任命等都属〇六七基地。

在凤县的 20 多年期间，十一所广大干部职工在十分艰苦的环境里胸怀大局、无私奉献、艰苦创业。特别是在抗击三次洪水、泥石流灾害期间，干部群众做出了巨大的牺牲，甚至献出了宝贵的生命，集中体现了这种宝贵的无私奉献精神。这种精神至今仍鼓舞着十一所人不断前进，不断取得新的巨大胜利。

1980 年 7 月 2 日，由于连日大雨，安河暴发洪水。十一所副所长宋承河同志和营房科副科长李宝良同志，为了保卫汽油库不被洪水吞没，在河岸边查看水情。他们所处的地基被水淘空，水泥板突然断裂，两人被滔滔洪水卷走，英勇牺牲。

1981 年 8 月 20 日，陕西凤县又暴发百年不遇的特大洪水，十一所所在地的安河两岸，山上泥石流裹着杂草、树木，随着洪水从各条山沟汹涌而下。数十米高的洪峰发出震耳欲聋的轰鸣声，惊天动地地冲向了安河，一时间，安河沟成了一片汪洋，有人形容说："两山大有合抱之势。"洪水泥石流冲垮厂房、车间、试验室和家属宿舍。公路被冲垮，宝成铁路被冲断，上面铁索高悬，下面滔滔河水，惊险万分。洪水过后，一眼望去，经营多年的安河沟里满目疮痍、惨不忍睹。当时有个西方电台说，中国一个火箭研制基地从地球上消失了。

洪水暴发时，十一所 58 车间副主任李秉钧的小女儿还躺在医院里，李秉钧多么希望能守在刚做完手术的女儿身边，再陪陪她，可洪水不等人，他心里还惦记着车间、厂房。没有想到的是，洪水无情地将正在察看车间灾情的他卷走了。病榻上的小女儿再也没有等到爸爸，不久，也被病魔吞噬了生命。接连失去两位亲人，李秉钧久病在床的老父亲悲痛欲绝，不久也离开了人世。

沧海横流，方显英雄本色。在无情的洪水面前，十一所干部职工积极响应基地党委"三不变、自己干"的号召，在基地党委的统一部署和所党委的团结带领下，战天斗地，重建家园。他们英勇地同自然抗争，用宝贵的生命和满腔热忱苦干、实干，成功地保住了我国唯一的大型液体火箭发动机基地。

1981 年，十一所器械库被特大洪水泥石流冲毁后的情景

就地、按时、保质、如数交付了飞行试验的产品，又一次创造了人间奇迹。十一所职工那些英勇无畏的事迹，特别是在洪水泥石流中英勇献身的 3 名烈士，直到今天，仍在激励着十一所人不断前行。

1981 年 8 月的特大洪水过后，12 月 1 日下午，七机部副部长张钧来到十一所，提出了"恢复、收缩、转移"的六字方针，要求做到"从容计议、尽快选点、抓紧建设、适时搬迁"。十一所组成了以姜福来（原十一所党委书记）为首的新点选址调查组，跑遍了陕南、四川、河南以及湖北荆楚大地，历时 28 天，在 4 省 13 个地区 47 个县察看了 39 个点，围着秦岭、大巴山转了一圈。1983 年，〇六七基地再次组织选点，初步定在湖北襄樊。陕西省听说〇六七基地要搬迁湖北的消息，省上研究认为，这么重要的单位还是留在陕西为好。1985 年 5 月，再次上报中央，最终决定新点选在西安市。1985 年 7 月 20 日，国家正式批复"〇六七基地搬迁西安市长安北塬"。

经过短短 3 年多的时间，1992 年，〇六七基地西安新点基本建成，并部分投产；1994 年实现全面投产；1996 年竣工，国家组织进行了验收。至此，一座全新的西安航天城在长安北塬建成，十一所从此开始了新的历史征程。

西迁后的发展历程

搬迁西安以来，十一所积极响应"打着红旗进长安，进了长安更高举"的号召，开始了第二次创业。这期间，液氧煤油高压补燃循环发动机研制勇克难关，长征系列发动机可靠性不断提高，航天技术应用产业得到快速发展；综合管理水平不断提高，信息化建设不断完善，精神文明建设和企业形象大幅提升。

建所 60 年来，十一所成功实现了两大转变：从单一的导弹武器动力军工企业发展为运载火箭、航空以及临近空间飞行器等多种军民用动力研发企业；在履行强军首责的同时，依托以液体火箭发动机技术国家重点实验室为代表的军民共用技术创新平台，积极响应国家军民融合战略，借力陕西"一带一路"桥头堡优势，围绕节能环保、新能源、高端装备制造等产业优势，积极拓展战略性新兴产业领域，培育了一批具有专业特点的项目和产品群，多个项目填补了国内空白，为地方经济发展增加新动能，推动创新型国家和航天强国建设。

今天的十一所，形成了本部科研区、低温发动机科研区、清水头试验区一所三区、协同发展的良好局面。建有国内唯一的液体火箭发动机技术国防科技重点实验室、航天科技集团组合动力技术研究中心、中意仿真平台等技术创新平台。拥有30余套国内唯一或国际先进的喷雾燃烧实验系统，以及包括结构强度、力学、声学、流体、气动、旋转机械等在内的20多种先进的仿真工具和百万亿次的高性能计算集群，且具备全三维协同设计能力。

十一所现有职工1764人，专业技术人员1148名，其中正高级技术资格的127名，副高级443名，中级314名，博士84名，硕士578名，构成了一支专业结构合理、技术力量雄厚、科研生产实践经验丰富的人才队伍。

建所60年来，十一所广大干部职工艰苦奋斗、顽强拼搏、大胆创新，无私奉献，参与了以"东方红卫星""载人航天""探月工程"为代表的历次卫星发射和重大战略、战术导弹飞行试验任务，推举中国航天取得了举世瞩目的成就。

2016年4月24日，在首个"中国航天日"到来之际，习近平总书记做出重要指示："探索浩瀚宇宙，发展航天事业，建设航天强国，是我们不懈追求的航天梦。" 2017年10月18日，党的十九大报告明确提出建设航天强国的伟大目标。在中国特色社会主义新时代下，党中央对我国液体火箭发动机事业提出了更高的要求。

十一所面对新要求、新机遇、新挑战，始终坚持牢记使命、勠力同心、拼搏奋进，始终坚持强基固本、勇挑重担，始终坚持汇聚力量、开放协同、锐意革新。发挥航天液体动力国家队的责任担当，建立一流的航天动力技术，打造一流的航天推进技术研究所，为实现世界一流军队、世界一流企业建设的宏伟目标提供强劲的动力支撑！

十一所新办公大楼

科技成果综合现状

十一所是我国运载火箭、导弹武器、航天器用液体火箭发动机的主要研究设计单位，主要承担着长征系列运载火箭常温推进剂发动机、新一代运载火箭液氧煤油高压补燃发动机、导弹武器姿控发动机等液体火箭发动机，以及冲压发动机、组合动力发动机等吸气式发动机的研究、设计任务。先后研究设计出百余种具有自主知识产权的发动机，为我国航天事业发展和国防现代化建设做出了突出贡献。

十一所先后获得国家级重大成果奖40多项，省部级科技进步奖240多项。被授予"全国文明单位""全国五一劳动奖状""中国载人航天工程突出贡献集体"等多项荣誉。

建所60年来，十一所在液体动力技术领域取得了突出的成就：

（1）常温推进剂主发动机、上面级发动机的性能和可靠性达到世界先进水平；

（2）研制了我国第一型单组元姿态控制发动机和双组元末修动力系统，在世界上首次将凝胶推进剂发动机投入工程应用；

（3）研制了液氧煤油高压补燃发动机，成为世界上继苏联之后第二个掌握该核心技术的国家；

（4）研制了我国第一型大变比泵压式变推力发动机和月球着陆器大变比针栓式变推力发动机；

（5）亚燃冲压发动机跻身国家队行列，吸气式组合发动机处于国内领先水平。

十一所研制的 YF-20 常温推进剂发动机，用于现役长征系列运载火箭，支撑着我国航天事业几十年的发展，被誉为中国航天的"金牌动力"。成功实现了第一次"一飞冲天"、第一颗返回式卫星发射、第一颗静止轨道试验通信卫星发射等多个中国航天的第一次。同时，为确保载人航天工程百分之百的成功，对发动机实施了多项重大改进，使 YF-20 发动机的可靠性提高到 0.999 以上，为我国航天发射成功率达到国际领先水平奠定了坚实基础，确保载人航天工程的成功实施，实现了国人几千年来的"飞天梦"和"奔月梦"。

为发射中国第一代风云气象卫星，十一所在"三线"艰苦时期，怀着对祖国航天事业的无限热爱和对国防事业的高度责任感，克服了资金不足、生产试验远离大本营及生活上的困难，历经 20 多年的研制，解决了高真空环境点火、热泵启动等关键技术，成功研制了高空发动机，这是我国首型可两次起动的泵压式高空发动机，填补了国内上面级常温发动机的又一个空白。该型发动机用于 CZ-4 系列火箭三级，有力支撑了风云气象卫星、高分专项等我国重大工程的发射任务。

为了进一步拓展运载火箭的功能，自 2003 年起，十一所开展了远征系列上面级泵压式发动机的研制，具备长时间在轨、2 次起动能力，用于远征上面级，首次实现了北斗导航双星直接入轨发射，被誉为"太空摆渡车"。

为了推动空间探测技术发展、促进航天技术进步，21世纪初，我国开展了月球探测工程。十一所研制了空间大变比发动机，用于嫦娥三号探测器，2013年12月2日成功实现了我国首次月面软着陆，使我国具备了月球等地外天体软着陆技术能力。其中空间发动机是实现月面软着陆的两个关键技术之一。2020年7月，研制的火星探测器环绕器主发动机参加我国首次火星探测任务。

为提高我国航天运载能力和技术水平，2000年，液氧煤油高压补燃循环发动机获得国家立项，十一所成功研制了我国首型液氧煤油补燃循环主动力，比冲等整体性能达到国际先进水平，部分技术国际领先，从近50种新材料研发开始，历经十余年研制，实现了我国液体火箭发动机技术代的跨越，是我国航天主动力技术发展的重大里程碑。目前，这些新材料已成功应用于新一代运载火箭长征五号、长征六号以及长征七号，有力支撑了我国运载火箭的升级换代，引领我国航天向绿色、环保这一国际主流趋势迈进。

2017年，液氧煤油高压补燃循环发动机荣获国家科学技术进步奖一等奖。

根据新一代运载火箭系列型谱化的发展需求，2002年，十一所开展了液氧煤油高空起动补燃循环发动机的研制，使我国高空发动机技术水平有了质的飞跃。发动机比冲效率等关键指标达到国际领先水平、多项技术为国内首创。目前已成功应用于新一代运载火箭长征六号和长征七号，促进了我国新一代运载火箭的系列化。

两型液氧煤油发动机构成了我国新一代运载火箭的动力基础，将支撑我国空间站建设及运营、载人登月以及火星探测等国家重大任务的实施。

未来为满足深空探测和大规模进入空间的需求，十一所正在开展大推力液氧煤油发动机的研制，将成为我国推力最大的液体火箭发动机，主要性能和技术将达到国际领先水平，是我国未来深空探测、载人登月、超大型空间平台建设等重大航天活动的动力基础。

自2003年起，十一所成立了一支专门从事亚燃冲压发动机技术研究、试验、生产和管理的队伍，开展液体亚燃冲压发动机技术研究，成为亚燃冲压发动机研制的国家主力军。依托集团公司组合动力技术研究中心，瞄准未来高超声速飞行器、天地往返运载器动力应用，十一所开展了 RBCC 火箭冲压组合发动机、ATR 涡轮冲压组合发动机以及 PATR 发动机研究，承担了多项国家级重点项目，处于国内领先水平。

未来，组合动力将瞄准国家近中期高超声速飞行器和水平起降可重复使用天地往返运载器动力需求，实现组合动力飞行演示，为转化应用奠定基础，为我国研发更大空域、更宽速域、更远航程高超声速飞行器和可重复使用运载器提供先进的动力支持。

液体火箭发动机涉及流体机械、燃烧与传热、低温技术、测控技术及制造试验技术等诸多军民共用技术。十一所整合优势科研资源，联合相关高校，建立了液体火箭发动机技术国家重点实验室，成为我国开展先进液体推进技术自主创新、人才培养、学术交流与合作、科学实验开放式平台。同时十一所以液体火箭发动机技术国家重点实验室、陕西省等离子体物理与应用技术重点实验室、陕西省特种密封技术工程研究中心等为军民共用技术创新平台，持续深化基础学科研究，创新发展军民产品研制新模式，实现产品和技术的转化，带动高端装备制造业的发展，大幅提升节能环保等战略新兴产业的技术水平。

在非电领域超低排放方面，十一所积极拓展市场，先后中标多个超低排放新建及改造项目，中石油克拉玛依石化超低排放项目一次性开车成功，标志着氨法脱硫技术进入国内第一梯队。

依托等离子技术中心，研制了系列等离子体炬，实现长寿命、系列化，可替代进口产品，性能达到国际一流水平；开发了先进的等离子气化危废处理系统，系统工艺包含设计优化能力、系统运行稳定性、经济性达到国内领先水平，成为国内等离子体危废处置行业的领军企业。

热能燃烧设备方面继续保持粉煤燃烧领域的龙头地位，实现从单一的气化炉核心设备向燃烧多元化、系统化方面的完美转型。十一所研发的晋航炉工业化试验装置完成长时连续运行试验任务，成功攻克高灰熔点无烟块煤熔

渣气化这项世界性难题，为全国高灰熔点无烟块煤气化提供高效、清洁、经济的新路径。

在铜箔成套设备方面，十一所利用航天系统先进的设计技术，先后成功研制出能够生产 $8\mu m$、$6\mu m$ 铜箔的成套设备，达到同类设备最高水平，具有世界领先水平的铜箔生产高效熔铜系统示范工程可靠运行。

在特种泵阀领域，十一所利用航天技术优势和雄厚的研发生产实力，为机场、重型汽车、专用汽车、工程机械、石油化工和煤炭电力等行业开发生产高品质泵、阀百余种，性能与可靠性达到国际先进水平。

"西迁精神"的传承与弘扬

航天忠魂杨敏达

1960 年，从北京航空航天大学毕业的杨敏达投身到祖国航天事业建设中。1967 年，三线建设刚刚拉开序幕，杨敏达便结束了新婚蜜月，同妻子双双报名来到了秦岭深山，投入大型液体火箭发动机研制基地的建设中。"201 洞"建成后，他便在这个山洞中奋战了 20 多年，任十一所"201 洞"研究试验室主任，参与和组织了数十种、数千台次液体火箭发动机泵的研究试验工作。

杨敏达同志带领职工清理直径仅 1.3 米的容器（岳志坤 摄）

1989 年，为了完成我国航天新型号长征二号捆绑火箭发动机的研制任务，他忍受着晚期癌症痛苦的折磨，带领职工加班加点改造液流试验系统，不知疲倦地连续上了 28 个夜班，直到生命的最后一刻。

1989 年 6 月 28 日下午，连续昏迷几天的杨敏达，终于吃力地睁开眼睛，日夜守护在他身旁的亲人们又惊又喜，妻子和孩子上前紧紧握着他的手，焦急地期待着他再说点什么。然而，杨敏达断断续续地说："天黑了，我要上班了……"当他那迷迷离离的目光游向病房里搭在暖气管上的一条白毛巾时，突然高声喊道："谁……谁把毛巾搭在那儿？那是排气阀！……快打开阀门，放水！"这些，竟成了他留给人们的最后一句话。1989 年 7 月 1 日凌晨，杨敏达依依不舍地离开了他为之奋斗了 30 年的航天事业，走完了他 52 岁的人生旅程。

杨敏达去世后，他那平凡而感人的故事，在航天内外广为传颂，中央、省、市、系统内媒体进行了连续深入的采访报道，原航空航天部在全系统开展了向杨敏达学习的活动。"杨敏达事迹报告团"在陕西省十个地、市，国防科技系统，航空航天系统巡回报告 80 余场，直接听众 10 万人，在社会上引起了强烈反响。

一份寻常的工作，一颗坚定的初心，忠贞，一辈子，把平凡的工作，做成了崇高的传奇。

多少年过去了，当年年轻的生命早已沉睡在航天发展的历史长河里，却把一种精神留下了，和巍巍青山一起，成为永恒。

生死穿越赶赴发射场

1981 年 8 月 23 日，一场百年不遇的特大洪水和泥石流，以迅雷不及掩耳之势袭击了地处秦岭腹地〇六七基地。

这是一场劫难，更是一场灭顶之灾。正是大家全力投入抗洪抢险的危急时刻，接到上级通知，我国远程洲际导弹高弹道遥测飞行试验按原计划进行。

这是一次具有军事战略意义的井下发射试验，发射靶场所处位置更是高度机密，要求发动机试验队必须赶往北京集合，与其他部件试验队统一出发前往发射场。这次发射试验任务中，导弹使用的一级、二级发动机和姿态控制发动机全部由〇六七基地研制生产，每个组件都要有相关设计人员现场配合，试验队员 11 人。

此时，山沟里通往外界的公路和铁路因损毁严重无法通行，要在如此艰难的条件下，将 11 名试验队员和仪器设备翻山越岭徒步送往近百里外的宝鸡

市再转乘去往北京的火车，谈何容易！

"再大的困难，我们必须克服，一定按时间要求让试验队员赶到北京！"基地领导的话语斩钉截铁。

然而，公路已被山体滑坡完全堵死，根本无法通过，山坡陡峭、湿滑，无法翻越，坡下是洪水翻滚，摆在面前唯一的"路"是横跨洪水的一条30多米长的悬空"铁轨"，支撑铁轨的四个桥墩已被洪水全部冲走，只有两根铁轨连带着枕木悬在约4层楼高的空中。

大家抬着飞行试验队存放资料的大木箱，手提、肩扛仪器和行李，小心翼翼地踏着铁轨上的一根根枕木，爬上悬在滔滔洪水上的铁轨，冒着山体随时滑塌的危险艰难前行。关键时刻，队员们将腿跨在单根铁轨两侧坐在铁轨上，前面的人拉着箱子，后面的人推着箱子一点一点向前滑行，经过两个多小时惊险的匍匐爬行，所有人员终于通过那段30多米长的"空中走廊"，到达对岸。

一个月后，当远程洲际导弹高弹道遥测飞行试验圆满成功的消息传来时，〇六七基地干部职工格外的激动和自豪！因为，他们不仅经历了一次生死穿越奔赴发射场，圆满完成飞行发射任务的壮举，更彰显了〇六七人敢打硬仗的顽强作风和洪水冲不垮的航天斗志！

厕所发动机

"在厕所里搞发动机试验"，别以为这是天方夜谭。这是十一所发展历史上真实的故事。

1969年11月，刚过而立之年的傅永贵接到了组织上新派的任务——远程洲际导弹姿控发动机推力室。

学习，快马加鞭。理论知识的学习对于北航毕业的他并不是难事，但将所有的原理转变成工程应用却难于上青天！

为了将试验准备时间压缩到最低限度，腾出更多的时间去研究，改进技术方案，团队开始筹划建立自己的实验室。首先，借用原来的火工品库房。选择器材，组装，一个离办公室只有几十米的微型试验室建好了。然而，好景不长，才启用两个多月的试验室被叫停了。因为大发动机火工品实验工作即将开始。

研制任务不能停！傅永贵心里堵得慌，作为负责人，他必须无条件服从于上级的安排。

"嗨，你们看！那不是咱们的试验室吗？"

"说真的，那个厕所咱们就用过几次。打扫一下，女厕所当试验间，男厕所当控制间，粪池刚好可以承接实验过程中的废水。"说着说着，傅永贵的声音里已有了抑制不住的兴奋。原本沉默的一群人，像谁点燃了一把火，一下子"噼里啪啦"燃烧开来。大家争着提出自己的建议，一张张脸上，含着笑，带着热切饱满的希冀。

掏厕所、堵墙、打洞、装玻璃、接管道，不几天，原本山野中孤零零的厕所，生生被改造成一间"厕所试验室"。

拥有了自己的试验室，便在一次次试验中寻求解决问题的办法。经过无数次的试验，论证排查，终于有效解决了多次启动、关机控制的难题。姿控发动机在这个"厕所试验室"取得了阶段性成果！自此，远程导弹精准落位的航天序幕在这里徐徐拉开……

109 次驱"鬼"之路

1964 年 5 月 15 日下午，钱学森在某型号研制的总结会上，把液体火箭发动机的燃烧不稳定问题形象地比喻为"鬼"。之所以比喻为"鬼"，是因为发动机燃烧室在试验的过程中屡次出现的烧蚀、鼓包、变形、穿透等奇怪现象，让众多设计员上下求索。

卢天寿参加了东风三号发动机燃烧室的设计，并负责燃烧室喷嘴的设计工作。1963 年 1 月，大街小巷洋溢着春节的喜气；满怀期待中，六台燃烧室产品开始试验，分别采用了不同的燃烧室头部设计、不同的离心喷嘴排列、不同的冷却方式。大家忐忑不安地等待试验结果。

10 秒！不到 10 秒！六台燃烧室产品相继爆炸，变形、扭曲、击穿……

看着焦黑的试验品残骸，卢天寿的大脑一片空白，冷汗一阵阵往外冒。"问题到底出在哪里呢？"摸着拼凑完整的"畸形"试验品残骸，卢天寿一次次地问自己。会不会是改进后的喷嘴尺寸变小，而身部变大，这一大一小的变化造成燃烧不稳定性造成的问题？如果真的是由于燃烧不稳定造成的，又该如何解决呢？

之后的那些天，他们疯了一样，查技术资料、学习、找理论支撑，点点滴滴搜寻试验后的残骸，哪怕是一点点残片都收集起来，期望从中找出蛛丝马迹，破解爆炸的原因。

卢天寿和团队成员与生产工人、试验员紧密配合，改变喷嘴的几何参数，使其几何特性在一定的区间内发生变化。每改变一个尺寸，就立刻做一次试验。经过反复试验，得到了大量数据，再利用这些数据绘制出每种喷嘴的流量系数与几何特性关系曲线。

每一次技术革新的产品都有一个新的编号，从001到109。卢天寿一一记录每一次产品的状态和试车的结果："16t"。热试车中头部内冷却环烧坏、喷注面烧蚀、喷嘴扩张口变形，壳体拉裂……17-1行分区喷嘴设计，改变喷嘴排列模式，构筑液膜屏障，采用液相分区……终于，采用液相分区加再生隔板成为解决燃烧不稳定性的最终方案，不稳定燃烧这个"鬼"逃之夭夭。

重走"创业之路"

十一所承担了研制120吨级液氧煤油高压补燃发动机的重任，研发成果入选了2012年度两院院士评选的"瀚霖杯"中国十大科技进展新闻，其研制团队获得由中国工程院、科技部等七部委评选的"2015年度中国十大科技创新团队"荣誉称号，这也是这一奖项设立四年来，陕西省首个获奖的科技创新团队，并在2017年获得了国家科技进步一等奖的殊荣。

回顾120吨级液氧煤油发动机研制的历程，从对发动机的"一无所知"，到掌握了一大批具有自主知识产权的成果；从国产煤油发动机可行性试车到863关键技术集成联试成功，从面对起动技术的一次次失败到发动机的长程试车。发动机的研制之路披荆斩棘，硕果累累，带动了一系列新技术的拓展，突破了一个又一个的关键技术，使发动机的设计、生产和试验技术迈上了新高度，达到了国际先进水平。

张贵田，中国工程院院士，作为研制团队的领军人物，面对液氧煤油发动机研制的重任，启动试车，经历了三次爆炸，一次紧急关机。"黑云压城城欲摧"，面对失败，他藏起自己内心的痛楚，给年轻科研人员鼓劲，自己却在无人处泪水涟涟。

2001 年 4 月 5 日，第一台液氧煤油发动机整机在总装车间静静伫立。看着这件像艺术品一般的发动机，又有谁能够想到，接下来困难又纷至沓来呢？

失败和挫折如影随形。几次整机试车的爆炸炸碎了发动机，也啮咬着年轻研制人员的心。他们内心的痛，只有自己清楚。

外界的质疑声，一浪高过一浪。到底能不能成功解决补燃问题，能不能实现点火启动？压力，一次比一次大。每次试车前夕，都是设计人员压力最大的时候。晚上睡不着觉，就连做梦，都是冲天的火光、滚滚的浓烟。紧张、压抑，每个人的心，似乎能挤出水。信心，一点点被现实吞噬。

这时，领导的语言犹如一剂强心针："遇到困难是正常的，没有困难才是不正常，冷静分析研究，树立信心，解决问题。"有一些前行的路，被呵护、被关怀，那种暖，是黑夜中的灯盏，是混沌中的号角。

为了找到问题的症结，大家一心扑在工作上，千方百计收集资料，绞尽脑汁寻找故障的症结，利用先进模拟技术启动失败爆炸过程……半年过去了，紧张、惨烈、艰苦，终于，搞清楚了试车失败的原因和启动工作的原理。仿真、优化、组合，最终选定了理想的启动方案和启动程序。自此，研制工作云开雾散。

"默默耕耘肯钻研，技术作风双过硬，关键时候，顶得住；压力面前，扛得起；技术面前，攻得破！"这是液氧煤油发动机研制过程中形成的"液煤品格"。在新的历史时期，年轻的研制人员传承了这一品格，在液氧煤油发动机性能提升、大推力液氧煤油发动机研制中发挥着重要作用。这一品格

已经深入年轻研制人员的心中，饱含着信念的力量、进取的锐意，彰显着十一所科技工作者的本色和初心。

回首走过的研制道路，这台凝结着无数人心血和智慧的液氧煤油发动机，创造了中国航天史上无数个第一。累累的硕果，翻开了中国航天崭新的一页，为我国探月工程、载人航天工程提供强大的动力基础，它承载着新一代航天人的光荣和梦想，肩负着新时代新的使命和责任。

科技工作者的激励政策和机制

薪酬激励

十一所在长期的探索与实践过程中，形成了一套较为完善的基于目标管理的绩效考核与评价、薪酬分配与激励体系，以目标为指引、以业绩为导向、以考核为手段、以工作量和工作质量为指标，坚决落实二次分配制度，重点向核心骨干人员倾斜。

目前研究所的薪酬体系主要由基本工资、奖金和骨干人才激励（含中长期激励）等部分组成。其中基本工资执行陕西省事业单位工资体系。奖金部分长期以来坚持"向一线倾斜、向骨干倾斜、向业绩贡献突出者倾斜，确保优秀年轻人才收入水平"的分配原则，形成了一套较为完善的基于岗位价值的、以目标管理为导向的奖金分配体系。特别是从 2019 年起，十一所以"目标导向、激励有效、力求公平"为原则，进一步调整优化目标考核和薪酬分配方法，将团队目标与奖金分配密切结合，激励科技工作者立足岗位，全力完成科研目标与任务。同时建立奖金，特别是月发奖金动态调整机制，结合季度考核情况对科技工作者的月发奖金进行动态调整，避免出现干多干少、干好干坏一个样，能奖不能罚的情况，充分激励科技工作者的积极性。

随着近些年商业航天的迅速发展，十一所面临着较为严峻的人才流失形势，同时航天强国建设、世界一流企业建设、人才强国等理念与目标的提出，要求西安航天动力研究所进一步稳定骨干人才队伍，持续激发人才的工作积极性、主动性。在此基础上，十一所于 2018 年开始策划骨干人才激励工作，重点实施"军品保成功""民品保增长""重点项目团队"三项激励政策，同时针对高层次人才群体，以及优秀的年轻博士人才实施专项激励。2019 年，十一所落实深化收入分配市场化改革眼球，开展了骨干人才中长期激励工作，在所内实施岗位分红激励，实现重要骨干人才与十一所风险共担、利益共享，激发重要骨干人才干事创业的积极性、主动性。同时指导两家控股公司分别于 2018 年、2019 年开展了虚拟股权激励与项目分红激励，将中长期激励覆盖到航天技术应用产业核心技术人才中。2020 年，十一所还将策划开展"优秀博士专项激励计划"，针对高端青年科技工作者，构建更具有市场竞争力的薪酬激励机制。

另外随着创新驱动发展战略的提出，十一所加大了对于科技工作者开展创新工作的支持力度，制定了技术创新研究项目管理相关办法，正在探索建立科技成果转化奖励机制，以营造良好的技术创新氛围，进一步激发科技工作者的创新性。

荣誉激励

近年来，十一所加大了各类专家头衔、人才计划、荣誉奖项的申报推荐力度，充分发挥了荣誉激励的作用，取得了良好的效果。特别是逐步推进形成了荣誉激励申报推荐双通道模式：一方面继续做好向上级单位申报推荐工作；另一方面逐步加强与陕西省、西安市、航天基地的对接，主动融入陕西省、西安市、航天基地人才工作体系，充分利用各级人才政策，积极参与各级相关人才计划、荣誉奖项申报推荐工作。通过专家头衔、人才计划、荣誉奖项的申报推荐，使得优秀的液体动力科技工作者成长为领军人才和青年拔尖人才，在自己从事的专业领域内能够崭露头角、脱颖而出，激励其进一步扎根于科技工作中。

自 2017 年以来，十一所在陕西省、西安市、航天基地各项人才申报推荐

工作中取得了良好的成绩。目前共有 2 人入选陕西省高层次人才特殊支持计划科技创新领军人才，2 人入选陕西省高层次人才特殊支持计划青年拔尖人才；1 人荣获"陕西省青年科技新星"称号；同时 120 吨级液氧煤油高压补燃循环发动机项目获西安市奖励补助 100 万元，获航天基地管委会专项扶持资金 30 万元。

建设职业发展通道

根据不同科技工作者队伍的特点，分类设立职业发展路径，构建多维度、全覆盖的职业发展体系，为科技工作者的职业发展与成长成才提供平台。在此基础上结合科研工作需要，聘任型号技术干部，健全型号技术队伍，激发科技工作者干事创业的激情。

第十三章

中国空间技术研究院西安分院

西迁历史概况（1965—1968 年）

　　中国空间技术研究院西安分院（以下简称为五〇四所）的发展史，是一部响应党和国家号召、报效祖国和人民的奋斗史，也是一部自力更生、艰苦奋斗、攻关建功的创业史，更是一部践行与弘扬航天精神、西迁精神的奉献史。五〇四所的诞生是党和国家为开创和发展中国空间技术的一系列重大决策的结晶。1956 年 10 月 8 日，国防部第五研究院成立，由此，中国有了一个专门研究导弹的机构。1965 年 6 月 29 日，中国科学院决定将北京电子所无线电部分与西南电子所合并，正式成立中国科学院西南电子所，后改名为中国科学院西南电子学研究所。

　　1965 年 4 月中国科学院电子研究所无线电部分，由北京调整搬迁到四川成都市，与中国科学院西南分院电子学研究所合并，组成中国科学院西南电子学研究所。鉴于当时国内经济有所好转和严峻的国际形势，为改变我国发展战略布局，党中央发出了"三线建设"的号召。作为全国电子工业重要基地的成都成为中科院无线电电子技术研发机构实现转移的首选地。在这一背景下，中国科学院党组决定，将中科院电子所无线电技术部分（5 个研究室组）和一个机加车间尽快迁往成都，与西南电子所合并，将西南所的电真空室并入北京电子所。1965 年 4 月，双方以最快的速度完成了搬迁。这次搬迁是人员、仪器设备和科研课题的整体转移，由于动作迅速、准备充分，两所原有的研究任务基本没有停顿。以陈芳允、陈宗骘、曾邑铎、陈道明为代表的一批老科学家的到来，改变了西南所长期没有学术带头人的局面，160 余人的专家队伍的加入，大大充实了研究所的研发能力。大批高精仪器（包括国家科委属下微波和脉冲测试两个基地）和 90 余台成套机加设备迅速安装到位，60 余位各工种熟练工人调入，完善了科研手段，扩充了科研实力，加速了"645"机载精密跟踪截击雷达技术研究从地面到空中的新历程。从此，一个规模突破 500 人的中型电子技术研究所在祖国的"大三线"初步形成。

1968年2月，国防部国防科学技术委员会下发关于中国科学院西南电子研究所搬迁西安的通知，确定西南电子所从成都迁往西安市长安县（今长安区）地区，并要求研究所遵照毛主席"抓革命生产，促工作，促战备"的伟大号召，以只争朝夕的革命精神，用最短的时间完成转移并迅速展开科研工作。1968年4月8日，按照"一锅端"的原则，迅速由成都迁往西安，并立即投入生产工作。

西迁后的发展历程

以"东方红一号"卫星为起点，中国航天事业步履不停，从筚路蓝缕走向星辰大海。五〇四所也伴随着中国航天事业的发展经历了从无到有、从小到大、从弱到强的发展历程。

起步创业

1960年至1975年，大体可视为五〇四所发展进程的起步创业阶段。它主要包括中科院西南电子所建所前后组成源头、结构的搭建、业务方向的认定、"两弹一星"等任务的实施、隶属关系的变迁、家园建设起步的艰辛等。

建所伊始，国家有关部门对所研究方向的定位，先是"两空"，即卫星系列和卫星飞船电子设备和相应技术研究、飞机机载雷达试制及相应技术研究。随后又进一步明确为卫星、飞船及其他空间飞行器专用电子设备技术，抓总、研究、设计、试验及定型；空间飞行器与地面及空间飞行器之间通信、图像传输及电子对抗技术研究。在这一时期，根据定位科研方向和"两弹一星"任务的牵引，五〇四所在空间电子技术应用基础理论研究、原子弹高空引爆高度测量及冲击效应测量装置研制、单频多普勒卫星遥测定轨和东方红一号卫星东方红乐曲地面接收装置研制、双频多普勒遥测测轨定位系统研制、返回式卫星星载回收天线及信标机研制、701-5引导雷达及信标机研制、645机载跟踪截击雷达和656机载防撞雷达研制，涉及灯塔导航卫星、曙光飞船任务等方面的论证，开展了广泛的研制实验工作。

　　这一时期，五〇四所完成了相当数量的地面设备和部分星载设备研制任务。在组织上、实践上确立了该所作为我国空间电子技术专业研究所的方向与地位。《东方红》乐曲的传播、蘑菇云的升起，标志着中国人民在尖端技术领域的崛起。五〇四所在我国航天事业起步阶段的两弹一星及返回式卫星任务中做出了重要的贡献。645机载雷达研制成功，是我国第一部单脉冲机载雷达系统的面世，它的小批量生产和装备部队，为当时我国国防建设做出了巨大的贡献。这一时期，五〇四参与研制的双频多普勒卫星测轨定位设备，作为我国首批卫星地面测量观测系统，被配置于全国11个地面台站（含两个活动站），并在继后30年间始终处于现役装备，在我国航天测控装备发展史上留下了永恒的记忆，首台设备被航天测控装备博物馆珍藏。

　　特别值得一提的是，在这一时期和后续奠基岁月中，五〇四所航天人在诸如陈芳允、曾邑铎等专家引领下，不仅是众多航天系统电子设备研制的主要力量，而且在我国航天创业奠基活动中，在航天通信、测控、导航等众多大系统体系、体制论证决策工作中，也做出过重要贡献。

　　在这一阶段，五〇四所隶属关系的变迁，也是发展历程中的重要事件。1965年，中科院北京电子所无线电部分与中科院西南分院电子所在四川成都汇集。标志着我国在12年科学发展规划指引下，于1960年前后组调形成起来的北京、四川、云南、贵州科学院所属空间电子技术研究队伍的整合。四个源头、两个支脉的汇流，初步形成了我国第一颗人造卫星—651工程中，承担电子设备研制的一组重要力量。

　　1967年，国家为了把分散在各部门的空间技术研究力量集中起来，统一规划，统一领导，形成拳头，也为了减少当时"文革"的干扰，保证东方红一号卫星研制工作顺利实施，中央责成国防科委以科学院相关机构为基础，组建了空间技术研究院，并纳入军队建制。1968年西南电子所被划归空间技术研究院，并授予空间电子技术研究所/中国人民解放军第五〇四研究所的称号。"五〇四"的代号从此面世，成了几十年来我国空间电子技术领域一支有影响的队伍标记。

1974 年，五〇四所跟随空间技术研究院，整体划归第七机械工业部。从而完成了从科学院到国防科委，再到第七机械工业部隶属关系的转移。

对我国航天事业起步产生过重要影响的，主要从事导弹、运载火箭技术开拓的原国防部第五研究院（1965 年，国家以其为基础，组建了第七机械工业部），和主要从事卫星技术开拓的，也冠名第五研究院的空间技术研究院，在组织管理结构上更紧密汇集。一批同时起步的队伍，还曾同样以贯名"五院"的部门实现会合，可以说也不失为我国航天创业史上一段佳话。

为了满足科研生产任务的需求，在此期间五〇四所在四川大邑曾实施过511 工程，在陕西长安实施过 2043 抱龙峪工程，在西安市实施过 2043—691工程的建设，但由于多种因素的影响，五〇四所上述早期家园建设工程，曾三启三止未能最终定点成型。1968 年，中科院西南电子所划归国防科委建制，经上级安排，所受命迁西安暂住终南山脚，原属于五〇五所三线备份基址的长安王庄 112 大院。一个占地 200 亩的三线基地，成了五〇四、五〇五两个单位共同工作、生活的家园。它在这一阶段为五〇四所提供了相对稳定的工作生活场地，尽管条件十分艰苦，五〇四所航天人克服种种困难，仍依托这片土地，与兄弟单位紧密合作，通过广泛的外部协作加工等措施，解决了当时自身生产制造能力不足的困难，圆满完成了这一阶段所承担的国家任务，成功迈出了进入航天的首步。从 1968—1983 年，整整 16 年岁月，五〇四老一代航天人，本着对党和人民、对航天事业的耿耿忠心，在此献出了自己宝贵的青春。他们远离家乡故土，远离父母亲人，为了发展祖国的航天事业，在偏远的乡村，默默耕耘，住在每户 10 平方米的宿舍，长年过着简朴、单调的生活，但始终埋头苦干、勤奋工作，而且无怨无悔。

这期间，五〇四所为"东一"及返回式卫星等任务进行了大量研制工作。1975 年底在册职工 679 人，固定资产原值 1342 万元。

奋斗奠基

1976 年至 1990 年，大体可视为五〇四所发展进程的奋斗奠基阶段。在

起步创业阶段所做的必要的组织与技术准备，为这一时期我国空间技术进入全面的技术试验阶段和建立较完善有效的高技术、大系统工程管理体系创造了基础条件。在此期间五〇四所任务、技术研发活动，可以主要归纳为"三抓"与"双四"。2043首帕张工程的完成是五〇四所家园建设的重要进展。

随着我国火箭、导弹技术的发展，也考虑到卫星等任务的需要，早在1967年，国家就提出了建立718远洋测量船工程的规划，但由于"文革"的影响，加上工程本身的难度巨大，进展一直缓慢。"文化大革命"结束后，这项工作在中央的大力推动下全面提速。1977年，中央批准了包括"东五"洲际导弹、巨浪潜地导弹、331通信广播卫星在内的我国航天发展史上十分有名的"三抓"任务，并分别被赋予580、9182、331任务代号。远望号测量船作为我国研制的第一代海上综合测量跟踪站，代表了当时中国在造船、航天、无线电电子、光学测量、电子计算机等方面的最高水平，有"海上科学城"之称。在"三抓"任务中，五〇四所承担了718舰载双频跟踪设备、弹载信标机、331东方红二号通信卫星天线、转发器、应答机以及450-1地面测控跟踪设备等项目的研制任务。这些工作，无论从技术内涵，还是从任务系统功能，都处于工程任务十分重要的地位。五〇四所航天人出色完成了所承担的各项任务，攻克了大量的关键技术，解决了众多工程难题。

"三抓"作为五〇四所这一时期头等任务及核心工作，经历了这些归属于运载火箭和通信卫星有效载荷与跟踪应答完整系统的研制。通过对这些大型地面、海上卫星测控设施的研发，五〇四所航天人完成了在我国航天系统技术发展进程中从无到有，具有开创意义、很大挑战性的、填补当时我国航天技术空白的工作。这些工作，在我国空间技术进入试验阶段的岁月，为我国空间技术试验验证任务的顺利完成立下永久的功勋。

"三抓"任务的完成、我国卫星海上测控能力的形成和许多工程技术研究成果，标志着我国空间事业发展中许多核心基础技术实现了重大突破。我国航天大系统工程组织管理能力有了极大的提高，为后续发展奠定了基础。通过这些任务的磨炼，五〇四所在空间系统电子设备的系统和单机级设计、制造、试验与系统项目组织管理能力方面得到了迅速的提升与锤炼，为以后技术和工程实践积累了先期的宝贵经验。而且，这些收获与进步，在随之进行的"双四"研发任务中得到了进一步巩固、完善、提升和发展。

在这一时期，所说的"双四"任务，一是指五〇四所在 CCD 光学遥感和实时数传方面的开发工作。二是指东方红二号之后，五〇四所开展的东方红二号甲卫星研制活动。1979 年，五〇四所航天人开创性地提出了在我国返回式卫星上进行 CCD 电视图像传输试验的建议，并得到有关方面的大力支持。这在当时国际空间遥感技术领域仍是一项创新性前沿活动。1982—1985 年间，五〇四所前后研制了四套全色 CCD 光学遥感相机和实时数传系统，并配套建立了西安、莱阳地面接收站，成功完成了四次搭载飞行试验。为我国空间光学遥感做出了开创性贡献。

三是指 1984 年，在 331- 东方红二号通信广播卫星成功发射之后，国内对卫星通信需求的呼声迅速高涨，而东方红三号卫星从技术与工程实施难度上还难以跟上应用在进度上的需求。于是上级决定，在东方红三号之前，再研制四颗东方红二号甲通信广播卫星。这组卫星虽然性能指标较东方红三号要求低，但无论在功能和所用方案体制上，较东方红二号仍是大步跨越。五〇四所航天人克服种种困难，攻克多项关键技术，在 1988—1991 年间完成了四颗卫星载荷研制，保证了当时国家对卫星通信的迫切需求，实现了"东二"到"东三"的平稳过渡。

四是指五〇四所研制的我国第一部 10 米 X–Y 结构大型 520 天线，不仅在技术上取得了重大成果，而且该天线与 450–1 初样设备结合，也在 331 任务中做出了贡献。

我国空间技术，从技术准备到进入试验阶段，五〇四所航天人可以说在我国卫星跟踪测控、卫星通信转发、卫星 CCD 遥感与数传等领域都做出了突出贡献。这一时期的工作也为五〇四所作为我国卫星有效载荷研制主力军的地位奠定了坚实的基础。

另外，五〇四所在这一时期的发展，还必须提到的是，努力实施了空间

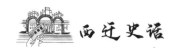

技术成果向武器装备、民用系统的应用转移，特别是在无人机测控、医疗电视、开路电视等领域都开展过大量的研发活动，并取得重要成果。

在这一时期五〇四所家园建设活动。由于全面实施了 2043 首帕张工程，自身家园建设工作终于在 1978 年全面开工，1983 年前后投入使用，1985 年通过全面竣工验收。一个参加建设人数达 1070 人、投资 2347.43 万元，包括 74 个单项工程、先后近 300 位五〇四所航天战士曾直接参与建设管理的空间电子设备研发基地，终于初步成型，并在 1983 年完成了从王庄 112 大院到首帕张所址的搬迁。五〇四所自 1965 年建所，经过 20 年的努力和变迁，终于结束了流离寄居的境况。但由于原有建设标准与投入的约束，2043 建成条件在保证当时任务和全所职工生活方面，仍然存在较大差距。因而，继 2043 工程验收后，随之实施了七五东三专项技改，投资 2432 万元，增建了诸如卫星总装联调大厅、天线测试场、电子楼等基础设施。同时，还在八里村先后购置了 6 幢商品房宿舍，在一定程度上缓解了当时职工的住房困难。经过 2043 工程、东三技改工程、八里村宿舍配置，可以说在这一时期，五〇四所自建所以来，在家园条保层面终于完成了奠基。

在此期间，五〇四所除完成大量陆海航天系统设备研制任务外，还参与研制并成功发射卫星数有 14 颗。1990 年底，全所在册职工 1258 人（其中离退休 77 人），固定资产原值增至 5961 万元。

应用开拓

1990 年至 2005 年，大体可视为五〇四所发展进程的应用开拓阶段，它从一个侧面留下了中国航天从技术试验进入工程应用的足迹。在此阶段，就任务技术范围而言，主要有"新老三星"的研发以及导航及载人航天系统研发工作在前期中断后的重新启动。家园建设则主要包括"八五""十五"技改和这一时期涉及航天大厦、安居工程等项目的建设。

在此期间，以东方红三号大容量通信广播卫星、风云二号静止轨道气象卫星、资源一号遥感卫星为主要内涵的应用卫星的研制，揭开了我国应用卫星体系建设的序幕。五〇四所承担了上述三星全部有效载荷的研制工作，为相关工程系统技术的突破做出了艰辛的努力和卓有成效的贡献。当时，曾提出过"保东三就是保五〇四"的口号，一定程度上反映了任务的艰巨和五〇四所老一代航天人艰苦奋战、勇于担当的精神。

老三星作为我国大型工程应用卫星研发的先驱，它既为我国卫星事业的发展留下了永恒的丰碑，也因艰辛的研发过程，在五〇四所人心中留下了终生难忘、刻骨铭心的记忆。它给我们带来过受挫的悲伤，也给过我们挺起胸膛、继续坚强奋进的力量。

值得一提的是，在老三星的东方红三号通信卫星研制中，当时难度很大的天线系统曾与联邦德国 MBB 公司合作，第一发用天线由 MBB 提供，但由于发射中推进系统故障，导致卫星失败；第二发必须尽快完成天线馈源的国产化研制工作。为此五〇四所人曾经受了巨大的考验，但也迈出了空间天线登上中国领跑地位的征途。五〇四所在资源一号的研究工作，曾经过实践三号预研的过程，进入资源一号项目时，国家做出了与巴西合作的决策，这是我国卫星研制与国外第一次全面合作，五〇四所有幸最早迈入了走向世界的先河。

在安排研发上述三星（后来称为"老三星"）不久，五〇四所还随后开展了资源二号遥感卫星、北斗一号导航卫星、中星 22 号通信卫星的研制工作，它们被称为"新三星"。这些技术涵盖通信、遥感、导航应用领域的不同类别的有效载荷的研制成果。对开拓我国应用卫星体系建设具有里程碑的意义。这六种卫星虽然在"东三""风二"首发曾经历曲折，但在 2000 年前后，都连续顺利发射成功，树立了我国应用卫星技术发展的一座丰碑。另外，在创业阶段曾启动后就中止研发的导航和载人航天工程，在国家 863 计划的推动下，又重新启动，我国以双星定位体制工作的局域导航卫星系统，先期建成并投入使用。五〇四所承担了全部有效载荷研制重任，树立并巩固了导航卫星领域研制主力的地位。国家 921 载人航天工程启动，虽然由于当时五〇四所新、老三星攻关任务繁重，使相关工作安排受到一定影响。但在这一阶段，神舟一号到神舟六号任务中，五〇四所航天人在神舟飞船仪表照明系统控制

器、多功能显示器、测控分系统返回舱的高频网络、海事终端等设备研制以及大规模软件的开发方面都做出了十分出色的工作，为我国载人航天事业的开局做出了重要贡献。

在此期间，由于卫星体系建设的推动，多星并举、多类技术攻关并行。五〇四所在航天工程系统管理方面，也做了系统且颇有成效的探索，使对航天任务的规划、组织管理能力跨上了一个新的台阶。为确保新、老三星任务的研发，为第一代应用卫星研究成果及产品质量的保障做出了出色的贡献。为推进技术的先期开发和许多预研项目，尤其是微波遥感与激光技术类载荷的研究工作得以顺利拓展奠定了基础。

在此期间，五〇四所还完成了诸如 CDAS 气象卫星应用地面系统、卫星通信地球站、卫星电视单收站、北斗导航用户接收机和其他应用装备的研制与技术开拓。另外，针对发展卫星通信、卫星遥感及高速数传基础理论研究工作的需要，五〇四所还精心策划、积极推进，完成了空间微波技术国防科技重点实验室的申报与建设。

在这一时期，五〇四所家园与条保能力建设也取得了重大进展。以八五专项技改为依托，新建了有效载荷综合楼、EMC 和例行试验室、高压电缆等基础设施，增补了近 200 台 / 套工艺设备。通过十五高新工程研保和批产能力建设，构建了唐家岭大型总装 AIT 厂房，增补了天线及无源部件多类加工测试手段，填补了在大功率微放电和无源互调测试方面的空白。增补了载荷系统设计和可靠性分析手段。形成了年交付 5 ~ 6 颗的星载荷系统、600/800 台件 / 年正样产品的研制生产能力，为这一时期应用卫星研制任务的顺利完成提供了有力的保障。

在此，尤其值得一提的是，以高新一期型号研制任务需求为背景的条保能力建设工程的实施，更明确了我国型号创新研制与条保能力建设并行推进的新模式，为后来条保能力建设管理体系与工作规范的建立与制定，对于技改建设人才的组织培养和水平的提升，都是一次对后来工作有重要影响意义的转折。另外，在此期间，通过集资、自筹等方式，以航天大厦，28#、

88#、89# 高层住宅，以及明德门、唐园等宿舍建设为主要内容的、民用产业开发与安居工程实施，在推进五〇四所民用产业发展和改善职工生活方面都发挥了十分重要的作用。

在这一时期，五〇四所经历了军调等活动，还对从事空间载荷专业技术领域做过更明晰的梳理，较前期做了新的拓展与归结，进一步明确了以空间天线技术、空间微波通信转发技术、空间遥感与目标探测识别技术、高速数据处理和数据传输技术、数字信号处理技术、空间时频系统及星座组网通信测控技术、测试试验与特种工艺技术为主要专业领域的定位，进一步明确了后续研发及承接任务的方向。

这一时期，除所研制地面系统任务外，五〇四所参与并成功发射的卫星数有 22 颗。2005 年底，在册职工为 1597 人（其中离退休 491 人），固定资产原值增值 3.36 亿元。

提升跨越

2006 年至 2020 年大体可视为五〇四所发展进程中一个提升跨越阶段，研制任务与产能快速提升，从研究所到研究院体制的跨越，所址家园建设实现飞跃性的拓展，是五〇四所这一阶段发展进程的主要内容。

如今，我国应用卫星体系已基本形成，并实现了整星出口，无论卫星数量还是卫星性能都得到了大幅提升。以全球导航、载人航天、探月工程为代表的大型、新型航天系统的研发，标志着我国航天技术及应用水平正实现全面的推进。中国航天事业的发展，正进入全面提升空间探索和应用水平的新时代。以创新驱动为动力、转型升级为目标的战略发展思路，正引领我们从航天大国迈向航天强国的进程。五〇四所的研发活动，在其传统领域和方向，正肩负着水平和能力大幅提升的重任；在非传统领域和方向，也正迎来拓展跨越的需求和机遇。

在这一时期，一是国家经过 30 年的改革开放建设，经济实力已经大大增强，国内外环境也今非昔比，国家对高新技术发展的支持投入达到了一个崭新的水平；二是我国航天技术的发展经过几十年的积累，在运载技术、卫星平台技术、载荷系统基础技术方面，已趋成熟，有了坚实的基础，具备了快速前进的可能；三是中华民族伟大复兴的号角已响彻神州大地，成为亿万人民的共识。在国家2006—2020科学技术发展规划纲要指引下，许多重大专项工作的提出和实施，为五〇四所的发展提供了广阔的空间，带来了众多的机会。

这一时期，五〇四所在其传统技术研发领域，在中继跟踪天基测控、星间链路星座组网、移动通信处理转发、微波遥感雷达探测、时频基准导航定位、大型可展天基重构、系统仿真数字制造、高密组装芯片集成等多类技术和系统，在空间技术向武器装备和民用产业转移方面，在归属863、973、探索一代与科学基金等基础项目方面都加强了开发研究的力度，并取得了可喜的成果。

2006年以来，我国卫星研制工作进入了由研制应用型向装备和业务服务型、由国内服务型向国际国内市场型转变的新时期。空间系统的研发更加强调体系统筹，提升技术内涵，关注应用效益。在此期间，五〇四所研制任务得到迅速扩展。每年初，正样载荷系统的并行研制卫星数量都达到了两位数，其归属和应用兼跨通信、导航、载人航天、对地观测、深空探测、新技术试验与空间科学各种系列。中星、鑫诺、遥感、嫦娥、中继、海洋、天宫一大批新型航天器载荷的研制，标志着五〇四所卫星有效载荷研制、集成水平与能力正实现一次新的飞跃。尼星、委星、巴星等多项涉外卫星的研制任务，在我国卫星有效载荷技术走向国际市场方面具有里程碑的意义。在上一区段和这一期间，五〇四所系统参与导航1、2、3期系统工程论证及工程研发，参与嫦娥工程绕、落、回各阶段系统论证与设备研发。参与神舟飞船，无人、载人以及空间站系统论证与设备研发。进一步拓展了五〇四所在航天器载荷系统层面的研发范围与能力。

2008年，航天科技集团公司、五院站在进一步推动我国航天事业发展，推进我国卫星产业长足进步，快速提升空间有效载荷产业化能力的战略高度，正式决定：以五〇四所为基础成立中国空间技术研究院西安分院。其后又在

2010年12月30日，行文决定：将中国空间技术研究院西安分院更名为空间电子信息技术研究院。毫无疑问，这一体制和方向定位的调整，在五〇四所发展史上又是一个具有里程碑意义的事件。它对五〇四所后续发展，不仅更清晰指明了前进的方向，也对五〇四所航天人提出了更高的要求和期望。五〇四所必须在引领我国空间飞行器有效载荷技术未来发展征程上，做出更为出色的担当。

分院成立之后，五〇四所遵循产业化发展目标和思路，按照建成国内最强并具有国际竞争力的空间飞行器研制产业化基地的战略目标，精心策划、整合资源，进行了一系列组织结构优化调整，形成了包括微波技术、天线技术、空间通信与测控技术、卫星导航与星间链路技术、空间数据传输与处理技术、空间雷达技术和空间电子产品制造中心在内的六所一中心研制体系结构。完成了在这一时期研发生产体系的重大调整。

这一时期，五〇四所家园条件保障能力建设，随着研制任务数量和产能规模需求的迅速拓展，随着空间载荷技术开发内涵的变化与提升，通过自筹和十一五、十二五条保技改项目的支持，也取得了新的突破。主要表现为：（1）新建空间有效载荷电子产品制造中心（即201厂房），并按照生产线的模式，增补重组相关工艺设施，形成了相对完整配套的空间电子产品制造体系能力。为五〇四所研发任务及交付产品数量快速增长提供了有力保证。现已初步形成年15～20颗卫星载荷配套，年交付3000台初、正样产品的研制生产能力。（2）通过这一时期建设，五〇四所为适应当前与后续新系统创新型研发工作，构建了一批在国内外均属高水平的大型基础试验设施，如高性能紧缩场、大水平近场、PIM暗室、南区天线远场及星间链路测试试验系统、大型高低温模拟系统，它们对五〇四所后续系统研发创新工作必将发挥有效的支撑和推动作用。（3）五〇四所新区（东区、南区）的建设已初步成型，使五〇四所形成了规模、能力都更加强大的相对完整的体系格局。五〇四所的占地面积中，2043原址已从204亩扩至409亩，现三区共有面积已近1500亩。特别是"十三五"以来，是分院紧抓历史机遇，不断开拓创新，能力提

升最快的重要时期。目前具备年产 5000 台单机、140 套分系统的交付能力，国产化替代率达到 95%，微波开关、接收机、固放等载荷关键产品全面实现国产化，有效支撑了国家"自主可控"战略的实施；创新能力显著增强，突破了一大批关键技术，使分院在卫星通信等传统优势领域保持持续增长，新兴领域取得新突破；以产业园区为核心，构建系统优化、资源集约、核心突出的产业能力布局，加快业务结构调整和资源的优化配置，形成了"三地五区"产业格局；经济规模不断扩大，综合实力显著增强，党的建设、人才队伍和企业文化建设成果丰硕，其他工作也得到了长足发展，开创了分院各项事业发展的新局面。

科技成果综合现状

经过 55 年的发展与积累，五〇四所在卫星通信技术领域，代表着我国通信卫星技术发展的最高水平；在卫星数据传输及处理领域，技术水平跻身于世界先进行列；在天线技术领域，研制了星载最大口径的各类天线，是我国最具实力的星载天线研制单位；在卫星遥感技术领域，研制了国内最高频段的相关设备，是我国这一领域的创始者之一；在测控技术领域，是参与建设我国地面、海上航天测控网的开拓者之一。

55 年来，五〇四所在上级的亲切关怀和帮助下，作为中国航天科技的中坚力量，参与了自东方红一号卫星开始的我国历次航天重大活动，成功发射了 200 余颗星船，为我国载人航天、探月工程、北斗导航、高分工程等国家重大专项任务做出了突出贡献，为我国航天事业、国防建设和国民经济建设做出了重大贡献。五〇四所多次荣获国家科技进步奖、国防科技进步特等奖等，是全国文明单位、我国航天系统有重大贡献单位。

近年来，五〇四所本着进一步提升原始创新力，深入发展新型和前沿空间通信技术，加强高端领军人才在创新能力提升方面的引领作用，立足"杨士中院士实验室"和"郝跃院士工作站"的研究成果，成功申请了"陕西省院士专家工作站"，被陕西省委组织部授牌，带动了空间信息网、空间太阳能电站、空间遥感探测、电子器件集成及其空间应用技术产业化发展。

2007年，五○四所获得了由人事部、国防科工委、国资委、总装备部和中科院联合颁发的"首次月球探测工程突出贡献单位"的荣誉称号；2008年，获得了由国家颁发的探月工程"国防科学进步特等奖"；2009年荣获国务院颁发的"国家科技进步特等奖"；2014年，获得"全国五一劳动奖状"荣誉称号；2016年因北斗二号卫星工程获得了国务院颁发的"国家科学技术进步奖特等奖"证书。2020年，获得"探月工程嫦娥四号任务突出贡献单位"荣誉称号。

"西迁精神"的传承与弘扬

搬迁前后，完成东方红一号地面雷达任务

毛主席"我们也要搞人造卫星"这一宏伟目标的号召，像滚滚春雷响彻神州大地。人造卫星令多少人向往，又令从事与此有关的人员感到极为神圣。

而在五○四所整体搬迁到西安的过程中，当时承担的701-5雷达的研制任务也在紧张进行着。这一任务就是在五○四所搬迁到西安前后完成的。1965年大学毕业后，分配到西南电子所里已经一年的付志刚，此时正式参与701-5雷达的总体设计工作，自己感觉心里甜甜的，方案拿到手里，感到沉重的分量和责任，并且暗暗下定决心：一定要把工作搞好。这是当时五○四所承接的第一个与东方红一号卫星有关的大工程。这个任务由当时总体室主任曾邑铎同志负责，除付志刚之外，还有三个都是1965年分来的大学生。以下兹录付志刚的回忆文章：

1967年5月初，我和同时参与任务的李应璋去黄河机器厂验收雷达。来到黄河厂，只见到处都是大字报，看大字报的人熙熙攘攘，但是生产还在进行。一段时间后，准备调拨给五○四所的雷达车送到总装车间，总装车间主任对于要哪些组件和不要哪些组合不甚了解，他奇怪地问道："你们干什么用？"

由于当时处于保密状态，不敢说跟踪测量东方红一号卫星，而只说"捕捉高空目标"。

到6月下旬，调试工作结束。车间主任问我们办好军运计划没有。这可叫我们傻了眼，我们提出这应由厂里办。他说厂运输科上个月没有报计划，那只有这个月报，下个月才能走了。他将两台雷达车及牵引车的钥匙、两套资料及随机备件清点交给我们。有了资料，我们就仔细研究起联线图来。与所里联系，所里明确答复运雷达不派解放军来，这样押运的任务也就落在我和李应璋身上。

7月20日左右，铁路机车将两节平板车送到工厂专用线上，我们将钥匙交给工厂司机，谁知牵引车电瓶没电，油也没有，当天未走成。第二天才将牵引车发动，一台牵引车和一台雷达车装载一节平板车上。当太阳落山，西边的晚霞金色褪去之时，火车头才进厂把两节平板车拖出工厂，我们踏上了回成都之路。

我和李应璋各在一台牵引车的驾驶室里。虽说是夜晚，但暑热不退，晒了一天的汽车里如同蒸笼，坐垫烫人，使人不敢落座。而令人讨厌的蚊子无孔不入，咬得身上一个个红疙瘩，痛痒难忍，我只有摇起玻璃窗，任汗流浃背，坐待天明。"文革"时期，火车运行不正常，不知什么时候开什么时候停。停的时候也不敢离开雷达，怕人破坏，有人爬上来就往下撵。一切生活秩序都打乱了，饭也吃不上，幸好带了一暖瓶水。经过两天，车停在一个地方，我见尾车上的铁路工人下车出去，就赶紧跑过去问："要停多久？这是什么地方？"工人回答要停11个小时，这是广元。我赶紧回来告诉李应璋，我们轮流出站吃饭，这是我们在旅途中吃的唯一一顿饭。经过四天四夜的押运，终于到了成都东站。当所里的人来到的时候，我就想到三件事：洗个澡、吃个饱、睡个够。

旅途的疲劳还未消失，我赶快着手画了方框图和系统联线图晒蓝。在政治环境稍微好转之后，曾邑铎主任和我去中国科学院成都分院所属工厂联系加工，又将雷达拉回所内。按照整机系统联线图，由一室李玉宏师傅在无遮拦的车库里焊装打架导线，李师傅忙得照顾不上家中的小孩，晚上也加班加点地干。

西南电子所划归国防科委后，整所迁往西安。接着就是紧张的迁所准备工作。4月告别蓉城，到达古城西安。在秦岭山脉北麓的这片院子里，环境幽静，经过几个月，锁相接收机和模拟源都研制成功，701工程处和测量站的部队同志参加调试工作，当时没有联机房，就在放雷达车的车库里放几张桌子进行调试，有时晚上也加班夜战。当打开晒了一天的雷达车，只觉一股热浪灼人，温度达到54摄氏度。经过大家的努力，系统连通，锁相接收机灵敏度较高。

因为在黄河厂验收时指导该厂另一型号雷达在试验场测试，所以很自然地想到利用试验场做701-5的外场测试地。该试验场位于西安东郊，地势平坦，占地500多亩。在试验场端头有益标校塔，塔前有一水泥坪做测试区，条件很好。大家工作很努力，相互配合很好。按照总体要求，各项指标测试都满足要求，直到1969年冬天，两天雷达车改装全面完成并交付使用。后来，701-5雷达在执行东方红一号测量任务时工作出色、可靠性高，以后曾多次参加执行任务，表现得都很令人满意。

共同走过的日子

陈学华和妻子是和五〇四所一起成长起来的一代人，是将青春奉献给襁褓中的五〇四所。

1965年从中国科学技术大学无线电专业毕业后的陈学华被分配到北京电子所，后因为北京电子所的电路、电真空部分被分流充实到西南电子所，所以，大学毕业后陈学华直接来到了五〇四所的前身中科院西南电子学研究所工作。

1968年4月，服从组织的安排，陈学华和同事一起来到陕西省长安县112大院。在相对闭塞的环境中，远离了不利政治环境。相比在成都时的工作条件有了明显的改善，这种改善不仅体现在科研生产的场地的改善上，而且在生活居住的条件上也有了很大的改善。有了相对稳定的科研环境，当时所里陆续新进了近30名大学生，并且充实了所一级的领导班子，从根本上保障后续科研生产任务的顺利运行。

在工作环境相对稳定之后，与陈学华一样的一批年轻的大学生正是干劲十足的时候。但是在搬迁的过渡阶段，他们并没有承担与航天型号相关的任

务。直到 20 世纪 70 年代的东方红二号任务开始，当时的五〇四所才开始承担与卫星型号相关的研制任务。五〇四所承担了东方红二号卫星应答机和转发器的研制任务，转发器主要负责信号内容的转发，而如何"掌控"处于地球 36000 公里外的卫星，就要通过应答机与地面测控站建立联系来进行工作。当时，陈学华主要负责地面保障系统的研制任务，一方面是要建立卫星与地面通信的信道，另一方面是要测算卫星与地面通信的距离零值，从而确保地面接收信息的准确性。从东方红二号任务开始，五〇四所才开始逐步参与卫星型号的研制任务。

从当时的科研生产的条件来看，那时候产品的电路都是自己在设计，而不是像今天这样大规模地使用集成组件。以通信卫星的应答机研制为例，过去一个应答机的研制需要一个研究室所有的人员共同协作才能完成，今天则通过集成化设计，一台应答机需要两三个人就能完成。而对于如何测试研制产品的性能，就需要通过测试设备来判定。据陈学华回忆，由于当时的技术水平比较落后，国产的测试设备在测试过程中，存在很大的误差，需要设计师自己通过测试设备反馈的结果来判断测试结果的准确性，这就给研制任务造成了极大的困扰。再以产品的环境模拟试验为例，产品的高低温试验是借助天气来完成的。冬天的时候，将产品放在室外，在零下十几度的温度下进行产品的低温试验。而夏天的时候，再将产品放在太阳下做"高温"试验，来验证产品在不同温差条件下的状态变化。这样的研制条件在今天卫星高密度、快节奏的研制任务的要求下，几乎是不能想象的。

在完成科研生产任务的同时，大家还面临着生活的问题。据陈学华回忆，在生活上，住的房子宽敞了很多。在成都的时候，一个单身宿舍，10 来平方米，能住 6 到 8 个人；而搬迁到 112 大院之后，4 个人住一个宿舍。吃的东西每天是定量的，一个人一天一斤粮，70% 都是粗粮，30% 是细粮，每个月半斤油，生活条件非常艰苦。虽然住的条件比成都好了很多，但是吃的东西却没有在成都时的条件好。

当然，除了吃和住之外，大家的出行也是一个很重要的因素。当时所里有自己的卡车，如果需要进到西安城里买东西或者看病的话，可以坐着卡车进城。陈学华回忆，当时有一趟56路公共汽车，可以到西安的洒金桥附近，一天两三个小时一趟。

工作之余，大家最主要的娱乐活动除了看放在公共区域的电视，最主要的就是看电影了，基本上每周有一次看电影的机会。在冬天最冷的时候，室外温度到了零下11度左右，但是大家看电影的热情却丝毫不减。

如今，陈学华的儿子也"子承父业"进入了航天队伍，成为"航天人"。对于陈学华他们那一代人来说，曾经口口相传的一句话是"献了青春献终身，献了终身献子孙"。陈学华的儿子和儿媳如今也是航天战线上的科研工作者。作为将五〇四所从襁褓中哺育起来的一代人，他们对五〇四所有着更为独特的情感。一同走过的青春岁月，将成为他们一生都难以抹去的回忆。

记忆深处的那些"不易"

2019年6月29日，以中国科学院西南电子所成立为建所标志的五〇四所将迎来其54岁的生日。54年来，五〇四所业务发展领域不断扩大，成为空间有效载荷研制的国家队，其对外的单位名称也几番变化，单位所在地更是跟着国家的政策和其他原因几易其址，从北京到成都，再从成都到西安，最终定落在了西安这片长治久安之地。

电子学建立的"不易"

1956年，毛主席提出，要在几十年内努力改变我国在经济和社会科学文化上的落后状况，迅速达到世界先进水平。随后国务院制定了我国1956—1967年科学发展远景规划纲要。1958年毛主席提出"我们也要搞人造卫星"的号召。1956年，在这样的背景下，中科院成立了一批包括电子学、计算机、自动化、力学、原子能等领域新兴学科研究所。到了1958年左右，各省更是纷纷响应党中央和毛主席的号召，成立了中科院各省分院。刚开始成立的中科院各省分院也都没有新兴学科，慢慢地才有了新学科的加入，不断扩大和细化了研究领域。

五〇四所跟中科院北京电子所和中科院四川分院都有着密切的联系。不管是刚成立的中科院北京电子所还是中科院四川分院，面临一个巨大问题：人才从哪来？那时候，这两家科研单位不仅吸纳了大量的大专院校毕业生，还将大二、大三年级学生也纳入进来。人倒是来了，可是住哪呢？没有住的地方，还未毕业的大学生们仍旧在学校上课学习、住宿；毕业生也有很大一部分仍旧住在大学校园的宿舍里。北京电子所的大学生们多在北大、清华、北航等名校，四川的则是多在川大、电子科技大学等等，为的就是一毕业就投入已经定下的这两家单位的工作中来。

丁佐平是1958年参加工作的。他是四川人，据他回忆，那时候等到中科院四川分院的房子（工作和生活用）盖好后，大家就不用住在大学校园里了。人和房子都有了，但是人都是年轻人，老专家少，任务也不明确。最终，四川、云南及贵州相关机构进行了大幅调整，成立了中科院西南分院，这时候也就有了中科院西南分院电子学研究所。

1965年，为了贯彻党中央三线建设方针，也为了更好地推进空间技术发展，中科院党组决定将中科院北京电子所无线电部分与中科院西南分院电子学研究所进行整合，成立了中科院西南电子所，并定址于成都华西坝，这就是五〇四所的前身与源头。

1965年后，中科院西南电子所经历了一段时间的发展壮大，"那时候我们主要是做飞机雷达，有了几个项目。"丁佐平说，"我那时候就负责了其中一个雷达项目，快到项目结束时，'文革'开始了，我们做的东西也就没有顺利交到用户手里，西南电子所也在那时被国防科委接纳管理。"1968年，西南电子所被划归空间技术研究院，并授予空间电子技术研究所/人民解放军第五〇四研究所的称号。五〇四所从此面世。

1968年，在"文革"的背景下及国家新政策的要求下，西南电子所的领导几经考察，决定搬迁到西安市长安县的112大院。

安家落户的"不易"

"1967年底，我们接到了从成都搬到西安的通知，在短短的4个月里就完成搬迁工作。"丁佐平回忆说，"那时候我负责购买搬迁用的木箱子，我和同事跑了成都16个加工厂才做成了所有的箱子，每个职工分一个，如果是有家有口的，一家就两个箱子，在成都的家具一律不能带走，带走的只能是生活必需品。虽然搬迁时间短、难度大，但是谁也没有怨言，每个人都积极准备，1968年3月29日，我们坐着成都军区派出的军列，向着西安出发。"

在成都华西坝期间，很多研究所都挤在华西坝内，单身员工住的宿舍8人一间，还是上下铺。五〇四所搬到西安112大院后，生活条件有了大的改善。单身员工分到了4人间的宿舍，结了婚的员工也都有自己的房子。"我们一家三口那时候就分到了一个十几平方米的单间，两家共用厨房和卫生间。"丁佐平说。

有改善，也有不适。丁佐平和妻子是地道的四川人，那时候五〇四所的大多数员工也都是南方人。他们到了北方，面临的是气候和饮食的不适应。"我和妻子是四川人，北方给我们的感觉就是冬冷夏热，不像成都那样温湿的气候。那时候我们每个月每人有两斤细粮，主要是大米，虽然也有白面粉，吃面挺不习惯的，除此之外，大部分的粮食都是粗粮，条件很艰苦。"丁佐平回忆说。为了能吃上大米，所里很多的南方人都用玉米面或者白面粉跟周围村子的农户换大米。

丁佐平的妻子也是五〇四所的员工，回忆起搬家到112大院的"不易"，她说："112大院离市区有30多公里，我们刚搬去的时候，不通公交车，2年后才通的公交车，但是一天也只有2班。因为交通不方便，有点不舒服大家都尽量不去市里的医院看，常常出现把小病拖成大病的问题。"看病难，上学也难，五〇四所刚落定西安市，所里员工的适龄孩子只能在村子里的学校就读。后来，所里修建了自己的中小学，从112大院的学校里更是走出了不少的各类高才生和专家，这是老一代五〇四所人回忆起来为之自豪的事情。

发展的"不易"

从北京到成都，再从成都到西安，虽然有不适、波折，但是大家并没有把这些当作迈不过去的坎。安定了、落户了，发展业务才是当务之急。

1970 年后，五〇四所有了很多新的业务，除了东方红一号卫星任务之外，还承担了一些天线、应答机等产品研制以及研制东方红二号卫星等任务。大家正准备大干一场的时候，又因为国内形势和国家政策的变动，很多任务被搁置了。直到 1982 年左右，五〇四所的发展才真正走上正轨，"那时候我们就是行业顶尖，也确定了研制卫星有效载荷的发展之路"，丁佐平说。

1984 年，五〇四所有 3 项任务要进站。五〇四所虽然实力强劲，但经费却十分紧张，需要处处都很节省。即使干得苦、赚钱还不多，但是大家都充满了激情，生怕组织上不给自己派任务。

"当时真没觉得苦，现在退休了，回头看看，是真的不容易啊！"丁佐平经历了五〇四所的搬迁和大发展，现在看到五〇四所已经变成了西安分院，他更是十分自豪，他希望新一代的分院人，能够继续发扬五〇四所老一辈航天人的精神，把五〇四所人共同的家园建设得更好。

对科技工作者的激励政策和机制

为解决跨部门横向资源调动能力欠缺、课题负责人权责利不对等以及薪酬激励较为单一等问题，五〇四所从以下几方面进行了激励政策和机制的优化。

建立矩阵项目管理机制，加强横向资源调配

打破既有的行政单位自上而下的纵向管理制度的藩篱，建立基于项目需求的跨部门横向项目研究团队，在现有纵向管理的基础上，引入横向跨部门的基于项目的管理与纵向管理形成耦合的矩阵式项目管理机制，同时赋予绩效管理的职能，增加横向管理的牵引力。

在矩阵式管理的模式下，项目成员在接受本行政单位的纵向考核和日常管理的同时，作为跨部门团队的一员接受来自横向项目的绩效考核。在纵横交错相互制衡的条件下，创新人员的主管行动意愿和创新能动性可以得到显著增强，技术创新项目对于横向资源的调配能力得以快速提升。

建立课题责任人负责制，赋予相应的权责利

要充分发挥课题责任人的主导作用，更加清晰地界定其职责，并在划定的范围内给予发挥主观能动性的条件保障，做到权力和责任对等。建立课题责任人负责制，责令其对所负责的项目实施过程、经费使用、完成情况等负全责；赋予其相应的权力，增加责任人在横向跨部门项目合作中的话语权，让团队成员的行为受到责任人的监督、考核，同时让责任人拥有激励团队成员的权限；作为项目团队的灵魂，在职业发展、奖励激励等方面给予课题责任人适当的政策倾斜，使得权、责、利得到有机统一。

建立创新激励奖励制度，提升创新热情

为应对新的竞争形势，快速激发技术人员创新热情，最大化挖掘分院创新潜力，从岗位、薪酬、荣誉和环境四个维度对技术创新从业人员实施精准激励手段：

岗位激励

（1）按照分层次、分级别的原则设置技术创新队伍岗位体系。按照专业领域发展规划设置专业总师、资深设计师等，填补高层次技术创新人才缺口。

（2）明确课题责任人的待遇，在工程立项后有限推荐预研阶段课题责任人担任型号责任人。

（3）专家推选向技术创新领军人才倾斜。优先推荐专业总师、重大课题责任人成为国家级、省部级学术技术带头人和专家组专家。

薪酬激励

（1）在不影响分院现有以行政单位为划分依据的纵向薪酬福利体系基础上，构建基于矩阵式项目管理的横向技术创新奖励激励制度，该部分收入独

立于人员基本工资和效益体系之外，是额外发放给技术创新人员的基于项目阶段进展的激励措施。

（2）项目奖励的发放以总额度发放至课题负责人，由课题负责人负责分配给项目团队成员，其中包括项目管理团队人员。主要奖励实施分类如下：

项目奖励——旨在充分调动全员创新的积极性，鼓励各单位加强系统培育和专业建设，强化市场开拓，巩固优势领域，开拓新领域；

成果推广奖励——成果推广奖励旨在鼓励建立以应用为导向的技术创新机制，提升分院系统和产品竞争力，促进核心技术走向工程应用；

科技成果奖励——旨在提升分院学术影响力，包含论文、著作奖励、专利奖励、标准奖励和成果奖励；

专家补贴——用于研发领军人才的奖励，旨在鼓励领军人才成为国家部委、省市地方和军方的专家，积极参与国家各类咨询、评审活动。

荣誉激励

（1）设立技术创新重大贡献奖，重点表彰在型号立项、关键技术攻关、专业技术建设等方面发挥关键作用，取得卓越贡献的个人。

（2）设立技术创新团队奖和个人奖，奖励在技术创新活动中有重大贡献的团队和个人。

（3）举办青创大赛，对取得优异成绩的创新项目、个人给予重点奖励。

环境激励

（1）充分考虑技术创新的不确定性，建立容错机制，鼓励技术创新人员大胆放手进行创新实践。

（2）为技术创新人员提供专业培训、学位深造、学术交流、公派留学、访问等机会，保证技术创新人员能力提升渠道通畅。

第十四章

西安热工研究院有限公司

西迁历史概况（1964—2020 年）

西安热工研究院有限公司（一般称"西安热工研究院"，英文缩写"TPRI"，以下简称为西安热工院），是我国电力行业国家级发电技术研发机构和科技型企业。

1951 年 7 月，在北京顺城街，燃料工业部电业管理总局中心试验所成立，设 5 个专业组：高压、仪表、继电保护、热机和化学专业组。（其中热机、化学和仪表等专业为后来西安热工所的部分主要专业。）

1952 年 6 月，5 个专业组改组为 3 个专业室：电气、热工和化学专业室；其中部分人员分至西交民巷办公。

1954 年 5 月，燃料工业部电业管理总局中心试验所迁至北京市北郊清河镇，面向全国电力系统。同时，燃料工业部根据苏联专家建议，设立和组建发供电设备技术改进局。

1955 年，全国人大一届二次会议决定：撤销燃料工业部，成立煤炭工业部、电力工业部、石油工业部。1955 年 9 月 19 日，成立电力工业部技术改进局，热工专业机构设置为锅炉分场、汽机分场、化学分场、热工测量试验室、金属试验室、试验工场。

1956 年 1 月，电力工业部决定将沈阳、北京、上海电业管理局下属中心试验所改为归属于技术改进局管理。

1956 年 5 月，电力工业部根据国家十二年科技发展规划，拟筹建中央电气研究院和中央热工研究院，为此，从全国选调大批工程技术人员，充实到技术改进局。技术改进局职工增加到 545 人，其中技术人员 319 人（含工程师 24 人），技术工人 63 人。

1958 年，全国人大一届五次会议决定：将电力工业部和水利部合并为水利电力部，电力工业部技术改进局随之更名为水利电力部技术改进局。技术改进局下设的专业部门由原来的分场、试验室统一调整为研究室；在热工专业机构方面设有锅炉室、汽机室、热工测量自动室、化学室、金属室、热工二室、试验电站。

1959年9月，水利电力部决定筹建北京电力学院，由技术改进局直接领导。至1959年底，技术改进局职工总数增至781人，其中技术人员379人（含工程师39人）。

1962年，水利电力部做出了《关于技术改进局、电力建设研究所、水利水电科学研究院的主要任务和相互分工的决定》，指出，技术改进局是电力工业科学技术的综合研究单位，在业务上包括电力生产技术改进和电力科学技术研究两方面，其主要任务是：对已投运的火电厂和电力网，研究解决在生产运行和技术改进中所提出的关键技术问题，并对其主要技术工作进行具体指导和帮助，在专业技术方面进行培训；研究解决电力工业生产，建设发展中有关电气、热工、化学、主要材料性能（例如金属、绝缘）、动力经济等方面的重大科学技术问题；修编技术规程、鉴定新设备和新技术，分析重大运行事故等工作。

1964年8月，水利电力部发文通知："国家科委已同意技术改进局改为电力科学研究院，负责电力工业部技术改进和科学研究工作。"自此，电力科学研究院统筹安排电力工业的技术改进和科学研究工作；决定在京设立电力系统和高压输电2个研究所，在西安、上海和石家庄分别设立热工、自动化和农业电气化3个研究所。其中热工研究所担负火电厂热力过程、热力循环、化学处理、高温性能等方面重大新技术的研究及其重要的理论研究，下设4个研究室；自动化研究所，担负火电厂仪表及自动化方面的试验、技术改进工作，下设3个专业组。

1964年9月，电力科学研究院陈一明、陈东明副院长，徐士高总工程师及计划技术室主任刘纫苣一行4人，组成"热工、自动化研究所和高压输电试验基地工作组"，赴西安、成都、兰州等地选址，并提出热工研究所建所于西安东郊的方案。

1964年10月17日，水利电力部发文给西北电管局："为了配合三线电

力工业建设，电力科学研究院准备在你局中心试验所热工、自动化专业的基础上，与你局联合扩建热工、自动化试验室。"同时，成立了"热工、自动化试验室筹建处"，由黄川任筹建处主任、赵海龙任副主任。

1964 年 10 月 29 日，西北电管局报文（电计惠字〔64〕205 号），向中共西北局计经委提出《报批热工、自动化试验室扩建问题》的报告："水电部决定在我局中心试验所热工、自动化专业的基础上，由电力科学研究院和我局联合扩建热工、自动化试验室，部并决定利用西安电力学校已有的空地建设。"当日，中共西北局计经委批文同意建设。

1964 年 12 月，水利电力部批准热工、自动化试验室建设任务，第一期建设规模为 14000 平方米，在西安电力学校（原有空地）建设。

1965 年 10 月，水利电力部批准热工、自动化试验室建设项目第二期建设规模为 14040 平方米。

1965 年 12 月 25 日，热工、自动化试验室（原水利电力部电力科学研究院锅炉室等）先遣人员一行 54 人，从北京站乘坐火车前往西安，成为"西安热工研究所"的第一批人员。

1966 年 5 月，锅炉、汽机、化学共 3 个研究室人员及相关行政、后勤人员共计 145 人携随迁家属，成建制落户西安。

1966 年 6 月，"西安热工研究所"正式对外办公。

1969 年 6 月，水利电力部军事管制委员会决定，"西安热工研究所"由陕西省政府和电力科学研究院共同领导。

1970 年 9 月，从河北平舆"五七"干校迁来了金属室、自动化所及电气测量室（电气测量室于 1975 年 7 月又迁往武汉高压研究所）。当时，西安热工研究所全所共有员工 361 人。

1977 年 7 月，水利电力部决定，"西安热工研究所"更名为"水利电力部西安热工研究所"。

1982 年 11 月，水利电力部发文决定，自 1983 年 1 月 1 日起，水利电力部西安热工研究所改为由水利电力部直接领导。

1984年8月，水利电力部批复，同意水利电力部西安热工研究所科技体制改革方案，水利电力部西安热工研究所列入水利电力部首批改革试点单位。

1988年4月，全国人大七届一次会议决定，撤并原水利电力部、煤炭部、石油部、核工业部，成立能源部。水利电力部西安热工研究所随之更名为"能源部西安热工研究所"。

1993年，能源部等部委再次调整，成立电力工业部。1994年7月，经电力工业部报国家科委批复同意，"能源部西安热工研究所"更名为"电力工业部热工研究院"。

1997年3月，第九届全国人大会议对国家政府机构进行改组，撤销电力工业部，组建国家电力公司；"电力工业部热工研究院"随之更名为"国家电力公司热工研究院"。

2001年6月，"国家电力公司热工研究院"转制为国家电力公司出资设立的国有科技型企业，更名为"国电热工研究院"。

2001年12月6日，"国电热工研究院"在国家工商总局注册（取得营业执照）。

2003年，随着国家有关电力体制改革和企业重组，原国家电力公司撤销，五大发电集团公司（中国华能集团公司、中国大唐集团公司、中国华电集团公司、中国国电集团公司、中国电力投资集团公司）和两大电网公司（国家电网公司、南方电网公司）等央企成立。

2003年11月21日，电力行业五大发电集团——中国华能集团公司、中国大唐集团公司、中国华电集团公司、中国国电集团公司、中国电力投资集团公司，依据《公司法》和国家有关电力体制改革的精神，在北京就共同设立"西安热工研究院有限公司"达成一致，并签署了股东协议。至此，"国电热工研究院"变更为由中国华能集团公司控股（52%）和中国大唐集团公司、中国华电集团公司、中国国电集团公司、中国电力投资集团公司参股（各12%）的有限责任公司。

2004年7月28日，"西安热工研究院有限公司"在国家工商总局注册，

取得新的营业执照。

2020年6月10日，西安热工院2020年第一次股东会召开，会议决议西安热工院的股东单位变更为4家（由中国华能集团有限公司收购原中国大唐集团有限公司拥有的西安热工院12%的股份），至此，西安热工院变更为由中国华能集团有限公司控股（64%）和中国华电集团有限公司、中国国电集团有限公司、国家电力投资集团有限公司参股（各12%）的有限责任公司。

西安热工院科研经营情况

企业基本情况

西安热工院拥有国家发改委授牌的"电站锅炉煤清洁燃烧国家工程研究中心""国家能源局授牌的国家能源清洁高效火力发电技术研发中心"，国家科技部授牌的"煤基清洁能源国家重点实验室"，陕西省科技厅授牌的"陕西省燃煤电站锅炉环保工程技术研究中心"；拥有一个国际标准技术委员会（IEC/TC5）、2个国家级标准化技术委员会、7个电力行业标准化技术委员会、5个电力行业归口质量检测中心以及5个中国电机工程学会专业委员会等挂靠单位；设有硕士学位授予点和博士后工作站；是国家中文核心期刊、科技核心期刊《热力发电》的主办单位。设有职能部门13个，专业部门22个，院属公司8个，分公司3个，区域技术监督及服务中心7个，在册职工总数1200余人。

截至2020年6月底，全院资产总额为55.58亿元，净资产46.29亿元，资产负债率为16.72%。

西安热工院与许多国家及国际组织有着广泛的合作和技术交流，多年来成功地执行或参与了诸如联合国开发计划署（UNDP）、欧盟（EU）、世界银行、亚洲开发银行等国际组织的技术咨询和科技开发项目，以及德国、英国、丹麦、美国、加拿大、澳大利亚、日本、韩国等国的多项国际科技合作项目；

同时，在技术业务上实施"走出去"战略，近两年正在执行的涉外技术服务项目40余项，涉及巴基斯坦、越南、印度、泰国、塞尔维亚等10多个"一带一路"沿线国家。

科技成果综合现状

截至2019年底，西安热工院已完成国家部委、中外合作及重大科技攻关科研项目740余项；获得国家级科研成果奖80项，省部级科研成果奖420项；制修订国家及电力行业标准530余部；获得国家专利1660余项（含发明400余项、实用新型1190余项和外观设计若干项）；获得软件著作权420余项；编著出版专著130余部。2019年，入选国企改革"科改示范行动"企业。

典型事迹和故事

危师让 西安热工研究院原副总工程师，他是我国电力系统的老专家，在其科研生涯中，坚决响应国家号召，服从组织安排，到祖国需要的地方去；满腔热血扎根基层，投身实践，精于发电技术研究应用的钻研，勇于探索前沿，成为第一位获得顾毓琇电机工程奖的发电领域科技人员。以下甄选危师让的同事在其先进事迹报告会上的发言两篇，以见证其"西迁精神"。

赤子情怀写忠诚
——在危师让同志先进事迹报告会上的发言

各位领导、同志们：大家下午好！

我是危师让的同事宁哲。我报告的题目是"赤子情怀写忠诚"。

2018年8月9号，我在浏览热工院内网新闻的时候，被一个标题深深地吸引——"危师让同志荣获2018年度顾毓琇电机工程奖"，我迅速点击手里的鼠标，全神贯注地看完了新闻报道，生怕漏掉一个字。看完之后，我胸中充

溢着难以言说的各种情绪,兴奋、激动、欣慰……更多的是对危师让由衷的钦佩。

　　时光倒流,我仿佛又回到了那个激情燃烧的岁月。1983年,我迈出西安交大的校门,走进西安热工所的院门。那时,我和危师让在同一个办公室,共同奋战了多年。我与他的交集,就是从这里开始的。

　　在我的心目中,危师让同志是永不懈怠的"追梦人"。

　　在工作和生活中,危师让对我这个"小师弟""小同事"十分关照,我们经常谈工作、谈理想、聊人生、聊生活,在他的身上,既有严谨务实的科研精神,又有浪漫细腻的文艺特质,是"理工男"和"文艺男"的完美结合。

　　朝夕相处中,我感受到,在危师让身上,有着鲜明的时代烙印。在他们求学的青年时代,新中国成立不久,爱国奋斗、知识报国成为植根于他们心中的"科技报国梦";在他们工作的壮年时代,刚刚经历过"文革",电力事业急需振兴,"科技报国梦"又重新复苏,大家都渴望着在电力技术上能有所作为,为国家、为人民多做贡献,危师让更是如此。

　　危师让是地地道道的南方人,但却扎根大西北,瞄准前沿、着眼长远,潜心钻研、孜孜以求,一干就是50多年。危师让曾给我讲过一段难忘的小插曲。作为交通大学西迁后招收的第一届学生,他1966年5月毕业时,接到分配工作的通知,到电力科学研究院报到。通知就是号令,他立即收拾行李北上。那个年代有一句耳熟能详的口号:"党让我们去哪里,我们就背上行囊去哪里!"到北京后人事处的同志告诉危师让,他被分配到电科院系统的热工研究所,而热工研究所支援三线建设,刚刚搬迁到西安。从西安交大到西安热工研究所,沿着兴庆路,步行只需要半个小时,而危师让的这次报到却兜了一个大圈子,花了近7天的时间,行程两千多公里,从西安出发又回到了西安。每当讲起这段往事,危师让总是笑称,他求学时交大"西迁",他工作时热工所"西迁",西安是他的"福地",他与西安结下了不解之缘。

　　西安,是危师让电力"科技报国梦"开始的地方,也是他圆梦的地方。危师让是正统的"学院派",本科读了五年、研究生读了四年,师从电力热动先驱陈大燮教授,长期扎实系统的学习给了他敏锐的头脑、系统的思维、开阔的眼界、严谨的作风，为他实现"电力科技报国梦"奠定了坚实的基础。在长期的工作中，危师让将推动电力行业技术进步，实现"科技报国梦"作为他永不懈怠的追求。

老同事们经常会谈论起危师让的技术成就，令我印象深刻。20世纪60年代，危师让在四川参加联合循环试验电站的建设，他主要参加联合循环变工况计算，负责燃气轮机改烧天然气设计、改造，并参加整个电站的试验等工作。在联合循环变工况计算中，他率先运用系统思维，理清思路、发现规律，采用电子计算机，将燃气轮机、锅炉、汽轮机迭加进行综合计算，解决了模型求解过程中构件之间的耦合问题，找到了一种适合于计算机使用的迭代算法，攻克了复杂的变工况性能计算难题。

当年一起参加项目的老同事一说起危师让，都赞叹地说他是"计算机脑袋"，反应快、记性好、思维超前。作为初出茅庐的"学生娃"，他能吃苦、肯吃苦，多次乘坐绿皮火车辗转在成都和西安之间，有时工作任务紧急只能买到站票，他就一站到底。付出的汗水总会有收获，危师让作为主要工作人员参加的这个项目，获得了1978年全国科学大会奖。

习近平总书记指出，"幸福不会从天而降，梦想不会自动成真"。危师让不断奋斗，实现"科技报国梦"的脚步，一直未曾停歇。70年代，他率先提出燃气轮机高温腐蚀导致叶片损坏，解决了燃气轮机安全生产的重大难题，此前国内尚无先例；80年代，乘着改革开放的东风，他主持承担了"胶球清洗装置"的研发及推广，极大地提高了汽轮机组冷端性能，取得了良好的经济和社会效益；90年代，他负责国家科技部"九五"重点科技攻关项目"IGCC关键技术研究"，为IGCC前期技术路线把关定向，奠定了国内IGCC电站的基础。

危师让是个闲不住的人。他经常对我说："知识分子是没有闲下来的时候，无论是工作还是休息，我的思维都是活跃的，始终在钻研思考专业问题，这样的习惯我一直保持到了现在。"他是这么说的，也是这么做的，他前进的脚步一直没有停歇，至今还密切关注着绿色高效清洁能源的研究。

2018 年 11 月 19 日危师让在北京领奖

2018 年 11 月 19 日危师让在北京领奖

在我的心目中，危师让同志满怀着执着奋斗的"赤子情"。

生命之树未必长青，但科技之花却能永驻。作为一名电力科技工作者，危师让对电力科研始终保持着一颗"赤子之心"，他深知，我国电力技术领域仍然存在很多受制于人的短板。他身体力行，一直在做的，就是想国家之所想，急国家之所急，"干一行爱一行、爱一行精一行"，立足科研岗位，沉下心来、脚踏实地，以实实在在的技术研发，努力缩小差距、补齐短板。

改革开放之际，危师让主持承担了"胶球清洗装置"研发推广项目。他从德国公司的一张广告图得到了启发，激发灵感，开始进行胶球清洗装置的设计研发，由于国内相关的资料有限，他就利用合作项目的便利条件，一头扎进西安交大图书馆查阅大量国内外资料，白天查资料、晚上做设计，黑白交替，废寝忘食，这种痴迷专注的劲头让人敬佩。

功夫不负有心人。他在之前胶球泵设计和实验的基础上，通过分析设施和流程图，消化吸收改造关键部件和技术，设计出整套的胶球清洗装置，冒着风险在现场安装试验，在吴泾热电厂进行了大量的现场试验和模型试验。试验中为了掌握现场第一手资料和准确数据，在试验间隔停机期间，他甚至钻到冷凝器内部，观察水的具体流向、胶球的具体走向，查看杂物沉积的部位和清洗效果，探查杂物是否会影响胶球走向，力求把每一个细节都做到完美。

胶球清洗装置成为他在行业中的"成名之作"，也成为西安热工院探索产业化的成功试点。从前期技术研发、中期现场试验到后期的市场推广，逐步建立了一条完整的产业结构链，胶球清洗装置在全国范围内累计推广超过800台套，还对外出口到印尼等国，取得了巨大的经济效益。

当时，因为产品推广好，院里给汽机室的职工每人每月增加了6块钱的奖金，这在当时相当于提升了一级工资。6块钱奖金，在现在看来可能微不足道，但在1983年，我刚工作那会儿，却让我在"小伙伴"面前自豪了很长时间，让他们十分羡慕，因为这奖金更多地代表了对执着技术追求的一种鼓励，精神的激励要远远胜过物质的奖励。胶球清洗技术的研发推广非常成功，更新升级一直持续了十几年，这一切，都得益于危师让的执着专注，但在收获成果的重要时刻，危师让不顾个人利益的得失，开始了新的技术攻关。

在我的心目中，危师让同志是默默奉献的"无名英雄"。

改革开放以后，危师让有了出国的机会，到美国加利福尼亚大学访问进修。"外面的世界很精彩"，他看到和学到了新的科学技术成果，开阔了思路和视野。学成归国后，危师让带回了先进的科研理念，针对国内火电机组汽轮机由于进水、进冷蒸汽造成弯轴、动静碰磨等事故，他率先提出开展汽轮机防进水

研究。作为主要技术负责人，他汲取国外先进技术经验，对美国国家标准《防止水对发电用汽轮机造成损坏的导则》进行了深入研究，并结合国内机组特点，提出了主体的设计思路。在山东辛店电厂作试点，把汽轮机内部疏水管道系统的合理分布作为关键，在现场开展了大量的试验研究，提出了有针对性的解决方案，改造工程非常成功，提高了汽轮机运行的安全性。他在此基础上，制定了国内第一部《火力发电厂汽轮机防进水和冷蒸汽的导则》，该《导则》一直沿用至今，对国内新机组建设和老机组改造发挥了极大的作用，大大提高了火电机组的可靠性。

20世纪80年代，国内燃煤电站汽轮机由于设计年代早、设计技术落后，普遍存在经济性差、煤耗高、消耗能源多等问题。对此，联合国开发计划署立项，无偿提供资金进行"中国20万千瓦火力发电机组现代化改造"。最初，项目确定的技术路线，由国际先进的汽轮机制造商承担改造，国内由热工院和制造厂参加，学习先进的汽轮机改造技术，示范机组成功后推广应用。但在项目执行的初期，由于国际招标不成功，项目执行陷入困境。作为项目承担部门的负责人，危师让不惧困难，挺身而出，积极与上级和国际组织沟通，代表热工院大胆地提出了新的技术路线，由国内汽轮机制造厂和热工院承担改造工作，国外先进制造商和电力研究机构提供技术咨询。他敢想敢干，会同东方汽轮机厂采用光滑子午通道、三元流等技术对三排汽20万千瓦等级汽轮机低压缸进行技术改造，圆满完成了改造项目，得到了联合国开发计划署的高度认可，该项目也荣获了1997年电力部科学技术奖。

在危师让的身上，这样的事情还有很多。几十年来，以危师让为代表的老一辈科技工作者，见证和创造了新中国电力行业发展的无数个第一次，从10万千瓦、20万千瓦、30万千瓦、60万千瓦到百万千瓦，从国产到进口的第一台机组，他们都曾经参与其中。作为背后的"无名英雄"，他们攻克了一个又一个技术难关，制定了一项又一项技术标准，取得的成绩记录了我国电力技术进步的轨迹，从小到大，从低到高，从简单到复杂，而且，这条路仍在延续。

一直以来，危师让怀着"赤子之心"，站在国家、行业可持续发展的角度，敏锐地洞察和研判行业科技发展趋势，为国家电力行业的技术进步孜孜不倦、勇攀高峰，把自己的精力都投入专业技术的研究、技术难题的攻克和科技进步的推动中。正是受到他这种执着痴迷、无私奉献精神的感召，激励着我在二次再热机组应用技术研究的攻关时期，带领团队咬紧牙关攻克技术难题，为华能安源电厂建成国内首台二次再热机组做出了应有的贡献。

责任和担当，随着时光的沉淀，映照在危师让身上，折射出老一辈科技工作者的风骨。前有领路者，后有接班人，我们将继续沿着前辈的足迹，不忘初心、砥砺前行，为我国电力行业的技术进步做出更大的贡献。

谢谢大家！

平凡人生有大爱

各位领导、同志们：

大家下午好！

我是危师让的学生肖俊峰。我报告的题目是"平凡人生有大爱"。

岁月的触角爬满额头，时间的河流淌过血管。一杯清茶、一台电脑、一柄放大镜，清瘦矍铄的身影坐在办公桌前，专注地翻阅着手中的技术资料，这，就是危师让，一位78岁电力科技工作者的日常缩影。

危师让，华能西安热工院原副总工程师，是院里的第一代"热工人"，我们尊称他"危总"。退休前，危总几十年如一日奔波在全国各地的火电厂。如果说热工院是火力发电行业的"301医院"，那么热工院的职工就是"火电厂医生"，专门给电厂强身健体、提质增效。危总的专长是给汽轮机、燃气轮机"看病问诊"，一干就是52年，至今尚未停歇，他对科研事业的执着痴迷、对技术前瞻的敏锐洞察、对技术细节的严谨追求、对学生晚辈的鼓励帮助……时时刻刻都在影响着我们。从他的身上，我看到了老一辈科技工作者所独有的大"爱"，对技术研究的钟爱、对国家电力行业的热爱、对学生晚辈的厚爱。

在学生的心目中，危总是执着追求的"技术迷"。

危总是交大西迁后招收的第一批学生，研究生师从我国热动力工程学科

的先驱陈大燮先生,是交大"西迁"的亲历者,秉承了"胸怀大局、无私奉献"的爱国情怀,树立了"学好知识,服从党和国家的召唤,把一切贡献给国家"的大局观念,以"一辈子全心全力只干一件事"的恒心毅力,甘坐冷板凳,肯下苦功夫,将一辈子的心血都奉献给电力技术。

从学生时代开始,危总就系统学习了联合循环的相关知识。工作之后,他一直痴迷于热动力工程技术,"耐得住寂寞、守得住清贫、担得起使命",作为技术开拓者,为我国IGCC的研发奠定了坚实的基础。

1994年,他曾主持承担了"八五"科技攻关项目——整体煤气化联合循环(IGCC)发电示范项目技术可行性研究。与传统煤电技术相比,IGCC是将煤气化技术和燃气——蒸汽联合循环相结合的先进动力系统,具有发电效率高、污染物排放低等优势,是当时国际上被验证的、能够工业化的、最具发展前景的清洁高效煤电技术。同期,我国正式颁发《中国21世纪议程——人口、环境与发展白皮书》,标志着可持续发展战略开始实施。危总敏锐地捕捉到这个信息,从国家战略转变的角度出发,率先采用可持续发展战略作为开展可行性研究的指导思想,并且以能源的清洁高效利用为总目标,制定了IGCC关键技术路线。随后,他又负责了国家科技部"九五"重点科技攻关项目"IGCC关键技术研究",该研究对IGCC进行了大量基础性、前沿性的研究探索,一方面是积累技术,一方面是建设队伍,完成了17卷专题研究报告,将我国IGCC技术提高到一个全新水平,培养了一大批IGCC技术的中坚力量,这些技术骨干之后为华能天津IGCC示范项目发挥了重要作用。

IGCC技术,从最初技术路线的探索、设计选型到最终华能天津IGCC示范电站建成,经过了两代人近20年的付出。2018年9月21日,华能天津IGCC发电机组已连续安全运行164天,打破由日本勿来IGCC电站保持的机组连续运行163天的世界纪录,标志着我国煤炭资源绿色开发和清洁低碳高效利用技术处于世界领先水平。

两代接力赛,一生技术情。危总心无旁骛、潜心钻研,为IGCC技术勾画设计蓝图,描绘技术路线,对国家和行业的热爱成为他不断向前的精神动力,推动着他潜心做学问，扎实搞研究，用情做奉献，圆满完成了这场技术接力赛的第一棒。

在学生的心目中，危总有着难以割舍的"行业情"。

危总曾说过，电，给人类带来了光明，点亮了整个世界。作为一个电力人，他感到十分自豪，自己为这光明，又增了一分光，添了一丝亮。他热爱电力行业，因为电力行业的强盛伴随着国家能源应用技术的发展进步，是国家由弱变强的"显示器"。在他的"计算机脑袋"里，时刻存储着电力行业的关键技术信息，厚积薄发，精准研判，他对于电力技术发展的动向和技术路线的把握令人望尘莫及。最令我叹服的，是他对电力行业难以割舍的责任感和使命感。

2008年起，国内从国外进口的某型号重型燃气轮机，陆续发生多起压气机叶片断裂，并导致燃气轮机损坏的重大故障。危总从一开始就十分关注，随时了解进展并给予我们必要的指导。

2011年4月，当我们完成第五起故障分析时，危总找到我，显得格外忧虑。"小肖，这几起燃机的故障，维修费用少则六七千万，多则上亿，每起故障都给电厂和国家造成了很大的经济损失，你们能不能想想办法啊！"危总着急地说。他觉得我们不能孤立地完成一个一个电厂委托的故障原因分析就了事，应该对各起故障之间的相似性和规律性进行认真研究和总结，提出应对的技术措施和策略，有必要也有义务及时将研究结果向行业内通报，让装有同样机型的电厂能及时采取防范措施，最大限度地避免同类故障的发生，同时也能给国外的燃气轮机制造商形成压力，以促使它们早日解决设备的设计问题，弥补或减少发电企业的损失。这，不仅是热工院的义务，更是责任和使命。

一个月后，在危总的坚持和支持下，中国电机工程学会火电分会组织召开了研讨会，我们作为主办方，向全国13个装有该型号燃气轮机的发电企业通报了分析结果，并提出了故障防范技术措施和故障处理应对策略。危总全程参与了这项工作并协助我们精心修改审核会议材料。这项工作对天然气发电企业加强设备日常监督，尽早发现设备部件缺陷，避免造成更大故障损坏，起到了极为有效的作用，并对国外燃气轮机制造商形成了相当大的压力，大大地挫

击了国外燃气轮机制造商的傲骄之气，迫使国外燃气轮机制造商大幅度降低设备发生故障后的维修费用。

责任担当，舍我其谁。危总热爱国家、热爱行业的情怀，落到实处就是立足本职，认真对待每一起故障，分析发现规律，解决好问题，用自己的辛勤付出为国家为行业做贡献。

我十分珍惜这个严管厚爱的"忘年交"。

我和危总是"忘年交"。从 1999 年参加工作至今，危总是我在热工院的三位老师和师傅之一，特别是在 2000 年，危总退休后，退休不"退岗"，受邀一直担任技术顾问，在近 20 年的时间里，我能够跟随危总学习，是无比幸运的事情。危总的学生也曾评价他为人谦逊豁达、质朴儒雅、平易近人，有一件事让我对危总的认识和了解更加深刻。

2012 年 1 月底，国家有关部委为了加快推动能源领域重大技术装备技术的发展，向各能源企业发出征集通知，征集关于重型燃气轮机重大科技专项的建议，作为华能集团下属的科研单位，我们热工院承担了华能集团相关建议汇报材料的起草工作。

有一天，早上刚上班，危总就来找我。他严肃凝重的神情，是极为少见的，我一看，心里直犯嘀咕，发生什么事情了，老先生今天怎么这么严肃？"小肖，我想跟你讨论一下这份汇报材料。"危总一边说，一边拿出了材料，写着密密麻麻的修改意见和批注，然后逐条和我讨论具体的修改意见。

材料中的第三点是"现有研究基础及研发进展"，其中有一句总结性话语，我记得当时是这样写的："在燃气轮机某项技术研发方面已取得突破性的进展。"当讨论到这里时，危总的手指到这句话，神情严肃地问："咱们的确在这方面取得了突破性进展吗？具体取得了什么样的突破，能不能详细跟我讲讲？"我这才恍然大悟，为什么一向和蔼可亲的老先生今天会这么严肃，神情这么凝重，原来他是对这句话的严谨性和真实性存在疑问，需要核实确认。

我连忙给危总做了详细解释，并把数值仿真分析结果进行了现场演示，看完演示后，危总的神色放松下来，但他还是直视着我，认真地说："任何技术上的浮夸都要不得。我们要实事求是，讲真话，这份材料事关重大，决不能因为我们不恰当、不真实的提法，影响甚至误导相关部委对具体问题的安排和决策。"

有人曾说过"眼界决定境界"。危总给了我们最好的诠释，谁会领会汇报材料背后为顶层设计建言献策的良苦用心，谁又会为了材料中的一句话斟酌再三辗转难眠呢？危总的话深深地烙在了我的心底，此后，每一份汇报材料，每一份技术报告，我都把它作为一种无声的"传声筒"，作为一项技术的"试金石"，像医生开处方一样严谨慎重。

习近平总书记曾强调："中国要强，中国人民生活要好，必须有强大科技。"在危总的心里，一直有一个心结，他一直希望能够推动国产燃气轮机运行与维护技术的发展壮大，打破国外制造商的高度技术垄断，以大幅度降低发电企业的经营成本。

2012年底，院里成立燃气轮机技术部时，危总已经72岁，本是含饴弄孙享清福的年纪，但当我们心情忐忑地去邀请他，希望他能继续担任技术顾问，为我们出谋划策的时候，他却欣然接受了邀请。尽管年事已高，但危总从未有过任何懈怠，审核过的每一篇论文、专利、课题申请书等，从文字的组织叙述，到逻辑的层次编排，再到技术细节的深入描述，每一处危总都精雕细琢、一丝不苟。刚开始，部门年轻员工对危总有一点怕，怕危总的严谨，怕让危总审核材料。但时间长了，他们就发现，经过危总审核的论文发表率提高了，专利申报和项目申请的通过率也高了，于是，危总成了年轻人眼里的"香饽饽"，他们一个个抢着请危总审核材料，并开玩笑地说："危总是'点石成金'的高手，经过他审核，我们就更有底气了。"正是长期的言传身教，有效地促进了年轻员工综合素质的提高，培养了他们严谨的工作习惯和良好的工作作风。从2013年起，我们连续四年获得了国家自然科学青年基金项目的支持。

"大音希声，大象无形"。危总平凡事中所闪耀的点滴，已沉淀于我们的成长之中。我们不会忘记，每每处于困境时，一位长者虽然内心焦灼，但却给予我们坚定鼓励的话语和眼神。我们不会忘记，一位瘦弱的前辈在各种场合，为了解决我们遇到的困难、推广我们研发的技术、促成对外技术合作，而坚持不懈地奔波、呼吁。我们不会忘记，每每得知我们在技术开发方面取得进展与突破时，一位耄耋老人如孩童般发自心底的欢欣。

春风化雨，润物无声，"传帮带"的浓浓恩情，溢于言表。作为第一代"热工人"，危总身上所闪耀的爱国奋斗精神熠熠生辉。时代在变，但是爱国精神薪火相传、弦歌不辍，我们将继续牢记责任和使命，把个人的爱国之情、报国之志融入电力行业技术发展的伟大事业中，为科技强企、科技强国做出应有的贡献。

第十五章

电信科学技术
第十研究所有限公司

第十研究所概况

电信科学技术第十研究所有限公司（以下简称为十所）成立于 1969 年，位于西安大雁塔西侧，占地面积 84184 平方米，隶属于中国信息通信科技集团有限公司，是国家级"特殊通信技术研究开发中心"，注册资本 2 亿元。在岗员工 893 人，科研人员中本科以上学历占 98%，硕士生导师 3 人，正高级工程师 14 人，高级职称 118 人。

20 世纪 60 年代至 90 年代，电信科学技术第十研究所有限公司（原邮电部第十研究所）是原邮电部电信总局"电报电话技术支援中心"和国家级"电信交换与软件支援系统工程研究中心"的依托单位，是我国从事电话、电报交换的国家队，创造了电信交换领域许多全国第一。目前，主要面向党政军等特殊通信领域，开发信息系统应用软件，设计系统集成方案，提供技术支持与服务，是行业内有重要影响力的软件开发企业。建所以来先后承担过国家"六五"至"十三五"多个重点科技项目，多项科研成果获国家级、部级、省级科技进步奖。

"以诚信赢得用户，以技术、质量和服务的持续改进保障用户"是电信十所的承诺。该所先后通过了 ISO9001 质量体系认证、国军标质量管理体系认证、武器装备科研生产单位二级保密资格认证，被列入总装备部武器装备承制单位名录，具备国防科技工业局武器装备科研生产许可证、国家从事涉密计算机信息系统集成建设的系统集成、软件开发甲级资质、信息系统集成及服务二级资质、"高新技术企业"、陕西省安全技术防范从业单位工程资质、工程设计资质、软件企业等一系列资质。

电信十所先后荣获全国信息产业系统先进集体、信息产业部科技创新先进集体、首都国家某工作先进集体、陕西省先进集体、驻陕央企突出贡献奖、陕西省信息化建设优秀服务企业、西安市高新开发区"明星企业"、雁塔区先进集体等荣誉称号，至今一直保持西安市文明单位称号，连续十多年被陕西省软件行业协会评为"优秀软件企业"，在"神舟六号—神舟十号"保障及北京奥运安保工作等保障工作中得到国家有关部门的金匾及锦旗表扬。

面向未来，电信十所将继续弘扬"同舟共济，艰苦创业"的企业精神，在保持稳定协调发展基础上，创新发展模式，充实人才队伍，提升管理水平，提升企业核心竞争力；面向党政军特殊部门需求，全面发展特通产业，引领特通领域新方向，成为特殊部门不可缺少的强有力的技术支撑和保障单位，为国家安全、社会治安和国防信息化建设贡献力量。

发展的阶段及取得的荣誉

1969 年 9 月 25 日，中国最重要的通信企业之一的长春邮电器材厂奉命由东北内迁陕西西安。经国务院批准，该厂从邮电科学研究院、邮电部设计院西北分院、西安邮电学校抽调部分专业技术人员、管理人员、技术工人，在原西安邮电学校旧址上，组建了电信科学技术第十研究所的前身——邮电部电信总局五二七厂。

西迁后的发展主要经历两个阶段

第一阶段：1969—1995 年

勇担重任、刻苦攻关，引领国内电信交换技术发展。电信交换实现"人工—纵横制—数字程控"的发展。

先后获国家级奖 13 项、部级奖 9 项，并且开创了四个"第一"：

（1）我国第一台编码纵横制长途自动电话交换机 JT-801；

（2）我国第一部长途程控数字式交换机 JD-1024；

（3）我国第一部长、市、农万门程控数字交换机 DS-30；

（4）我国第一部 128/256 微机自动电报交换系统。

第二阶段：1996 年至今

科学决策、战略转型，成为特殊通信主力军，引领特殊通信从固定电话→移动电话→互联网→大数据的创新，开发产品五大系列 30 多个，全国所有 340 多个地区级市均有安装，产值和利润连续 20 年增长，已成为特殊通信领域主力军，取得了一系列重大科技成果和荣誉。

（1）主持和参与制订了一系列行业标准和技术规范，填补了我国在特通领域技术标准的空白；

（2）获国家科技进步二等奖 1 项、某部科学技术一等奖 3 项；

（3）20 余项产品进入某部列装目录；

（4）2019 年，电信十所荣获"陕西省央企突出贡献奖""陕西省优秀软件企业第一名"；

（5）营业收入增长到 2019 年的 8.6 亿，利润总额增长到 4300 多万。

第十六章

中国重型机械研究院股份公司

西迁历史概况（1961 年）

中国重型机械研究院股份公司由中国重型机械研究院（以下简称为中国重型院）改制而成。中国重型机械研究院的前身为创建于 1956 年的第一机械工业部重型机械研究所（1961 年迁址西安，称西安重型机械研究所，简称西重所，隶属国家机械工业部、委）。历经北京筹建、沈阳成立奠基、西安创业发展的历程。1999 年西重所作为国家第一批转制科研院所，转制为科技型企业，并以资产划转方式整体加入中国机械工业集团有限公司；2006 年建所 50 周年之际，国家工商行政管理局批准在西重所的基础上组建成立中国重型机械研究院；2009 年中国重型机械研究院改制为中国重型机械研究院有限公司；2012 年改制为中国重型机械研究院股份公司，是面向我国冶金、重型装备制造等行业的综合性装备技术研发、设计与工程总承包的创新型高新技术企业。

重型装备制造关系国家安全和国民经济命脉，重型装备是强国利器。它的发展水平，代表了一个国家的综合国力。新中国成立之初，我国重型装备设计制造还是一片空白。为独立自主开展社会主义建设，国务院制定了《十二年科学技术长远发展规划》，在我国一些关键行业建立一批科学研究机构。1956 年，中国重型机械研究院前身——重型机械研究所在北京成立，后辗转沈阳，于 1961 年整体西迁西安。

西安这片人杰地灵的热土给予了他们前进的力量，凝聚成了中国重型院"艰苦奋斗、忘我拼搏、精心科研、无私奉献"的精神内涵。在当时西方经济技术封锁、苏联停止援助、撤走专家、国家处于"三年困难"时期，科研和生活条件十分艰苦的情况下，中国重型院在国内最早开始了连续铸钢和烧结技术与装备、炉外精炼技术与装备、板带轧制技术与装备、板带精整技术与装备、重型锻压挤压技术与装备、管棒型材加工技术与装备、环保节能技术与装备的研究开发。一套套图纸、一台台设备、一条条生产线，为共和国形成自己的钢铁、冶金重型装备工业制造体系，实现重型装备国产化，做出了重要贡献。老同志至今仍能记得，他们和上海江南造船厂共同研究设计的一万两千吨水压机研发成功时，振奋了国人的情景。

西迁后的发展及成就

连铸之光

连续铸钢是把钢水变成钢坯的工艺，因其节能、提高金属收得率和铸坯质量、降低劳动强度，从 20 世纪 50 年代问世以来，成为各工业国竞相发展的重点领域。中国重型院从 1958 年开始这项技术研发，在连铸装备和技术国产化方面积累了宝贵经验，推广应用了大量成果，目前我国连铸比已达到 99%。1993 年，攀钢 1350 毫米板坯连铸机投产成功，令国人瞩目。这是世界上第一套落差 15m 的连铸生产线，第一次由中国人总承包自主设计的板坯连铸成套装备，第一台国产化百万吨级板坯连铸生产线，中国重型院该项目总设计师关杰成为我国连铸界第一位工程院院士，标志着我国已跻身为世界上掌握大型现代化板坯连铸机总体设计技术的少数国家。走出国门，是连铸人不懈的追求。1992 年，中国重型院在国际竞标中，一举中标美国中兴钢厂连铸机改造项目。采用获中国专利的 4 项国际创新技术、10 多项关键新技术，设备投产后，铸坯表面裂纹减少 97%，金属收得率超过德马克、日立造船的水平，浇注速度提高 16%，为业主带来丰厚的利润，成为我国连铸技术出口的范例。

技术发展没有止境。近年来，他们研制成功的高品质钢特厚大型板坯连铸生产线，用于生产常规模具钢、高级模具钢、高性能工具钢，航空母舰及特殊舰艇甲板钢，航空母舰、巡洋舰、驱逐舰、护卫舰、登陆舰、常规潜艇、核潜艇以及其他舰船本体用 HY 系列钢，特殊舰艇关键部位及核电、火电用高级和超级耐蚀不锈钢，海洋石油钻井平台用钢，坦克及装甲战车装甲用钢，

核电用低合金高强度钢,高温合金等国家和国防军工急需的高品质特殊钢种,为国家安全做出重要贡献。

精炼之纯

炉外精炼是将钢水转移到钢包中,通过脱氧、脱氢去除杂质等,提高钢水纯净度和钢的质量。中国重型院从50年代末就开始这一技术的研究,从向用户提供真空泵,到研制炉外精炼成套设备,在国内炼钢领域广泛应用。

RH法即钢液真空循环脱气的精炼方法,核心技术是大型蒸汽喷射真空泵。中国重型院经过多年攻关,解决了大型真空泵系统的理论研究、数字模型计算和设计制造技术,20世纪初将400千克/时真空泵系统成功应用于武钢80tRH真空循环脱气装置上。同时完成宝钢300tRH真空循环脱气装置国产化,结束了我国RH真空精炼主体设备依赖进口的历史。

新世纪,新作为。中国重型院真空精炼技术实现了从单一产品向总成套交钥匙工程的跨越,继2001年完成北满特钢100tVD炉、100tLF炉总包项目后,给国内众多钢厂成套研制了许多真空精炼总包项目,国产化的路子越走越宽。

此外,把眼光转向国外,为韩国现代提供精炼技术和装备,2013年顺利投产,使我国自主知识产权的精炼技术和装备首次走出国门,在海外市场占有一席之地。

板带轧制之精

经过轧机轧制的各类金属板带用途非常广泛,一直是行业和中国重型院发展的重点。早在20世纪60年代初,按照国家6150工程设计指令,中国重型院就开展了700毫米极薄带材二十辊冷轧机设计,造出样机后,在反复试验的基础上,获得准确数据,不断修改完善。随后向用户提供了280毫米、350毫米、500毫米、1200毫米等多种不同规格的二十辊冷轧机组,使国产轧机应用于工业生产。

马口铁(镀锡板)是食品包装行业重要用材,因其精度要求高,难以轧制,过去一直依靠进口。2006年,中国重型院在国内首次设计成套了两台1100

毫米六辊可逆冷轧机组和一台1100毫米四辊平整机组，轧制马口铁获得成功，解决了我国食品包装行业用材的急需。

为了实现板带轧制大型化、高速化、自动化，中国重型院又推出1450毫米五机架全连续冷轧机组和1780毫米五机架全连续冷轧机组，连续创新轧制领域核心技术，夯实了板带轧制技术与装备国产化的基础。

精整之花

精整是金属塑性加工后，为满足用户对产品在表面质量、尺寸、外形和某些性能方面的最终要求而进行的一系列作业，包括纵横剪、拉弯矫直、亲水涂层、卷板贴塑、彩塑涂层、减震复合、酸洗、抛丸、打捆、包装等，直接增加产品的价值和使用价值。

20世纪90年代初期，空调机开始进入寻常百姓家庭，亲水涂层铝箔作为一般性铝箔的升级换代产品受到空调企业青睐，但国内不能生产，依赖进口，过高的价格严重制约空调厂家广泛使用。1995年中国重型院率先在国内研制成功1350毫米亲水涂层铝箔生产线，推动国产空调机大规模升级换代。

宝钢是我国现代化程度最高的钢铁联合企业，对装备要求苛刻。中国重型院为宝钢研制的2030毫米外耦滚筒机构协衡飞剪机，开发5项专利，创新10项技术，剪切厚度比达27.5～55，远高于国外同类设备5～10倍的水平。研制的1500毫米不锈钢纵横切机组，开发出8项创新技术，采用20余项国内外新技术新工艺，机组性能国际先进。完成的钛镍拼接机组、清洗机组、引带矫直和翻卷机组，是国内的首台钛镍机组，生产能力和技术水平国际先进。

随着我国汽车工业的发展，中国重型院连续攻克了高品质汽车板精整设备关键技术，为宝钢、广州JFE、首钢京唐等高端企业提供了多条汽车板精整生产线，推动我国汽车制造业大发展。

锻压挤压之先

锻压挤压是一个古老的专业，中国重型院不断赋予它创新的技术和活力，使老树开出了新花。

第一次工业革命，催生了机器大生产，工厂使用的锻锤都是靠蒸汽驱动，耗能惊人，工况恶劣。20世纪80年代起，中国重型院开发出电液锤，改造和取代传统的蒸汽锤，节能减排降成本效果显著。

20世纪末，他们研制出拥有自主知识产权的世界首台100MN大型油压双动铝挤压机，标志着我国大型挤压机总体设计达到国际先进水平，成为世界少数几个拥有大型有色金属挤压设备的国家之一。之后，又研制出并已应用的更大规格120MN、125MN、175MN等油压双动铝挤压机，又一次实现了铝挤压重型装备的重大突破。

在自由锻造领域，先后研制出世界最大吨位的165MN、195MN自由锻造油压机，突破了我国超大型锻件加工的瓶颈。同时开发出3000kN/7500kNm大型锻造操作机，彻底终结了国外在此领域的垄断地位。

我国航天事业特别是载人航天快速发展，迫切需要大直径高强度铝合金环件轧制装备，中国重型院1992年开发出我国首套5米数控径轴向轧环机，后又开发出8米数控径轴向轧环机，满足了航天工业的急需。目前正在研发直径11米的筒形件的轧涨一体化技术。

管棒型材加工之新

该专业通过冷、热轧，冷拔，螺旋、直缝焊管，冷弯、焊接，矫直，锯切等主机辅机，加工管、棒、型材，品种繁多，应用广泛。

1960年，苏联停止向我国出口航空工业急需的薄壁优质不锈钢管，中国重型院人为国争气，仅用一年时间就研制成功国产第一台高精度合金钢冷轧管机，解了我国航空工业的燃眉之急。几十年来，该院冷轧管机形成多个系列，一直保持国内领先地位。其中高速冷轧管机生产的管材满足核电蒸发器传热管、燃料管的严苛要求，已出口到美国。

各类管、棒、型材矫直机，矫直精度居国际先进行列，大大提高了产品的附加值，从此该类设备无须进口，用这些设备生产的产品精度高、质量优，出口更顺畅了。特别是近年研制的120MN航空级铝合金板材张力拉伸机，是制造国产大飞机的重要装备，助力我国大飞机飞上蓝天，并获国家科技进步二等奖。

环保之优

环保产业是一项新兴产业，中国重型院从零起步，发展迅速，至今已向国内外提供了 600 多台套环保装备。

宝钢一期烧结机头、机尾电除尘器全套引进，日本某公司供货，使用中除尘效率达不到设计值。二期工程中，中国重型院作为设计和技术负责单位，研制的大型机头、机尾电除尘器，除尘效率一举超过引进设备，受到国务院表彰。

玻璃行业在生产中产生大量粉尘和废气，直接污染环境并损害人的健康。中国重型院开发出玻璃窑炉烟气脱硫、除尘、脱硝治理技术，广泛应用于建材、显像管、照明、日用、瓶罐、玻璃纤维等生产企业，大大优化了环境。全国有 5 个大型彩色显像管生产企业，其中 4 家企业都采用了中国重型院的设备和技术。

转炉一次烟气干法除尘与煤气回收一体化技术，烟气净化效率高，没有二次污染，节水节电，提高煤气回收量，2003 年以前我国尚属空白，只有宝钢三期全套引进。中国重型院通过消化吸收再创新，完全掌握了这项技术，在国内大量推广应用，为改善大气环境做出贡献。

西迁近 60 年来，中国重型院研究开发的 1000 余项科研成果中，先后有 350 项获国家和省部级科技奖励，其中国家科技进步一等奖 2 项、二等奖 12 项、三等奖 9 项。授权专利 1500 多件，发表重要科技论文 1300 余篇。研发取得的重点科技攻关成果和重大技术装备创造了 220 多项"中国第一"。这些拥有自主知识产权的首台（套）大型成套技术装备，实现了国内从无到有的突破，打破了国外技术垄断，为国家和地方直接创造了显著的经济效益。由中国重型院开发研制并向市场提供的 2300 多台（套）国产化重型成套装备，每年为国家直接创造数千亿元的产值。我们为这些数字骄傲，为创造中国新纪录自豪，更为他们助力我国工业、交通、航空、航天、能源、军工等重点行业实现快速高效发展而心潮澎湃。在这些关系国家命脉的国之重器实现国产化的探索征途中，凝聚着中国重型院近60年传承着的"西迁精神"，渗透着这个以工程院院士和百名专家为首的千人创新团队的拼搏汗水。

今天，"西迁精神"仍熠熠生辉，绽放光彩。位于草滩渭河之滨、西安经济技术开发区的中国重型院新区建设项目一期工程已进入全面装修阶段。完备的基础设施、先进的试验手段、现代化的科研条件，标志着这个院的发展进入了一个全新的阶段。

站在新征程的起点上，回首来路，探问初心，"胸怀大局，无私奉献，弘扬传统，艰苦创业"的"西迁精神"令人感动，这是包括中国重型院在内的所有西迁者的精神品格。站在前辈开创的基业之上，身处"一带一路"的起点，在实现中华民族伟大复兴中国梦的进程中，作为西迁的科研院所，中国重型院将以亲历者和传承者的身份大力弘扬"西迁精神"，不忘初心，牢记使命，矢志创新，为实现"中国装备、走向世界"的愿景目标而不懈奋斗！

第十七章

汉川数控机床股份公司

汉川数控机床股份公司概况

　　汉川数控机床股份公司是一家集数控机床及自动化装备研发、制造、销售、服务为一体的大型现代化股份制企业。2012年，企业经股份制改造，更名为"汉川数控机床股份公司"（以下简称为汉川公司）。经过50年的改革、创新和发展，公司已成为中国机床行业极具影响力和竞争力的知名企业、国家精密数控机床的重要生产基地、中国机床行业"新十八罗汉企业"之一。

　　汉川公司拥有新、老两大生产基地，占地面积56万平方米，主要设备626台（套），其中精密、稀有和大型关键设备380余台，进口设备30余台。公司老厂区依山傍水，环境幽雅，是一座极富特色的绿色园林式工厂。新厂区是公司斥资12亿元、按照现代工业设计理念，高起点、高标准打造的大型

汉川数控机床股份公司

高档数控机床制造基地，生产能力、装备水平居机床行业前列。

　　汉川公司拥有 50 年的技术积淀，是国家"三线"建设时期布局的精密卧式镗床和高精度坐标镗床的重要生产基地，也是西北地区唯一一家被原机械工业部命名的机床行业样板厂。公司拥有一个省级技术中心，120 余名工程技术人员从事着产品研发、技术管理和工艺技术服务工作。近年来，公司紧密跟踪国际先进技术，创新研发了一大批高水平的数控机床及自动化装备新产品，受到了广大用户的青睐。目前公司已形成八大系列、100 余种产品的批量生产能力。

汉川数控机床股份公司大型数控机床
制造基地大件加工车间

动柱双龙门五面体加工中心

汉川数控机床股份公司大型数控机床制造基地数控机床装配车间

西迁历史概况（1966—2010 年）

企业 1991—2010 年期间发展演变

汉川公司的前身是原汉川机床厂，始建于 1966 年，"三线"建设时期由北京第二机床厂迁至陕西汉中。当时，直属于国家第一机械部，后下划至陕西省管理，先后隶属于陕西省重工业厅、机械工业厅、机械工业局、陕西省经贸委。1999 年经省政府批准，组建成立全省第一家由国有股和内部职工股构成的国有控股公司——汉川机床有限责任公司。2005 年 12 月，下划汉中市管理。2006 年 3 月，改制重组为由万向西部、汉中市国资委、职工持股会组成的混合所有制企业——汉川机床集团有限公司。之后，企业股权几经演变，成为由中国万向控股公司、汉中市国资委和新疆合融有限公司组成的股份制企业。2012 年 12 月公司更名为"汉川数控机床股份公司"。

1991—2010 年期间生产的主要产品

八五时期（1991—1995 年）

自 1985 年，汉川机床厂从日本索迪克公司引进并协议合作生产 A3C 电火花加工机床，并于 1986 年 A3C 试制成功且首批 10 台返销日本起，揭开了汉川机床厂在电火花加工机床领域技术研发、开拓发展的帷幕，进而一发不可收拾，经过四五年发展，在 1988 年召开的中国机床工具博览会上，汉川机床厂参展的 A3C-ATC 产品荣获优秀展品春燕二等奖（银质奖）；1989 年，汉川机床厂 HCKX250 快走丝线切割机床技术攻关取得重大突破，填补了我国快走丝机床不能切割大锥度的空白，伴随着技术的发展和在行业影响力的加剧，1990 年，汉川机床厂被机电部确定为全国电加工行业样板厂。1991 年至 1995 年，汉川先后研发了：

1. 电火花成形机系列

普通型：HCD250、HCD300、HCD400、HCD500、HCD630、HCD800；

数显型：HCD300X、HCD400X、HCD500X、HCD630X、HCD800X；

代表产品：HCD400 或 HCD400X，技术水平（当时）国内领先。

2. 电火花线切割系列

HCKX250、HCKX320、HCKX400；

代表产品：HCKX320，技术水平（当时）国内领先。

3. 电火花小孔机

代表产品：D703，技术水平（当时）国内领先。

汉川自 1965 年 8 月选址建厂，至 1970 年第一种产品卧式铣镗床 T611A 样机试制成功，直至今天，从未停止对镗铣类产品的技术研发，历史上的璀璨，不胜枚举，如 1987 年，汉川机床厂自行设计生产的 TJK6411 经济型数控镗铣床填补了国内空白，是国内研制成功的第一台镗铣床，并荣获 1987 年"陕西省优秀新产品"称号；又如在 1988 年召开的中国机床工具博览会上汉川机床厂参展的精密坐标镗 T4680 产品荣获优秀展品春燕一等奖（金质奖）及优秀造型二等奖，填补了国内空白、技术水平达到国际先进水平等等。"八五"时期，汉川先后研发了

卧式铣镗床：T611A、T611B、T611C；

床身式数控铣：RE3020；

刨台式数控卧式铣镗床：TK6411。

九五时期（1996—2000 年）

随着"七五""八五"时期爆炸式增长的中国式经济飞速发展，假冒伪劣泛滥，受此冲击，"九五"时期，产品质量严重下滑，全行业经济下行。1995 年 6 月 29 日，汉川机床厂联合全国 36 家主机制造厂共同发表产品质量保证声明，在全国引起强烈反响。同年，汉川机床厂生产的电加工系列机床被认定为陕西省首批名牌产品；1997 年 6 月 29 日，省级技术中心汉川机床厂技术中心挂牌成立；1999 年 12 月 30 日，汉川机床有限责任公司挂牌成立，标志着汉川从工厂制向公司制的转变。"九五"期间重点研发了如下产品。

电加工机床

1. 电火花成形机系列

单轴数控：HCD250ZK、HCD300ZK、HCD400ZK、HCD500ZK、HCD630ZK、HCD800ZK；

数控型：HCD250K、HCD300K、HCD400K、HCD500K、HCD630K、HCD800K、HCD1250K；

叶片加工机床：HCD1500T。

2. 电火花线切割系列

单向走丝型（俗称慢走丝）：HCX250、HCX320、HCX400（代表产品HCX320）；

双向走丝（俗称快走丝）：HCKX250、HCKX320、HCKX400（代表产品HCKX320）。

镗铣类金切机床

卧式铣镗床：TX611A、TX611B、TX611C、TQX6111/3、TX611C/4；

床身式数控铣：XH715；

刨台式数控卧式铣镗床：TK6411A。

十五时期（2001—2005年）

随着国家经济的又一轮高速发展，全行业发展迅猛，尤其是数控技术高速发展，加工中心产品是这个时代的名词。

立式加工中心及数控铣：XH714D、XK714D、XH715D、XK715D、XH716E、XH718等；

卧式铣镗床：TK611C、TK611C/1、TK6411B；

龙门式加工中心及数控铣：XH2412、XH2416、XH2420、XH2425；

卧式加工中心：Th6350；

电火花加工机床：电火花单向走丝机床（俗称慢走丝），研发中等规格的HCX320G。该产品技术定位于国内先进水平，要求 Ra ≤ 0.6，最大切割效率达 180 平方毫米 / 分，加工精度为 0.005 毫米，最大切割锥度为 ±20°，采用浸水式加工和半自动穿丝结构。

十一五时期（2006—2010年）

2006年，汉川完成了企业改制，组建成立了汉川机床集团有限公司，以"做精主导产品，促进批量生产；拓展产品领域，研发高尖新品"为创新思路，技术上取得了良好的成绩。

1. 立式加工中心及数控铣

除进行技术改进研发外，还扩展了XH713和XK713。

2. 卧式铣镗床

数控TK611B/1、TK611C/4、TK611C/1A、TK611C/4A；

数控型双面刨台式卧式铣镗床TK6511×2和数控型台式卧式铣镗床TK6513系列产品刨台式铣镗加工中心HPBC1320及刨台式数控铣镗床HPB1320系列。

3. 龙门式加工中心及数控铣

小龙门：XH2408A、XH2408B、XH2408C、XK2408A、XK2408B、XK2408C、XK2308A、XK2308B、XK2308C；

B系列龙门：XH2412B、XH2416B、XH2420B、XH2425B、XH2420/5X等；

横梁升降龙门式五面体加工中心系列：HGMC2560TR、HGMC2580TR、HGMC25100TR；

动柱双龙门式五面体加工中心。

4. 卧式加工中心

双交换工作台卧式加工中心系列：TH63100/S、TH6380/S、TH6363/S、TH6350/S、TH6340/S。

TX611C

XH714D

TK6411B

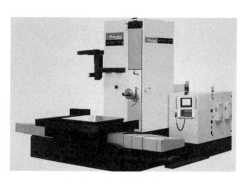

HGMC2550R

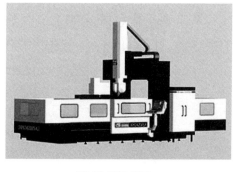

XH2420/5X

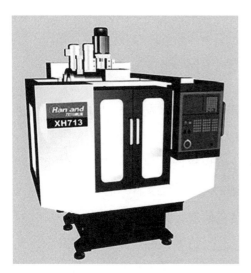

XH713

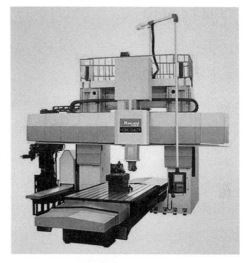

HGMC2040TR

发展与现状

技术进步与创新

汉川公司在"八五"至"十一五"期间，为谋求发展，自主研发、引进消化国外先进技术，通过再创新，取得重大技术进步。

1990年，汉川机床厂精密数控电火花成形机国产化批量生产，结束了我国数控电火花成形机依赖进口的局面；1997年6月29日，省级技术中心汉川机床厂技术中心挂牌成立；1999年，自主研发了系列立式加工中心及数控铣床、系列卧式数控铣镗床，是结构最先进、技术性能最佳的数控铣床，其销量占到全国总销量的58%；2003年，汉川公司自主开发系列高速龙门式数控铣床和五轴联动龙门式加工中心，结束了此类机床依靠进口的历史；2005年至2010年，公司通过自主研发与国外先进技术引进相结合，研制出了五面体龙门式加工中心、双交换工作台卧式加工中心以及刨台式、桥式龙门五轴联动数控铣床、五轴联动铣头等，达到国际技术水平。多项实用新型技术和发明获得国家专利证书，其中，2009年，公司获得陕西省高新技术企业证书。

在质量管理方面，1992年，获得国家"出口机械产品许可证"；1995年，获得原机械部"全国电加工机床样板企业"称号；1996年，通过了ISO9001：1994版《质量保证体系－要求》质量认证；1994—2010年，生产的电加工机床、普通卧式镗铣床、立式加工中心、龙门式加工中心系列产品获得陕西省名牌产品称号；2003年，通过了ISO9001：2000版《质量管理体系－要求》质量认证；2009年通过了ISO9001：2008版《质量管理体系－要求》质量认证；2009年，获得中机质协颁发的"全国机械工业质量效益型企业""立加产品全国用户满意产品"称号；2006—2010年，"汉川牌""汉川机床"牌获得陕西省著名商标称号。

各个规划期中重大技术改造和基本建设项目

汉川公司"八五"技改总投资 4281 万元,新购设备 58 台(套),新增建筑面积 9464.27 平方米,通过八五技改,调整了产品结构,产品品种由原来 36 个品种发展到 56 个品种,满足了不同层次用户的需求。

"双加"技术改造项目,投资 3084.77 万元,新购设备 95 台,新增建筑面积 4317 平方米,通过"双加"技改,企业增加了数控机床的生产能力,提高了产品技术含量,实现电火花加工机床的数控化。

2000 年,国家重点技改项目,投资 4600.35 万元,新购设备和检测仪器 207 台,改造旧设备 13 台,通过本次技改,开发新产品 41 种,为国内制造业和模具制造业提供高效高精度数控电火花系列产品,部分产品远销国外。

2002 年,实施的"扩大数控电火花加工机床出口技术改造项目",投资 2950 万元,增加金切机床 58 台,技术改造设备 6 台。通过本次改造,加速产品结构调整,提高了企业制造水平,取得了良好的经济效益。

2008 年,在汉中市铺镇工业园区征地 600 亩,建成汉川大型数控机床制造基地,一期投资 7.7 亿元,建筑面积 9123.28 平方米,新增金切机床、试验检测装置 180 台套。已投入使用,项目的实施为我国核电、交通、运输、航空和航天行业提供高端的机床产品。

对外贸易合作

20 世纪 90 年代,汉川公司与日本沙迪克、瑞士阿奇夏米尔公司进行了深入技术合作,所生产的电火花类、坐标镗床类产品畅销东欧,凭借过硬的产品质量,为汉川品牌树立了极佳的市场声誉。

21 世纪,汉川公司先后与意大利 FIDIA 公司,德国 KNUTH 公司进行技术贸易合作,提升产品的品质,产品打入西欧发达国家市场,得到了欧洲客户的一致认可。公司同中航集团展开合作,大力开拓东南亚东欧以及南美市场,为汉川的产品行销全球打下了坚实的基础。

汉川公司的各类产品不仅在美国、德国、日本、法国、意大利等机床行

业发达国家实现了产品的良好营销，更在俄罗斯、东南亚以及整个南美地区取得了不错的业绩。2009年，出口额突破3000万人民币。

科研与队伍人才建设

汉川公司下设一个技术中心，从事机床结构、标准、知识产权、造型、包装等技术研究、创新和设计。拥有各类科技人员200人，具有高中级技术职称人员138人，其中，各类技术专家16人。完成了公司发展中八大系列90多个机床品种的设计任务，拥有多项实用新型专利和发明专利。

第十八章

秦川机床工具集团有限公司

西迁历史概况（20世纪60年代中后期）

　　秦川机床工具集团股份公司（以下简称秦川集团），拥有权属企业秦川机床本部、宝鸡机床、汉江机床、汉江工具、关中工具、秦川格兰德等多家子公司。其中，秦川机床本部、汉江机床、汉江工具、关中工具均为中央加强"三线"建设时西迁而来。

　　秦川机床本部是1965年由上海机床厂齿轮磨床车间整体搬迁至陕西省宝鸡市的；汉江机床前身是20世纪60年代由上海机床厂搬迁至汉中的三线厂；汉江工具于"三线"建设时期经国家计划委员会和第一机械工业部批准，由哈尔滨第一工具厂分迁汉中建厂；关中工具是20世纪60年代末，由哈尔滨量具刃具厂分迁建设的标准量、刃具专业化生产工厂。

1965年大山脚下的艰辛创业

西迁后的发展历程

秦川集团

秦川集团是我国精密数控机床与复杂工具研发制造基地、中国机床工具行业的龙头骨干企业，规模位列行业第三。集团以产业链完整、产品线众多、系统集成能力强大、综合竞争优势显著等实力，跻身全球知名机床工具企业集团行列。

秦川集团前身为秦川机床厂，1965 年由上海机床厂齿轮磨床车间分迁至陕西省宝鸡市新建而成。

1995 年，企业改制为国有独资的秦川机床集团有限公司。

1998 年 9 月，秦川机床集团集中优质资产，分拆成立陕西秦川机械发展股份有限公司，并在深圳证券交易所 A 股板块上市（股票代码000837，公司简称"秦川发展"）。

2006 年，以原秦川机床集团有限公司为核心，联合陕西汉江机床有限公司、汉江工具有限责任公司合并组建陕西秦川机床工具集团有限公司。

2009 年，秦川集团完成对宝鸡机床集团的增资控股，控股比例 51%。

2014 年，秦川机床工具集团股份公司实现整体上市（股票代码000837，公司简称"秦川机床"）。

2019 年，秦川集团与法士特集团开启全面战略合作。

汉江机床

汉江机床是中国滚动功能部件和螺纹磨床专业化生产基地。其自主研制的 4 大系列上百个品种规格的螺纹磨床多项填补了国内空白，滚珠丝杠、直线导轨成为国内滚动功能部件的知名品牌。其中螺纹磨床国内市场占有率（按产量计算）达85% 以上，滚珠丝杠副和直线导轨副市场占有率达到20% 以上。

1965 年，第一机械工业部向上海机床厂下达《一九六六年迁建项目的通

知》，通知中确定在陕西汉中建立螺纹磨床厂（即汉中第一机床厂，厂址选在离汉中 15 公里的河东店以东地区）。

1967 年 4 月，经一机部同意和批准，汉中第一机床厂改名为汉江机床厂。

1972 年，汉江机床厂的隶属关系由一机部二局下放到陕西省机械工业厅。

1992 年，汉江机床厂与汉江机床铸锻件厂合并。其名称仍沿用"汉江机床厂"，保留非法人的"汉江机床铸锻件厂"厂名，一个企业两块牌子，实行同一自然人为法人的厂长负责制。工厂行政关系仍隶属省机械厅管理。

1995 年，具有独立法人资格的"汉江机床铸锻件厂"挂牌运行，经营权仍归属汉江机床厂。

1997 年 6 月 12 日，根据省委省政府"组建大公司、大集团"战略，优化企业组织结构的要求，经陕西省机械局批准，由黄河工程机械集团有限责任履行对汉江机床厂的托管职能。

1997 年，汉江机床厂出让汉江机床铸锻件厂经营权。

1998 年，汉江机床厂改组为国有独资公司，更名为"陕西汉江机床有限公司"。

1999 年，根据陕西省机械工业局《关于同意原汉江机床铸锻件厂与汉江机床有限公司分立的批复》，陕西汉江机床有限公司与原汉江机床铸锻件厂各自独立运行。

2001 年，汉江机床有限公司通过黄工集团实施"债转股"。

2006 年，汉江机床有限公司以国有资产整体划拨的形式加入陕西秦川机床工具集团有限公司。同时，黄河工程机械集团有限公司对汉江机床有限公司的托管职能全部解除。

汉江工具

汉江工具有限责任公司是中国机床工具行业大型重点骨干企业，国家大型精密复杂刀具的重要制造基地，"汉工"牌金属切削刀具以其高精度、高效率、高可靠性的特点，广泛应用于汽车、工程机械、能源机械、重型机械、机床、船舶、机车车辆、军工、航天航空等领域。

1968 年 9 月，第一机械工业部批复汉江工具厂扩大初步设计及总概算，10 月，破土动工。

1979 年，财政部批准汉江工具厂为扩权试点单位。

1985 年起，工厂改党委领导下的厂长负责制为厂长负责制。对厂行政机构进行了调整改革，中层干部实行聘用制，进一步完善了管理体系，健全了企业的经营机制。

2000 年，原"汉江工具厂"变更注册为"汉江工具有限责任公司"，企业初步建成了现代企业制度。

2006 年，汉江工具加入陕西秦川机床工具集团。

关中工具

关中工具是由原关中工具厂改制重组的专业从事金属切削刀具研发、制造和销售的国有中型企业。主导产品有"关工牌"机用丝锥、铣刀、铰刀、麻花钻，硬质合金可转位铣刀、枪钻、喷吸钻、数控刀具。级直柄麻花钻被评为首批陕西省名牌产品。公司产品畅销全国并出口 20 多个国家和地区，在国内外市场享有良好的声誉，具有较高的市场占有率。

1968 年，关中工具厂在凤翔县城关镇北街村共征得土地 213 亩（14.2 万平方米），并于当年 10 月破土动工。

1970 年，工厂革命委员会成立，关中工具厂领导机构开始独立行使领导职能，直属陕西省机械工业局（厅）领导。

1984 年，开始实行厂长负责制，直属宝鸡市机械工业局领导。

2003 年，关中工具厂分立改制组建关中工具公司，隶属宝鸡市国资委领导。

2005 年，关中工具厂提出破产申请，同年与北京北量机电有限责任公司实现股权重组。

2008 年，与宝鸡机床集团成功实现了股权重组，置换了北量公司的股权，成为宝鸡机床集团控股子公司。

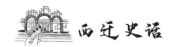

科技成果综合现状

　　秦川集团不断提高企业的技术创新能力和创新水平，借助拥有的国家企业技术中心、博士后科研工作站，依托院士专家工作站、三秦学者岗位、陕西省创新人才基地等，联合高校先后组建了多个创新研发平台。它与西安理工大学共建"陕西省精密数控机床工程技术研究中心"和"机械工业复杂型面数控磨床工程研究中心"，加盟由其牵头组建的陕西现代装备绿色制造协同创新中心；联合西安交通大学建成了国家高端制造装备协同创新中心和国家快速制造工程技术研究中心，参与组建了"数控机床高速精密化技术创新战略联盟""高速高效加工工艺与装备技术创新联盟""精密重载齿轮产业技术创新战略联盟"和"陕西机器人产业技术创新战略联盟"；通过承担国家科技重大专项，已建成"高效高精度齿轮机床产品技术创新平台"。

秦川集团精密磨齿机装配车间

秦川集团——BX 机器人减速器数字化装配线

通过创建各类创新研发平台，秦川集团加强了与高校的深度融合，获得了相关领域的人才和技术优势，提高了公司的技术创新能力和水平。先后开发出 300 多项国内领先和国际先进水平的新产品，共有 60 多项获国家、部和省级科技奖和优秀新产品奖。国家科技进步奖一等奖 1 项、二等奖 4 项、三等奖 1 项；省、部级科学技术奖一等奖 21 项，二等奖 24 项，三等奖 13 项。截至 2019 年，拥有有效专利 45 项，其中发明专利 20 项。公司累计主持制订国际、国家、行业标准 45 项，累计参与制订的国家或行业标准有 80 多项。

目前，秦川集团的主导产品数控化率达到了 100%，科技成果转化率 100%，多项产品填补了国内空白，是世界上齿轮磨床品种最多、规格最全、产量最高的机床制造企业。产品已销售至美国、韩国、巴西、印度、俄罗斯、东南亚等 30 多个国家和地区。

在知识产权保护方面，秦川集团成立有知识产权领导小组和知识产权管理办公室，由技术总监、技术研究院院长兼任领导小组组长，办公室设在技术研究院科技知识管理处，主要负责专利知识的宣传、专利申报、维持和维权以及推广应用等。

秦川集团将获得授权的发明专利、实用新型专利、外观设计专利技术以及标准，应用于数控蜗杆砂轮磨齿机、数控成形砂轮磨齿机、大平面砂轮磨齿机、螺旋锥齿轮磨齿机、螺旋锥齿轮铣齿机、加工中心、叶片磨床、汽车转向助力泵、双旋向转向泵、流量控制切换阀、减速器、曳引机、取力器等产品中，应用成效显著，不但提升了产品的性价比，扩大了产品的市场占有率，获得了用户的认可和良好的口碑，而且大大提高了知名度和美誉度。

特别值得一提的是，中国"S试件"五轴机床检测方法正式成为国际标准，公司参与了此国际标准的制定工作，通过参与国际标准申请及制定工作，进一步提高了公司在国内外标准化领域的知名度及话语权，熟悉了国际标准工作流程，建立了与国际标准化组织的联系渠道，同时为提高公司高端数控机床质量水平，加快产品技术升级和国际化步伐，打下了坚实基础。

与此同时，公司紧紧跟随国家发展战略，积极承担多项国家、省市重大项目。截至2019年，公司本部共承担国家科技重大专项项目11项，参与承担39项。其中牵头项目已完成验收10项，参与项目已完成22项验收。承担国家、省市级科技项目40多项，开发出多项填补国内空白的首台首套重大新产品，满足了汽车、航空、航天、船舶、风电等行业的急切需求，为我国装备制造业的发展做出了积极贡献！

"西迁精神"的传承与发扬

默默耕耘，奋力探索"工业母机"奥秘
——记秦川机床 Y7032A 主任设计师齐卫民

1965 年，第一机械工业部下发《关于上海机床厂搬迁建设秦川机床厂的批复》，将上海机床厂的部分设备和人员迁往陕西宝鸡，工厂定名为"秦川机床厂"。为了响应国家号召，支援大西北工业建设，1966 年 6 月，齐卫民毅然申请在当时条件艰苦、资源匮乏的内迁企业——秦川机床厂工作。

而当时，齐卫民在上海机床厂已是小有名气的"小专家"。在他手里，创造了多个"第一"。他改进设计的 CK371 平面磨床成为我国自己生产的第一台平面磨床，结束了我国普通磨床依赖进口的历史；由他担任磨头、立柱等核心部件设计的我国首台 Y7125 磨齿机更是结束了依赖苏联进口的历史；他担任齿轮测量仪 HYQ002 主任设计师，这是我国第一次采用电磁分度原理进行单啮测量仪器研发，测量精度达到苏标 3 级精度；自行设计的 Y7063 磨齿机是我国第一次设计制造出能磨削中档尺寸标准的高精度磨齿机，经国家鉴定合格投入批量生产。

在秦川机床厂，齐卫民一待就是 30 年。

进入祖国大西北，当时的工厂设施、生活条件都异常艰苦，而且似乎一切又是一个新的开始。虽然当时秦川机床厂的内迁建设实现了"当年搬迁、当年建设、当年投产"，一时传为佳话，但技术后方薄弱、设备短缺、人员不足等因素严重影响老产品持续生产和新产品研发，当时工厂全年工艺装备制造和研发，共计有 16730 余套件，全年工时 118600 小时，而内调工具制造工只有 10 人，其中仅有 6 人制造过刀、量、夹具，人员工种不匹配，工具制造缺少关键工种的"种子"，技术人员更是"奇缺无比"。1966 年，国家生产计划书要求秦川机床厂生产齿轮磨床 72 台，生产总值 460 万元，增产计划总计为齿轮磨床 80 台，生产总值 520.17 万元，这个计划比搬迁前增加了 15%，而且增加了两种新产品，即 Y7215 小模数蜗杆砂轮磨齿机、Y7125 插齿刀磨床。

任务艰巨，使命光荣。是大显身手的时候了，他和秦川的第一批建设者一起"大干快上"，经过努力和辛勤攻关，一个个棘手的问题在无数次讨论中得到了解决，一个个技术难题在无数个不眠之夜得到了攻克。当年实现金属切削机床实际产量 84 台，是计划的 103.7%，工业总产值完成计划的 129.5%，全员劳动生产率达到了每人 9303.8 元，比上级下达的指标提高了 4.1%。

1978 年 1 月 15 日，秦川机床厂首届科技大会召开，在科技大会上对在

科技工作中做出突出贡献的 YC7150 设计组等 8 个集体和 61 位个人进行了表彰。同时，以齐卫民为核心成员的 Y7032 磨齿机攻关小组庄严发出"倡议书"，拉开了 Y7032 磨齿机攻关的序幕：

Y7032 磨齿机攻关小组倡议书

万里山河万里歌，战歌声中迎新年。我们满怀革命豪情送走了"抓纲治国，大干快上"的 1977 年，迎来了跃进的 1978 年。

在这举国上下一片欢腾的日子里，我厂科技大会胜利召开了。厂首届科技大会的召开是彻底粉碎"四人帮"的伟大胜利，是抓纲治厂初见成效的重要标志。

Y70 系列齿轮磨床是我国国民经济急需的产品，对于航空工业、船舶制造业、机械动力工业等行业所需的高精度齿轮是一种不可缺少的齿形加工设备。我厂曾于建厂初期开始测绘设计这类机床，并于 1969 年正式投产试制。我们决心加倍努力工作，争取在几年内赶上和超过瑞士马格厂同类型机床的水平。为发展我国齿轮磨床工业做出贡献。我们的行动口号是：

抓纲大干七八年，先把瑞士马格牵；

赶超水平做贡献，定叫磨齿中心迁！

Y7032 磨齿机攻关小组

1978 年 1 月 15 日

默默耕耘，技术报国。在 Y7032 磨齿机攻关中，齐卫民精心把握结构设计、装配调试、极限规格试验等重要技术环节。在试制阶段，他发现被磨齿轮的公法线尺寸会产生偶发突变，为了找出产生误差的原因，在当时极其简陋的条件下，他克服种种困难，利用所掌握的砂轮磨齿知识，对整个机床机械部分、电气部分可能引起误差的原因进行了反复试验与分析，编制了针对此问题的试验程序，从大方向上区分开了机械误差和电气控制系统引起的误差；在此基础上又对磨削过程实际数据进行监控记录，经过不懈努力，精准地找到了误差源，多项试验的宝贵数据也为机床的改进设计及升级提供了重要依据，完全解决了产品试制阶段所存在的各项技术问题，各项技术设计要求全部达到合格。

付出终有回报。1987年，Y7032A磨齿机荣获陕西省科技成果一等奖、引进技术一等奖；1989年12月，Y7032A碟形砂轮磨齿机荣获机械电子工业部科技进步一等奖；1990年12月，Y7032A碟形双砂轮磨齿机荣获国家科学技术进步一等奖；1991年10月，齐卫民经国务院批准享受政府特殊津贴。

激励机制

公司不断完善分配和激励制度，健全与业绩贡献紧密联系、充分体现人才价值、有利于人才成长的激励保障机制，构建创新人才平台。

对技术、产品开发机构实施技术经济风险责任制，工资总额上不封顶，下不保底。

对新产品开发者，按单台产值2%～5%计发新产品开发津贴。

按产品技术难度和重要性实行不同档次的产品攻关津贴。

授予有突出贡献者厂内专家称号，享受每月500～1500元专家津贴。

国家、部、省级科技成果奖100%直接奖励给有功人员。

在新产品计算期内，按产品利润总额的3%～5%计发产品效益奖。

对科研人员住房、夫妻分居、子女升学、就业等制定倾斜政策。

聘任首席设计师、首席工艺师、特级设计师、特级工艺师、高级设计师、高级工艺师、主管设计师、主管工艺师，记入人事档案，享受专家津贴，专家津贴的标准为500～1000元。

对于拥有专利及专项技术成果者，经公司采用后给予重奖或在相关的合资公司给予股份所有权。

实行岗位工资制，分配政策向技术骨干倾斜。

推行"项目制"，根据市场需求选择经济效益好、优势强的项目在公司内部各个研究所和技术科进行公开招标，给项目负责人充分授权，从而激发技术人员的积极性和创造性。

　　实施个人创业计划，公司投资搭建创业平台，鼓励有志创业员工积极参与，充分发挥广大员工的创造力和聪明才智，通过创业计划的实施，使个人在事业发展的同时，为企业做出贡献。

　　公司先后出台了包括增资、特聘技师、职称晋升、出国深造等一系列有效的优惠政策，鼓励和吸引技术骨干积极参加博士、硕士高学历培训，公司对学习成绩特别优秀或在产、学、研中为企业解决重大项目课题者除支付全部学费外，还给予一定奖励。

　　公司开展了多项活动激励员工树立"劳动伟大、奉献光荣"的良好风尚，组织劳模及先进赴外地进行了参观考察；对专利的发明人、设计人给予一次性奖励，这些措施极大地激励了广大员工在工作中争先创优的主动性，对技术创新起到了积极的促进作用。公司组织劳模赴日本参观考察学习，通过考察学习，广大劳模增长了知识，开阔了眼界，增强了建设秦川、发展企业的信心。

　　持续推进人才强企战略，多渠道吸引高素质人才队伍。2019年，公司出台《外聘职业经理人实施办法》，积极探索引进职业经理人参与企业管理，提升企业整体水平，目前已引进各类管理人才2人，市场化选聘4人。

　　着眼员工激励，进行薪酬调整。为充分调动员工的积极性和创造力，2019年底，公司在研发系统实行了"宽带薪酬"改革，此举打通了研发人员职业发展晋升空间，全面调动研发动能与效率。同时，公司还积极推动"项目制""星级员工"评价体系建设，通过科学、合理的激励考核，实现多劳多得，奖优罚劣，留住公司关键人才，降低人员流失率。

第十九章

陕西北方动力有限责任公司

西迁历史概况（1950年）

　　北方动力公司前身为1941年侵华日军在上海江湾所建的自动车厂，1945年9月抗日战争胜利后，工厂由国民党军政部接管，后来由国民党联勤总部管理，厂名定为"五〇一汽车厂"，主要从事汽车修理业务。1949年5月上海解放后，工厂由中国人民解放军上海军管会接管，隶属于华东军区后勤部领导，继续从事汽车配件制造和汽车修理。由于上海遭到轰炸和抗美援朝战争，中央军委从战略上考虑，决定将工厂迁离上海。1950年12月28日，工厂西迁至陕西宝鸡虢镇。

　　从12月10日开始，工厂分三个梯队，历时19天，于12月28日西迁至陕西虢镇。随迁职工433人、家属493人、机具设备332台件。

根据形势的变化，中央军委决定将工厂迁离上海

1950 年迁厂总结报告
中的有关表格

部分迁厂人员合影

1950 年 10 月，中国人民志愿军入朝作战，工厂除加紧生产汽车配件支援抗美援朝外，还派出 36 人组成的修理队奔赴前线修理汽车。

西迁后的发展历程

工厂迁往宝鸡虢镇后，在西北军区军械三厂的原址上建厂。从此在大西北开始了艰苦的创业历程，全体职工面对艰苦的条件，本着先生产、后生活的原则，住在茅草屋、吃饭在露天，克服重重困难，修建宿舍，修理厂房，

装配机器，于 1951 年 4 月 13 日全面开工生产。1953 年，中央军委决定将工厂由军队移交给第二机械工业部管理。主要产品有汽车配件、坦克配件、火炮配件、柴油发动机配件以及水陆坦克、水陆两用运输车、高炮指挥仪拖车、牵引车的生产以及柴油机整机的试制生产。在此期间，工厂经过 1956 年、1963 年、1975 年三次扩建，企业规模、技术水平和生产能力得到了明显提升。

中共十一届三中全会后，工厂认真贯彻改革开放和保军转民的方针，积极进行体制机制改革和产品结构调整，在保军转民的道路上进行了艰难的探索，迈出了可喜的步伐。在继续生产水冷柴油机的同时，1979 年工厂引进了德国道依茨 B/FL413F 系列风冷柴油机，为装甲车辆、自行火炮、奔驰卡车等军民用车辆配套。1980 年开始试制 WY-50 型轻便摩托车，年底投入批量生产，到 1988 年，工厂研发的各种型号的摩托车年产量达到 9 万辆。使风冷柴油机、摩托车逐步发展成为工厂的两大支柱产品。同时还研制开发了一批其他民用产品。其间，工厂创造了新中国历史上的"三个第一"，成功试制出新中国第一辆水陆两用坦克；自主研发成功 50 型轻便摩托车，成为我国第一批起步最早的八大摩托车厂家之一；成功开发出我国新一代轻型装甲车辆动力，填补国内空白。

新中国第一辆水陆两用坦克在我厂试制成功

1958 年第一机械工业部决定试制水陆两用坦克。615 厂广大工人和技术人员面对简陋的生产条件，发扬"蚂蚁啃骨头"的精神，攻坚破难，采取边设计边试制、边投料边生产"两条腿走路"的办法解决关键性的技术难题，从 1958 年 11 月 23 日开始施工设计，历时四个月，于 1959 年 4 月试制成功新中国第一辆水陆两用坦克，书写了中国国防工业史册上辉煌的一笔。

摩托车开发

1980 年工厂开始试制 WY-50 型轻便摩托车，年底投入批量生产，1988 年工厂生产的各种型号摩托车年产量达到了 9 万辆，"渭阳牌"轻便摩托车以卓尔不群的业绩，使工厂步入国内第一批起步最早的八大摩托车厂家行列。

职工家属积极参加义务劳动

西迁后建造的窑洞宿舍

1951 年建造的职工宿舍

1951 年建造的家属宿舍

1952 年建造的机加工车间

风冷机引进及国产化

在"保军转民"的新形势下，1979年，五机部以我国内燃机行业第一个许可证，引进了当时具有世界先进水平的德国道依茨413F系列军民两用风冷柴油机，作为第一底图厂进行科研开发，填补了我国轻型装甲动力的空白，使工厂一跃而成为我国新型轻型装甲车用柴油机生产骨干企业。

1992年10月，党的十四大关于建立社会主义市场经济体制的决定，拉开了经济转型、国企改革的序幕。随着经济体制改革的深化，工厂受计划经济影响的体制机制和经营方式越来越不适应，加之国有企业沉重的历史负担，从1989年工厂经营开始出现亏损，生产经营遇到严重困难。

211A水陆坦克在十三陵水库试车

水陆坦克装配组荣获红旗集体，图为装配组人员合影

1959年11月，水陆坦克在进行水上试验

厂领导与 211A 水陆坦克设计、试车人员合影

1980 年 5 月 31 日，首辆 WY-50 型轻便摩托车试制成功

　　1997 年 11 月，以吴浙为厂长的新一届领导班子临危受命，在内外形势十分严峻的情况下，带领全厂职工解放思想、与时俱进、抢抓机遇、开拓创新，紧紧围绕"保军、转民、解困"三大任务，提出了"依托存量，内外重组；面向市场，调整结构；分兵突围，分片搞活；减员增效，剥离辅助"的扭亏解困思路，紧紧抓住破产重组的历史机遇，打响了改革脱困的攻坚战。经过两级班子和全体职工的艰苦努力，工厂一举甩掉了多年亏损的帽子，建立了全新的现代企业制度，使经济总量迈上新台阶，经济运行质量得到新提高，改革脱困取得新突破，合资合作取得新进展，构建和谐企业迈出新步伐，

摩托车总装线

摩托车生产规模不断扩大

1991 年工厂 BF8L413F 风冷柴油机获国家银质奖

职工生活得到新改善。

为了实现企业根本性解困，工厂职工在解放思想中统一思想，抓住国务院关于军工企业政策性破产的历史机遇，从 2002 年 4 月国家主管部门和中国兵器工业集团公司批准工厂破产工作正式启动，到 2005 年 4 月 30 日宝鸡市中级人民法院裁定破产终结，三年来，工厂把破产重组与生产经营贯穿始终，不仅确保了各年度职代会目标的完成和职工队伍的稳定，而且圆满完成了政策性破产和改制重组"两大历史任务"，受到了地方政府和上级领导的高度评价。

北动公司改制重组后，公司处在由改革脱困型向调整发展型企业的转型阶段。公司组织全体职工深入学习实践科学发展观，紧紧围绕"全面建设富有活力和市场竞争力的新型军民结合型企业，全力打造实力北动、活力北动、和谐北动"这一目标，以"聚集优势资源，培育支柱产品，发展核心能力"为发展战略，坚持"整机上水平，零部件上规模"的产品发展方针，以推进"八大工程"为载体，公司呈现出"规模适度增长，效益明显提升，结构有效改善，公司和谐稳定"的总体发展态势，基本实现了由改革脱困型向调整发展型的转变，开创了公司又好又快发展的新局面。

现陕西北方动力有限责任公司隶属中国兵器工业集团公司动力研究院有限公司。下设柴油机整机、曲轴、箱体、凸轮轴、附件、铸造、热处理、通用动力等 8 个专业化事业部和 4 个控股子公司。其中，8 个事业部主要承担军民品风冷柴油机及其零部件的科研生产任务；4 个控股子公司主要利用原民品存量资产从事发动机维修及贸易、风电机轴、汽车零部件等生产经营。公司拥有曲轴、凸轮轴、泵滤、箱体等发动机核心零部件生产线 10 余条，各类金切、锻压、铸造、热处理、试验、检测设备 2295 台（套），其中大型精密设备 24 台（套）。设有专门的柴油发动机技术研发中心，为省级技术中心。经过多年的发展，公司形成了"以技术研发中心为主的整机开发 + 以事业部为主的零部件开发"的两级研发体系。具有年产发动机 2000 台、主要零部件各上万件的生产能力。

　　1999 年 10 月 1 日，在首都北京举行的庆祝新中国成立 50 周年阅兵式上，装有工厂风冷柴油机和泵滤产品的 13 个装备方队顺利通过天安门广场，接受党和人民的检阅

新中国成立 60 周年阅兵装备保障任务圆满完成

公司广场大景

2005 年 12 月 18 日，陕西北方动力有限责任公司法人治理结构建立

新中国成立 60 周年阅兵装备保障任务圆满完成

公司圆满完成 2019 年新中国成立 70 周年阅兵保障任务，被阅兵联合指挥部授予"聚力阅兵 共铸辉煌"荣誉锦旗

科技成果综合现状

新产品的开发和技术创新

近年来，北方动力结合军民融合发展的契机，在新产品的开发和技术创新方面加大研发力度，取得了较大的技术成果。

风冷机国产化成果

从许可证引进之初北方动力就开展了国产化研制工作，逐步完成了 F6L413F、F8L413F、F10L413F、F12L413F、BF8L413F/C、BF12L413FC 等 V 型机的国产化研制开发和军（民）品评审鉴定工作，各项性能指标都达到或超过了进口样机的水平。其中 BF8L413F、F12L413F、BF12L413FC、BF12L513C 系列风冷柴油机相继通过了军品国产化鉴定定型。国产化研制过程中，有多个机型获得省部级及以上科学技术进步奖，申请专利 19 项，已获得授权 16 项。

NE840 水冷机开发成果

依托前期 70 所的国家 863 计划项目为基础，进一步进行整机国产化开发，按照"喷油器、控制器设计—零部件国产化的自主标定—台架性能测试—整车验证"的顺序进行基本产品的开发，形成具有自主知识产权的先进高效、清洁动力。

混合动力系统开发成果

军用市场上，某型号装备车辆载重范围为 50 ~ 100 吨，六轴底盘，为满足静默行驶等战技指标需匹配一款混合动力系统，并且各整车厂已开始第四代军车的研制。为进一步适应军用装备平台对动力系统模块化、通用化可相互替换的要求，北方动力自 2018 年开展了智能动力单元的开发，目前已完成样机的试制并提供给用户，正在配合用户进行装车调试工作。

某型发动机性能优化项目成果

目前已经完成了台架可靠性试验，提供泰安航天特种车有限公司进行底盘安装，已进入路试考核阶段。另外，同步在 70 研究所顺利完成了高原性能摸底试验。

其他技术创新成果

近几年北方动力在电控化一体化控制技术、三防技术、高压共轨技术、低温起动技术等取得突破，其中 BF12513C 风冷柴油机开发获得集团公司科技进步三等奖，风冷柴油机低温起动加热装置获宝鸡市科学技术二等奖。

电控化一体化控制技术

北方动力通过与 70 研究所合作开发，在现有机械泵基础上进行电控化改进（电子调速器集成），满足匹配自动变速箱要求，实现总线通信及控制，对发动机的油门开度控制、监控信号采集传输、加温、启停、恒速等功能集成为综合控制系统，通过采用 1939CAN 总线技术与整车控制系统进行对接，满足各种复杂工况下车辆对动力系统的需求。

三防技术成果

为了适应高温、高湿、海洋性气候要求，尤其针对后期岛礁装备的特殊环境，结合现有三防处理措施及验证基础，进一步对风冷柴油机风压室内部、外部零部件及电器件采取先进有效措施，满足使用要求。分析结构设计，选用耐盐雾材料，如不锈钢、镀锌件材料等；对于外漏挡风板、进排气管等零部件，选用防腐蚀的涂层（可增加底漆、中漆、面漆处理措施），从零件级防护，严格控制喷涂工艺流程，满足三防要求；结构设计、避免积水，尤其是暴露在外界的钣金件，尽量消除缝隙结构，做好密封处理，防止卷边和折弯处会集聚污垢和水液等。

高压共轨喷射技术成果

为了减小燃油消耗率、改善动力性能和满足排放标准，逐步采用高压共轨喷射技术是一种趋势。结合前期 12 缸机共轨系统开发的初级阶段成果，在积累了大量的数据的基础下，继续与重油和海能公司合作，对喷油器进行突破，标定过程优化控制策略。

泵滤产品相关技术成果

自主创新的波纹弹簧机械密封技术解决了高性能、大排量水泵密封性差的问题；液压泵双模数齿轮技术提高了容积效率，增强了齿轮强度；加油泵变速自控系统及齿轮泵应用技术，完善了与电机控制的结合，由手动控制变为两级变速加油量的自动控制。

"西迁精神" 的传承与弘扬

利剑出鞘，谁与争锋
——中国第一辆水陆坦克诞生记

1963 年 9 月 25 日，注定是一个大书特书、载入史册的日子，这一天国务院军工产品定型委员会批复"同意 211A 水陆坦克设计定型"，这就宣告了我国第一辆被誉为"陆地猛虎、水中蛟龙"水陆坦克在 615 厂诞生；这标志着我国技术创新又一进步，中国拥有了第一种自行设计、独立研制的两栖战斗车辆，且其火力、陆上及水上机动性能均优于当时苏联的 PT-76 水陆坦克；这意味着我国国防实力和对外威慑力进一步增强。该坦克的设计定型满足了当时福建前线军事斗争的需要，为国家安全增添了一根坚固的"大国顶梁柱"。

"其作始也简，其将毕也巨。"第一辆水陆坦克的诞生，既是一部自力更生、拼搏进取，发扬把"一切献给党"的人民兵工精神的创业史，更是一部初心引领、使命召唤，进行伟大斗争、建设伟大工程、推进伟大事业、实现伟大梦想的奋斗史，其背后所昭示的伟大精神，铭刻历史、穿越时空，成为激励一代又一代"北动人"履行强军使命、不懈奋斗的精神财富和不竭动力。

初心为向　创新驱动

1958 年 11 月，615 厂接到研制水陆坦克的任务后，全体职工非常激动，但大家也明白这是一场硬仗，因为时间紧、任务重，上级要求必须在 1959 年 3 月制造出两辆样品车，8 月完成 20 辆，参加国庆十周年检阅。怎么办？615 厂全体干部职工深知铸造强大的"国之重器"，是大家的初心和使命，更是国家利益所系和国家安全所在，面对困难，只能进、不能退，哪怕付出生命也在所不惜。

成就伟大事业需要持久的激情、冲天的干劲，更需要先进的方法和科学的管理。面对重托，615 厂实行全厂总动员，坚决贯彻执行党中央、国务院决策部署，通过创新推动任务高效完成。一是探索管理创新。在生产管理中采取超常规图纸审批法和边设计边试制的平行交叉作业法，即以设计人员相互交换校对图纸，全设计组或领导小组集体讨论的方式审查总图；在技术准备工作中，对复杂生产周期长的重点零件，在出图前提前投入毛坯准备，在设计产品的同时，也进行刀具的设计和毛坯准备，去赢得时间。经过不懈努力，1959年2月底，全部设计按要求完成。二是推进工艺创新。水上推进器叶轮铸造难度大，工艺人员采取了多浇口铸造，泥芯出气、增大冒气等方法，保证了产品质量，随后又试验成功了泥模铸造，一模多铸，提高了生产效率。三是加强技术攻关。在当时条件下十分落后的情况下，技术人员争分夺秒，昼夜奋战，克服了一个个技术问题，尤其是面对发动机水上过热问题，615厂首次采用了水道夹层冷却装置新技术，较好地解决了这一问题，这一独创性的技术成果，获得了国家级技术发明奖，受到了国家科委的表彰。

使命为盾　闯关夺隘

面对产品试制遇到的困难，全厂职工以强烈的使命感和责任感，充分发挥"自力更生、艰苦奋斗、开拓进取、无私奉献"的人民兵工精神，光荣地完成党和人民交给的任务。

当时615厂试制条件不具备，缺少大型设备锻造炮塔，技术人员与工人结合，苦战20天，制成了一台30吨夹板锤，与油压机配合完成了炮塔压型工序；加工炮塔齿圈缺少大型设备，就自制了2400毫米落地简易车床，保证了全厂生产任务的需要；没有大型插齿设备，就用"蚂蚁啃骨头"的办法，用一台插床，一台滚齿机合并起来加工齿形，利用滚齿机分度进刀，利用插床插齿，攻克了这一关键问题。

试制过程中，615厂实行干部、技术人员、工人"三结合"，开展攻关突击。废气抽风是一项新技术，要经过试验才能肯定设计，加之当时发动机型号变更，为了保证进度，领导干部、设计人员和工人结合，苦战三个昼夜，终于完成了任务。

经过同志们的不懈努力，1959 年 3 月底，第一台样机按计划下线。1959 年 6 月，不到三个月时间，第二台样机总装完毕，运行正常，运往北京。时任中央军委副总参谋长杨成武上将及国防科委、一机部、装司、海司、工司等首长观看了试车。

奋斗为梯　拾级而上

产品试制后，现场试车就是实打实的检验。测试人员经历了常人难以想象的艰难困苦，有些惊心动魄的场面和遇到的困难可能只在电视剧中看到，但这些都是真实的。

1960 年，在凤翔水库进行测试，车辆入水不久就"扎头"，整车下沉入水，当时正值深秋，水温冰凉，驾驶员在车内无法游出，生命危在旦夕。情急之下，615 厂试车组成员李泰年、吕学章、李万、黄宝章用猛喝白酒暖身的方法轮流潜入水中施救，因施救及时，驾驶员和车体安全脱险。回厂找准"扎头"原因，通过 201 所做拖模试验解决了"扎头"问题。但再次试验时，选谁当驾驶员成了难题，大家对上次险些丧命的经历还心有余悸，正当大家犹豫不决时，李泰年、吕学章站了出来："还是我们去吧！"坚定的语气表明了他们的无畏和决心，在他们的感召下，其他几名试验人员也先后响应，二次试车工作得以顺利开展。

1960 年 11 月至 1961 年 2 月，进行第三次海边滩头登陆测试，试车人员住在老乡家里，住宿条件十分简陋，四面漏风，夜里睡觉雪花都能飘到脸上，有时早上睡醒都能看到同伴的头发已被雪花染成了"花白"，手脚冻疮一个比一个严重，晚上睡觉大家就裹着被子抱团取暖，大家苦中作乐地说"白天做测试，晚上当团长"。此次试验危险性极大，不仅需要进行海上测试，还需要在山上开展坡度、倾斜度试验。为了保障测试顺利进行，他们每次测试前，都要跑步热身，斜坡测试时，他们将自己"五花大绑"固定在坦克驾驶室座椅上，以防被撞在车体上，一场测试下来，常常全身发紫、四肢动弹不得。正是有了这股"与天斗其乐无穷、与地斗其乐无穷"的精神，测试得以顺利推进。

"艰难困苦,玉汝于成。"1962年7月,211A产品样车完成了水上基本参数、性能试验和陆上连续行驶100公里通行性能测定及起伏行车等项目试验;1963年9月,211A水陆坦克通过了设计定型,正式定名为"63式水陆坦克";1964年6月,五机部给615厂发来授奖通知书和贺信,211A水陆坦克在全国工业新产品展览会上被国家计委、经贸委和科委评为二等奖,获奖金2000元;1978年8月全国科学大会对615厂在211A水陆坦克研制工作中取得的优异成果颁发了奖状。

李泰年在接受采访时被问道:"在当时那么艰苦和简陋的条件下,是什么支撑了您一路走来,不抛弃、不放弃?"李老想都没想就说:"党中央的领导是我们最可靠的支撑,党中央交给我们的任务是我们最强大的动力,同志们团结一致、众志成城是最有力的保障,大家心往一处想、劲往一处使,有条件要上、没有条件创造条件上,自力更生、艰苦奋斗、勇敢尝试、大胆创新,就没有克服不了的困难,就没有攻不破的难关。"

是啊!这番话也应该是"不忘初心、牢记使命"的现实注解吧!

以工匠精神践行初心
——记坦克发动机防锈油研制者周文礼

周文礼,1941年12月生,中共党员,1963年毕业于原甘肃师范大学(现西北师范大学)化学专业,同年进入615厂参加工作,研究员级高级工程师,1979年全国群英会先进生产者,1986年全国五一劳动奖章获得者,1987年陕西省劳动模范,1990年全国兵器工业劳动模范,

周文礼

1992年起享受国家特殊津贴。他进厂时就有一个初心和梦想:用知识为兵工事业做贡献。他用44年的坚守,让梦想照进了现实,在柴油机防锈技术领域

突破了旧标准，研制成功柴油机 4 种防锈油，载入兵总部级颁发标准，填补了国家空白，达到了国际领先水平。

破题务本　实证求真

20 世纪六七十年代，工厂还沿用着苏联坦克装甲车辆柴油机防锈封存方法，主要是以凡士林油封发动机及其附属部件，有效期仅为一年。在每次重新封存过程中，需要 120℃高温脱水清除凡士林油封涂层，吊装、拆卸、清洗、重涂、安装、吊运，费工费料费时，防锈效果差，如机油滤网经常出厂不久就因腐蚀变色而退货，影响工厂信誉和效益。发动机整机防锈效果差、封存期短、操作工艺复杂，许多关键部位防锈质量也得不到保证，成为我国发动机行业的短板。

也许是周文礼那种大胆质疑、敢于挑战和不畏艰难的特质使然，困扰工厂多年的柴油机防锈封存技术攻关任务落在了他的肩上。

面对这一任务，他缺少的是专业知识，也不具备成熟经验，仅防锈油中的一个缓蚀剂添加配比就足够他试验几年了。然而就这个缓蚀剂，其性能和化学机理也在工厂没有人能够提供可以参考的经验，只有从头学起。

周文礼从图书馆借来大部头的专著啃起来，用了不到三个月时间，完全掌握了缓蚀剂的各项性能，对缓蚀剂的辩证机理有了充分认识。缓蚀剂的用量一般从千万分之几到千分之几，个别情况下用量达百分之几。即加多与加少，均有完全不同的效果——加多了其腐蚀性表现突出，得不偿失；加少了则不能起到防锈作用。怎样才能确定其合适的添加剂量呢？他清楚地意识到，必须以大量试验方有可能得到答案！

说干就干，首先向发动机零部件防锈油这个难关发起挑战。周文礼迅速组织起一支精干力量，夜以继日地投入到枯燥乏味的试验中去。要把防锈时间由几个月延长到几年，这是需要时间来验证的。从 1979 年开始，他为了获得防锈油对钢、铁、铜、铝等零部件试样的防锈效果，先通过试验室快速试验筛选油品，掌握其防锈性能指标，再选取合适油品进行实物长期防锈试验。由于快速试验与实物长期防锈的真实结果有时不一致，须考虑产品锈蚀与气候环境的密切关系，并防止湿热、盐雾等苛刻条件下的偶然性，他先后筛选了数百种不同批次的油品，亲手制作了数百件试样，调整了上千种配方，分别做了棚下、露天木箱、露天湿箱、水池箱、郴州库、南京库、宁波库等不同环境、不同地域条件下的长期试验，获得了上万条宝贵的试验数据，经历了反复对比与千次验证，从这上千种配方中找到了几种有效配方，达到了防锈有效期 10 年的效果，终于解决了发动机零部件防锈这一难题。

质疑权威　独辟蹊径

在攻克发动机零部件防锈的同时，发动机整机防锈封存更是不能回避的问题。经过调研才知道，摆在他面前的是一个全国性难题，没有可供参考的案例。困难是前所未有的，一切还得从零开始。

工厂没有能力提供用以试验的发动机整机，这就使项目启动也似乎成为不可逾越的障碍！怎么办？周文礼茶饭不思，"压力山大"，度日如年。

一个偶然的机会，他得知某部队库存发动机要部分更换，有可能淘汰旧机子。他仿佛看到了一线希望，随即直奔军事代表室，军代表甚为惊讶，看着这个满头大汗、气喘吁吁的工程师愣了半天，认为他的要求简直是异想天开。"部队的装备是不可能给你们的！"听到这话，周文礼就像一盆炽热的炭火被浇了凉水，火热的激情一下子降到了冰点。他只好默默地退出了军代室，转而把希望寄托到工厂领导身上，能否由工厂与军方谈？最后在工厂领导的亲自协调下，军方破天荒地同意调拨 9 台旧发动机用以试验。他听到这个消息后欣喜若狂——终于可以"摸着石头过河"了！

整机防锈试验起初在模拟环境条件下进行，湿热、盐雾、严寒等苛刻条件都没有难倒他，所采用的几种防锈油在模拟试验中获得的数据也与国标相一致。开局竟然如此顺利，这似乎是一个好兆头。正当大家飘飘然的时候，周文礼却产生了一种不安的感觉。既然效果这么明显，那还有攻关的必要吗？一定是哪儿还埋藏着不为人知的问题。他毅然做出决定，必须经过实际环境条件下的检验才能确保数据可靠。于是将 3 台整机调往实地接受湿热环境的考验，将 3 台整机调往实地承受沿海地区盐雾腐蚀的挑战，另外 3 台整机经

军方同意不必做严寒环境试验。不出半年时间，实际环境下的数据出来了，结果全面推翻了模拟状态下的数据，这始料未及的结果一下子把所有人都打蒙了。

是继续延长试验时间，还是另辟蹊径研制新配方？周文礼多次请教兰州炼油厂和装甲兵技术研究所，得到的意见还是以国标为指导调整现有成分配比，延长试验时间再验证。然而周文礼基于多年的试验经验告诉他，这条路已走不通。应该抛开国标的束缚，独立摸索建立一套数据链，重新研制新配方。如果这条路是对的，那就意味着对国标的否定。这种挑战权威、推翻经典的"胆大包天"在国内也绝无仅有。

又一个"怎么办"在冲击着他的神经！

这时，"不唯书、不唯上，实事求是"的信念再次闪现！周文礼以大无畏的气魄勇敢地站在了最前沿——必须把实际工况下的整机防锈数据摸清楚，才可能跨过这道铁门槛！

一项更为艰巨的试验开始了……

新型整机防锈油既要保证润滑功能，又要具有防锈效果，发动机内外运动件和静止件的润滑与防腐能力必须兼顾，这也是攻关的焦点所在。周文礼

周文礼参加技术鉴定会

明白，这项工程的难度之大不知让多少专业人士半途而废。仅从试验的时间跨度上就非同一般，一种防锈油使用后必须经过定期检测，收集各阶段数据，进行大量数据的对比分析，才可能得出结果，短则几年，长则十年甚至数十年。而他一开始就把目标定为 10 年，这是对一个人恒心和韧劲的超常考验。

自 1979 年至 1988 年的 10 年里，他经常冒雨查看试验效果，记录试验数据，经常为做试验报告而加班到深夜。1985 年的一天，因火车晚点，出差湖南返回的他，在虢镇站下车时已深夜 12 点，当时已无车可坐，而那时也无电话可打，他急于对比分析处理湖南现场试验数据，就索性步行到比家更近的办公室熬了一个通宵，以最快速度形成了试验分析报告。第二天同事上班时发现他和衣而眠，躺在办公室的条形椅上酣然入睡。当大家了解到事情的来龙去脉后，无不被他的忘我精神而感动。

就是因为有了这种风雨无阻、锲而不舍、持之以恒的坚守，使他获得了整机防锈油配比的一系列数据，这弥足珍贵的配方使整机防锈期延长到 10 年，一举通过了原国家机械工业委员会和总参装甲兵部专家组的技术鉴定，并成为兵总部级技术标准，写入《坦克装甲车辆柴油机封存技术条件》，结束了我国没有军用柴油机封存技术标准的历史，大大提高了防锈封存标准和质量。

不忘初心　奋斗不止

为了进一步验证整机防锈延长期，周文礼本来于 1996 年到龄退休，然而有一项 20 年防锈期的试验还需一年才能见结果。是正常退休，还是继续完成试验？这让他又面临一次重大抉择。退休，意味着这项试验可能因缺少他的跟踪而不完整，甚至功亏一篑；不退休，则意味着他还要再披挂上阵、艰苦奋战。公私之间，他毅然选择了前者。他的想法遭到了家属的反对，也引起了朋友的不解。他动以深情、晓以利害，取得了家属的支持和朋友的理解，向厂里主动要求延迟退休一年。工厂感佩于他难能可贵的奉献精神，打算为他提升一级待遇以资嘉奖，但被他坚决拒绝了，他说："待遇就算了，

我只想亲眼看到试验结果。"就这样，他又投身到未竟的防锈油试验中去了。直至 1997 年，这一配比结果完成了实际验证，完全满足要求，防锈有效期延长到 20 年，处于国际领先水平，获得了兰州炼油厂、装甲兵技术研究所和军方使用部队的交口称赞。

2001 年，退而不休的周文礼完成了《柴油机及有关防锈油长期防锈封存试验情况的报告》，报告总结了整个课题完成研制推广任务后，进一步对该课题所进行的试验探索成果：一是验证该项目鉴定时，处于七年期的防锈油的实际有效期；二是探索各种防锈添加剂、超薄层防锈油及有关防锈规律。对经过 15 ～ 20 年多种恶劣条件下的长期防锈封存试验进行了检查总结，选试出许多具有 15 ～ 20 年很好长期防锈效果的防锈油，取得了大量宝贵的试验数据，探索掌握了防锈专业领域许多规律性的方法，对部队武器装备的长期贮存非常实用，还可以扩展到部队一般金属武器装备的长期防锈。

"不忘初心，方得始终。"周文礼用了整整 20 年时间，终于啃下了柴油机防锈这块"硬骨头"，为兵器行业磨砺出一把锋利的宝剑，同时也收获了他作为一名兵工科技人的无上荣光，他的名字耀眼地载入了辉煌的兵工史。

对科技工作者的激励政策和机制

为激励科技人员创新动力，加快公司重点科研项目推进，公司特制订了《陕西北方动力有限责任公司重点科研项目团队薪酬激励办法》。

项目团队组建及层级设置

北方动力重点科研项目实行总师负责制，公司选聘项目总师、副总师，签订《项目任务书》，项目总师、副总师组从技术研发中心及公司各单位科技人员选聘人员，组建项目团队，关键技术领域公司无领军人才的，招聘引进社会成熟人才，协议工资。项目团队层级设置：

（1）项目总师、副总师；

（2）主任设计师、副主任设计师；

（3）主管设计师。

重点科研项目团队成员薪酬激励

以《项目任务书》为依据，将团队成员收入与承担工作、项目研发进度，科技成果转化收益挂钩联动。

（1）工作任务，确定年度收入标准，年度收入分为月度工资和年度绩效考核工资，月度工资 30% 作为月度绩效考核工资，按月度考核结果兑现，年度绩效工资按照年度考核结果兑现。

（2）项目主管设计师工资标准按岗位绩效工资加月度考核工资确定，个人岗位绩效工资按公司薪酬管理制度确定，月度绩效考核工资按照每人每月 1500 元标准，计算绩效考核工资总额，个人月度考核工资按照考核结果兑现。

（3）科研团队吸收近年来新进大学生参与研发工作，通过科研项目培养提高大学生专业能力，对技术研发中心新进大学生参与研发工作的，按每人每月 600 元给予补贴，由项目组考核发放。

（4）项目研发阶段，团队成员薪酬收入按照本办法标准执行，中层领导及带头人的年度综合绩效奖励及带头人津贴、福利及社保缴费基数按照公司相关办法执行；项目结束、闭题从次月起按照《薪酬管理制度》有关规定重新核定团队成员岗位绩效工资。

重点科研项目团队的考核

研发团队根据《项目任务书》分解制订月度重点工作，明确各项任务完成时间，完成形式及标准，报分管领导审核，主要领导审批。

（1）项目总师、副总师由科研项目管理部门考核评价，并报公司绩效评审会审定；项目组其他成员由项目组考核评价。

（2）项目总师、副总师月度绩效工资按照月度重点工作任务数平均分配，月度重点工作一项未完，扣减项目总师、副总师对应的月度绩效工资，同时

按同比例扣减团队成员月度绩效工资；项目组按月对其他成员考核评价，按照考核结果兑现月度绩效工资。

（3）项目年度工作任务全部完成，全额发放年度绩效工资；项目年度工作任务未完或项目延期，暂不兑现副主任设计师及以上成员年度绩效工资，项目组制订整改工作计划，报公司分管领导审核，主要领导审批后执行，整改工作计划按期完成，兑现年度绩效工资70%，整改计划仍未完成，不兑现年度绩效工资。

科研成果转化收益提成（产业化阶段奖励）

科研成果转化，实现销售，研发团队提取科技成果转化收益提成，按照《项目任务书》规定的时间，分别按科技成果形成的当年产品净利润的不同比例计算提取，按照公司相关文件规定执行。

第二十章

陕西省建筑科学研究院有限公司

西迁历史概况（1954—20 世纪 80 年代末）

1954 年 5 月 13 日，为顺应"一五"时期国家基本建设需要，西北行政委员会建筑工程局第 10 次局务会议研究决定，成立中央人民政府建筑工程部西安工程管理局材料试验所。1954 年 6 月 1 日该所正式成立，是为陕西省建筑科学研究院有限公司的前身。成立之初，试验所内设行政组、混凝土组、胶结材料组、砂浆组、土壤组等几个专业组，仅有 20 余名技术和实验人员，凭借着几间简易平房、几台简陋的实验设备，承担了陕西省基本建设项目的原材料实验工作。

1955 年 1 月，经国家建筑工程部批准，原华东建筑工程总局材料试验所一所整体西迁，并入西安工程管理局材料试验所，更名为"建筑工程部西北

陕西省建筑科学研究院有限公司

工程管理总局材料试验所"，季光泽、蒋季丰、顾正平、孙震元、徐仲声、钱普殷等一批科研技术人员服从国家安排，毅然决然来到西安，扎根西部，从此把一生的精力奉献给了祖国西部建设事业。

随着技术力量的扩充，试验所内部组织架构调整为综合研究组、混凝土砂浆组、金属木材组、物理组、化学组、行政组等 6 个工作组。

从 1955 年到 20 世纪 80 年代末，为响应国家"三线建设"和支援大西北的号召，以吴成材、崔庆怡、张昌叙等为代表的一大批清华大学、同济大学、东南大学、哈尔滨工业大学等高校毕业生放弃上海等大城市的工作机会，选择来到西安，成为西北工程管理局材料试验所的生力军。西北工程管理局材料试验所几经更名和迁址，不断发展壮大，逐渐从简单的材料实验发展为以建筑科学研究、新材料新技术研发为主的综合性建筑科研院所，为国家基础设施建设做出了突出贡献。

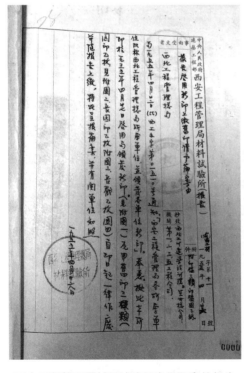

西安工程管理局材料试验所启用印章的报告

原西北工程管理总局材料试验所图片

西迁人员调动介绍信

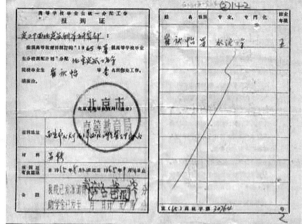
西迁人员调动函

西迁后的发展历程

初创阶段

　　1954 年至 1958 年，随着我国国民经济第一个五年计划和苏联援助的 156 项工程建设的实施，我省基础建设大规模上马。中央人民政府建筑工程部西安工程管理局材料试验所成立伊始，就立即投身到陕西省、甘肃省等西北省区建设项目的材料实验中。1954 年，在全所仅有 22 名技术人员，办公实验设备极其简陋的情况下，完成各类材料实验 500 余项。此后，随着华东建筑工程总局材料试验所部分并入，职工总数逐步增加，技术力量得到极大加强。到 1958 年，在出色完成基础建设材料实验鉴定任务的同时，全所共计开展专项实验研究项目 100 余项，为共和国成立初期基础设施建设提供了强力的支撑和保障。

发展阶段

　　1959 年至 1966 年，随着基础建设的发展，各种类型的建筑物不断涌现，建设过程中面临的技术难题也层出不穷。顺应建筑施工实践发展的需要，材料试验所先后更名为中国建筑科学研究院西安分院、陕西省建筑科学研究院

（以下简称陕西建研院），职工人数增加到 176 名，各类实验仪器设备不断得到补充，科研实验条件大大改善。在此期间，全院累计立项科研课题 222 项，研究方向涵盖了建筑材料、防水技术、结构工程、新型施工技术、新型材料研发、检测技术、城乡规划、建筑机具研究等多个方面，特别是在湿陷性黄土、防水保温材料、新型混凝土等方面的研究，奠定了陕西建研院在全国建筑科研领域的领先优势。一大批新材料、新技术的研究开发和推广应用，为我国建筑技术的进步和工程质量的提高做出了突出贡献。

动荡停滞阶段

1966 年至 1977 年，受"文化大革命"影响，许多专家和工程技术人员受到不公正待遇，被下放劳动。陕西建研院的发展也受到了一定的冲击。尽管如此，全院职工仍然响应国家号召，围绕"三线"建设需要开展了大量工作。在此期间，除正常的试验检测任务和科研任务之外，结合当时的国际国内形势，在地下建筑、洞库工程、抗震防震等领域开展了一系列研究，随着标准规范意识的增强，陕西建研院在国家标准规范的研究编制方面也投入了大量精力，取得了积极成果，全院累计立项科研课题 120 项，湿陷性黄土地基、钢筋焊接、混凝土结构检测技术、抗震隔震技术、加固技术等研发实力得到进一步提升。

恢复发展阶段

1977 年至 2001 年，随着党的十一届三中全会和全国科学大会的召开，中国进入改革开放时代，国民经济蓬勃发展，建筑科研事业也迎来了春天。

1984 年，陕西建研院划归陕西省建筑工程总公司管理，1989 年，更名为陕西省建筑科学研究设计院。在此期间，研究院人才队伍持续优化，研究方向进一步拓宽，管理架构不断完善，主要业务从单一的科学研究逐步转为科研与生产经营两手抓，年均立项科研课题超过 20 项，湿陷性黄土地基、钢筋焊接技术、砌体结构工程、回弹法检测技术等一批国家、行业标准的编制，扩大了陕西建研院在相关研究领域的领先优势，高强混凝土、管道自动焊接工艺等一大批新材料新技术的研制和推广，得到了业界的高度肯定，奠定了

陕西建研院在行业领域的权威地位。2001 年，全院完成创收 1029 万元，实现了科研与创收的协同发展。

改革创新阶段

进入新世纪，陕西建研院也迈入了新的发展阶段。2001 年，作为陕西省首批转制科研院所之一，陕西建研院从事业单位整体转制为科技型企业。2005 年更名为陕西省建筑科学研究院，2017 年完成公司化改制，更名为陕西省建筑科学研究院有限公司，2019 年底，跟随陕西建工集团实现整体上市。借助改制和上市的东风，陕西建研院不断完善体制机制，深化企业改革，持续探索符合现代企业要求的管理运营模式，走入了快速发展的轨道。公司逐步形成集建筑科学研究、高新技术产品研发推广、勘察、设计、监理、建设工程质量检测监测、施工总承包、全过程工程咨询、专项施工、建筑节能和绿色建筑、技术咨询服务等为一体的科研经营体系，具备了建筑业全产业链科研、技术服务能力，产值规模近 5 亿元。职工队伍扩大到 474 人，硕士研究生以上 117 人，其中博士研究生 8 人；高级以上职称 116 人，其中正高级工程师 19 人；拥有各类注册人员 115 人；拥有享受国务院特殊津贴专家 6 人，陕西省突出贡献专家 2 人，享受"三秦人才"津贴 2 人，陕西省青年科技新星 4 人，陕西省青年科技创新领军人才 1 人，国家、省、市各级各类入库专家 100 多人。下设 11 个专业研究所、7 个研发中心、4 个专家工作室、3 个站（博士后科研工作站、企业院士专家工作站、陕西省建筑技术情报中心站）、1 个机构、1 个中试基地，设有国家建筑节能质量监督检验中心（陕西）、西北区国家级民用建筑能效测评机构等多个国家级科研试验检测平台，并正在积极申请筹建绿色建材评价机构等科研平台；是中国工程建设标准化协会湿陷性黄土委员会、中国城乡建设粉煤灰开发利用中心陕西省分中心、中国建筑学会建材分会轻骨料混凝土专业委员会、中国建筑节能协会绿色建造更新专业委员会、陕西省土木建筑学会土力学和地基基础专业委员会、建筑材料专业委员会、城市更新改造专业委员会等多个全国和地方行业协会依托单位。

公司年均科研列题 30 项以上，累计主编、参编国家、行业和地方标准规范百余项，承担国家科技支撑计划课题 5 项，科研成果获国家、省部级奖励近 70 项，取得国家专利 100 余项。"大体积混凝土内部温度控制系统""预应力钢带梁柱加固系统""城市建筑垃圾资源化利用""缺陷混凝土结构置换加固应用技术""空间杆系结构缺陷构件加固处理关键技术"等一批科研成果成功转化，推动了行业技术进步，取得了良好的社会和经济效益。公司先后被评为"全国企业经营管理优秀单位""全国建筑节能技术创新先进单位""全国科技创新先进单位"；被认定为"高新技术企业""陕西省创新型企业"。

"西迁精神"的传承与弘扬

莫道桑榆晚　为霞尚满天
——记钢筋焊接专家吴成材

吴成材，1926 年 1 月出生，浙江宁波人，钢筋焊接专家，教授级高级工程师。1945 年毕业于上海强华工业专科学校土木工程系；1949 年 5 月参加中国人民解放军铁道兵团，参与宝天铁路桥梁、隧道建设，后调入建筑工程部建筑研究院工作；1953 年至 1956 年，在哈尔滨工业大学焊接专业学习，取得研究生学历；1970 年，响应国家号召，从北京来到西安，先后担任陕西建研院室主任、副所长（副院长）；1991 年离休后，长期受聘为建研院顾问总工程师，直至 92 岁高龄才离开工作岗位。

1951 年 4 月，吴成材总结自己担任国民政府时期上海公路总局焊接教员、讲师讲稿和研究成果，编著出版了新中国历史上第一部焊接专著《焊接》，全书 16.5 万字，一经出版就引起高度关注，先后 4 次印刷，在全国发行超过 13000 册，成为业内必备的焊接工具书，并远销东南亚多个国家。在该书的序言里，他写下了这样一段话："现当我中华人民共和国成立，建设伊始之际，重工业的发展最为迫切需要，本书之成，如能对此稍具细微的贡献，本人当感莫大的光荣。"1956 年 8 月，吴成材从哈尔滨工业大学焊接专业研究生毕

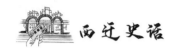

业，被分配到建工部建筑科学研究院（今中国建筑科学研究院）工作，担任钢焊室主任。10 多年间，他带领团队开展焊接技术研究，先后发表学术论文、研究报告 20 余篇。

20 世纪 60 年代前期，吴成材带领自己的技术攻关团队研制出了电渣压力焊技术。该技术很快得到建工部领导和专家的肯定与认可，并在全国范围推广应用，直至今日仍被广泛使用，为我国工程建设事业节约的钢筋数量无法估量。有人曾开玩笑说，如果吴老当时申请专利，每个焊接头收取 1 分钱的专利使用费，他也已经是亿万富翁了。对此，吴老只是开心一笑，在他看来，为国家做贡献，就是自己最大的财富了。

1970 年初，吴成材从北京来到西安，从此扎根西部，继续自己的钢筋焊接研究事业。1978 年，他与陕建安装公司、西安交通大学联合进行的"管罐自动切割焊管机组"研究取得成功。该项目与他编写完成的《钢筋焊接技术》一书同时获得 1978 年全国科学技术大会奖。

从事钢筋焊接技术研究 70 年，吴成材先后主编《钢筋气压焊》《钢筋焊接及验收规程》等多部国家、行业标准，并多次主持标准规范修订工作，多次获得建设部科技进步奖；先后 3 次总编并修订《焊接词典》，该词典以中、英、日、俄、德、法 6 种文字出版发行，引起世界同行关注，后与荷兰书商合作，出版荷兰文版，在欧洲发行。1988 年，应德国焊接学会邀请，吴成材携带"管道自动气割机和钢筋电渣压力焊机"幻灯片，在德国明斯脱市参加国际焊接年会，得到在场专家的一致好评；1994 年，国际焊接学会在北京召开第 47 届年会，吴成材专门印了 700 本《焊接词典》分送与会中外嘉宾，并做了专题报告，为促进国际技术交流合作做出了积极贡献。他编写《钢筋焊接接头试验方法》《钢筋连接技术手册》（第一版、第二版、第三版）和《钢筋焊工培训读本》专著和培训教材，并先后在全国多个省市开展宣贯培训，为行业技术人才的培养、推动行业技术进步发挥了积极作用。

莫道桑榆晚，为霞尚满天。吴老在钢筋焊接领域勤奋耕耘 70 载，成就卓著，他先后被评为享受国务院政府特殊津贴专家、陕西省突出贡献专家、建设部先进科技工作者、改革开放 40 周年暨千亿陕建功勋人物；获得陕建集团突出贡献奖、陕西省机械工程学会焊接分会西安焊接技术学会焊接事业成就奖、陕西省土木建筑学会终身成就奖等多项荣誉；获授新中国成立 70 周年、光荣在党 50 年纪念章；2019 年，被西安市委组织部、宣传部授予践行"西迁精神"优秀代表。

2019 年吴成材获陕西省土木学会终身成就奖

2019 年吴成材获评"西迁精神"优秀代表

1978 年吴成材 2 项科研成果
获全国科学大会奖

漫漫西迁路　一生黄土情
——记湿陷性黄土专家罗宇生

罗宇生，1930年6月出生，湖南茶陵人，湿陷性黄土专家、教授级高工。1953年毕业于湖南大学工民建专业；1956年10月至1958年2月，赴苏联莫斯科全苏建筑科学研究院地下结构物研究所，学习黄土力学与黄土地基专业，师从苏联著名的湿陷性黄土专家阿别列夫教授，就此与湿陷性黄土结下一生之缘。

学成回国后，罗宇生被分配至建筑工程部建筑科学研究院地基与基础研究室，从事黄土工程性质与黄土地基研究，任黄土研究组组长。1965年底，响应国家号召支援大西北，调入西北建筑科学研究所（现陕西省建筑科学研究院有限公司），曾任地基与基础研究室副主任、主任，陕西建研院总工程师、顾问总工程师，中国工程建设标准化协会湿陷性黄土专业委员会主任，国际土力学与基础工程协会会员，中国建筑学会土力学及地基基础学术委员会委员，中国土木工程学会土力学与基础工程学会理事，中国建设标准化协会理事，陕西省土木建筑学会常务理事。

在长期研究的基础上，罗宇生与行业主管部门、业内专家共同倡导并积极参与筹建了中国工程建设标准化协会湿陷性黄土专业委员会。1986年，委员会正式成立，罗宇生先后担任协会第一届、第二届主任委员兼秘书长，第三届、第四届、第五届主任委员；2005年后，长期担任委员会名誉主任委员。20多年间，他亲自组织策划委员会学术交流活动，积极推动并形成了委员会年会制度，极大地推动了湿陷性黄土地区政府、高校、科研院所、勘察设计企业等产学研用的深度融合，赢得了业界的高度肯定与尊重。

1973年起，罗宇生先后5次主持修订国家标准《湿陷性黄土地区建筑规范》。其中，1990版规范荣获1991年度建设部科技进步一等奖。规范编制始终站在行业发展前沿领域，能够高度概括和总结湿陷性黄土地区最新研究成果和建设经验，与时俱进地指导湿陷性黄土地区建筑技术的进步与评价，为确保工程质量、防治湿陷事故、节约工程成本、推动理论研究与工程实践相结合发挥了巨大作用，产生了极大的经济技术和社会效益。在此基础上，他于1979年至1982年参与中国大百科全书土木工程卷的编撰，执笔撰写了其中地基处理条目；先后3次参加行业标准《建筑地基处理技术规范》编制修订工作，参与国家标准《建筑地基基础设计规范》编制工作，发表相关学术论文20余篇。他主编的《湿陷性黄土地基》一书，系统阐述了湿陷性黄土地区工业与民用建筑设计、施工、地基处理、湿陷性黄土变形等，是对西北地区近30年来地基与基础工程的经验总结，成为行业广泛学习参考的重要工具书。

数十年如一日的执着钻研，让罗宇生在行业内得到了普遍的尊重。他在理论研究的基础上，积极倡导学术研究服务于工程实践，推动行业技术进步，服务保障民生安全。1983年，他采用自主研发的单液硅化加固自重湿陷性黄土地基新工艺，对兰州某工厂2栋厂房进行了加固，加固深度19.5米，彻底消除了该厂房湿陷问题，使得原本需要报废拆除的厂房得以恢复使用，为企业节约成本近200万元。此后，该技术在西安、太原等多地推广应用，创造了显著的经济和社会效益。20世纪80年代以来，罗宇生先后主持渭河发电厂、河南炼油厂、内蒙古梧桐花铅锌矿厂、蒲城电厂一期、宝鸡第二发电厂等数十项新建和既有建筑地基处理、评价工作，为工程设计、施工和确保质量、节约成本做出了积极贡献。

1978年，罗宇生当选第五届全国人大代表。他主持完成的研究成果先后获评陕西省科技进步二等奖（1988年）、中国核工业总公司部级科技进步二等奖（1989年）、建设部科技进步一等奖（1991年、1992年）、国家科学技术进步三等奖（1993年）；他本人也先后被授予爱国专家贡献奖、陕西省土木建筑学会终身成就奖、全国工程建设标准与定额先进工作者。

如今，年过九旬的罗老退出了工作岗位，但他与湿陷性黄土结缘一生的故事、对待科学孜孜以求的精神作为建研院企业文化的重要组成部分，引领、激励和鼓舞着一代又一代建科人，以朱武卫总工程师为代表的中青年专家和

科研团队，已经接过了罗老的接力棒，在湿陷性黄土建筑技术的研究和技术创新中接续奋斗，探索前行。

1993 年全国科学技术奖

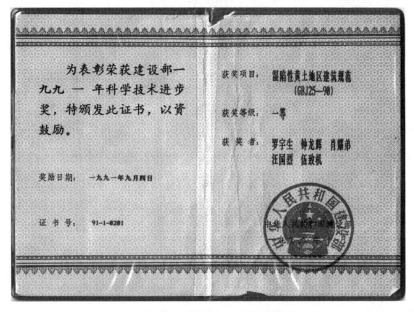

1991 年建设部科学技术进步一等奖

罗宇生第五届全国人民代表大会代表出席证

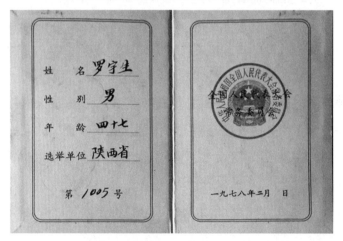

罗宇生第五届全国人民代表大会代表证

四代人匠心持守　六十载追求至善
——记陕西建研院回弹法检测科研团队

在国内建筑领域，说起混凝土抗压强度检测，人们首先想到的就是回弹法这项应用最广、精度最高的检测技术。但是很少有人知道，在陕西省建筑科学研究院，有一支科研团队，经过4代人的接续奋斗，60年的执着持守，为此项技术从无到有，从弱到强做出了无私奉献。

1945 年，瑞士工程师史密斯发明了一种弹击混凝土表面就可测定混凝土强度的"洋榔头"，俗称"史密斯锤"。新中国成立后，该技术传入国内，引起业界高度关注，多家科研院所组建团队，开始围绕相关仪器的研发和定性定量问题展开科学研究。在众多团队中，陕建科研院季光泽团队脱颖而出，确立了领先地位。

季光泽毕业于复旦大学土木工程系，1955 年随原华东建筑工程总局材料试验所一所整体西迁来到西安。他带领团队在国内最早开展回弹法技术研发并率先取得突破，一干就是 30 年。没有专业实验室，他在简陋的办公室里支起一张木桌，上面固定好混凝土试块和铝锭，就成为试验台。反复试验，反复对比数据，哪怕是细微的数据差异，他和团队成员都要仔细分析，往往一个数据上的差异，他就需要通宵达旦地分析研究，寻找规律。久而久之，季光泽患上了严重的支气管炎，每到天气变化、季节转换，他就咳得喘不过气来。为了确保实验数据的连续准确，他常常忘记吃药，顾不上看病。在艰苦的实验条件下，季光泽团队仅用 3 年时间，就率先完成了国产"史密斯锤"——混凝土回弹仪的研制，各项性能均达到理想效果。在此基础上，他们持续研究改进，并完成了回弹法检测混凝土抗压强度技术规程、国家标准的编制，科研成果获陕西省科学技术奖，为国内工程建设质量标准的检测与评价做出了巨大贡献。

1987 年，年仅 61 岁的季光泽积劳成疾，不幸离世。跟随季光泽多年的南方姑娘陈丽霞主动站了出来，接过了季老的接力棒。

回弹仪性能的提升、仪器的计量检定、复杂因素下检测精度的提升等一系列问题，是季老生前一直放心不下的事情，也是陈丽霞团队需要攻克的难题。她白天带队奔赴施工现场采集数据，晚上回到实验室进行统计计算和研究分析。不知不觉间，墙角的计算草稿从一箱变为两箱、从两箱变为三箱，她和团队的思路清晰起来，信心也愈发坚定起来。为做好回弹仪检定器和其他型号回弹仪的研发，1989 年，她带团队进驻山东一家生产厂家，在偏僻的作坊式的工厂里，一待就是几个月，与工人同吃同住，经过反复试验，世界上首台回弹仪检定器问世，解决了回弹仪计量检定的难题。1992年、1993年，《回弹法规程》《混凝土回弹仪》两部规程相继发布，达到世界领先水平！随后的10多年间，为了回弹法检测技术推广应用，让两代人近40年的研究成果更好地服务国家基础建设，陈丽霞带领团队先后奔赴全国20多个省市，开展宣贯和培训，受训学员达到数万人，让回弹法技术成为国内最主要的混凝土强度检测技术。常年奔波、作息不规律，让陈丽霞的身体健康严重透支，2007年，陈丽霞因病不治，遗憾离世。

2002年，以文恒武为主的第三代科研团队接力奋斗，紧跟国家建设事业发展和技术进步，相继完成《回弹法检测高强混凝土抗压强度技术规程》《回弹法检测泵送混凝土抗压强度技术规程》和《混凝土回弹仪检定装置》计量检定规程的编制，彻底解决了回弹仪检定溯源和国家计量基准的难题，完成了《回弹法规程》2001、2011版修编，为回弹法技术的与时俱进和有效性提供了标准依据。

2018年，文恒武退休，以魏超琪为主要负责人的第四代科研团队再次接过重任，开启了回弹法检测技术新的科研征程。

在他的带领下，团队先后完成《回弹法检定装置检定规程》《混凝土回弹仪》计量规程编制，大大提高了回弹法检测混凝土强度的精度，彻底解决了数字回弹仪计量检定的问题。他先后参加了数十场国内技术交流活动，在全国各地义务做主题报告、标准宣贯，推动了最新科研成果的应用。

科研是一个枯燥的过程，魏超琪说，每每遇到困难，他总能想到前辈们下工地采集数据、闷在实验室对比分析、坐着绿皮火车、吃着泡面全国各地跑着做宣贯的场景，于是，自己的苦和累也就成为一种前行的动力。2019年10月，受省质监局委托，魏超琪带领团队承办了全省检测机构回弹法检测混凝土抗压强度能力验证，对400余家省内检测机构检测能力进行了验证评估，在此基础上，举办了大型学术交流活动，有力推动了全省检测机构专项检测能力的提升。2020年初，在国内新冠疫情最严重的阶段，魏超琪利用行业停工停产的时间，通过线上平台开展了《正确认识回弹法检测混凝土抗压强度

全面提高检测精度》的公益直播，直播受众人群达到上万人。2021年，《回弹法规程》修编工作再次启动，年青一代的科研团队再次踏上了新的征程。

科研无止境，强者永攀登。4代人传承、60年坚持，成就了陕建科研院回弹法检测技术在全国乃至全世界的领先地位。据不完全统计，全国每年回弹法检测技术带来的经济效益超过百亿，数字背后，是西迁精神的传承与发扬，是建科人的家国情怀和匠心持守。

1988年陕西省科学技术奖证书

《回弹法规程》宣贯培训